海洋水文

要素分析与预测实践

任磊　编著

·广州·

图书在版编目（CIP）数据

海洋水文要素分析与预测实践/任磊编著. -- 广州：中山大学出版社，2025. 4. -- ISBN 978-7-306-08270-1

Ⅰ. P731. 1

中国国家版本馆 CIP 数据核字第 2024AT0876 号

出 版 人：王天琪
策划编辑：李　文　谢贞静
责任编辑：梁嘉璐
封面设计：彭　欣　林绵华
责任校对：谢贞静
责任技编：靳晓虹
出版发行：中山大学出版社
电　　话：编辑部 020-84110776，84113349，84111997，84110283
　　　　　发行部 020-84111998，84111981，84111160
地　　址：广州市新港西路 135 号
邮　　编：510275　　　　传　　真：020-84036565
网　　址：http：//www. zsup. com. cn　E-mail：zdcbs@ mail. sysu. edu. cn
印 刷 者：广东虎彩云印刷有限公司
规　　格：787mm×1092mm　1/16　13 印张　317 千字
版次印次：2025 年 4 月第 1 版　2025 年 4 月第 1 次印刷
定　　价：58. 00 元

如发现本书因印装质量影响阅读，请与出版社发行部联系调换

前　言

大自然是人类赖以生存发展的基本条件。党的二十大报告紧紧围绕推动绿色发展，促进人与自然和谐共生，对新时代新征程生态文明建设作出了重大决策部署，提出了统筹产业结构、污染治理、生态保护、应对气候变化，协同推进降碳、减污、扩绿、增长的重点任务举措。海洋作为大自然的重要组成部分，海洋水文要素分析与预测研究是实现建设人与自然和谐共生的美丽中国的重要理论基础。

编者自2018年开始承担中山大学海洋工程与技术学院本科生专业必修课程“工程水文学”，通过备课、授课、答疑等环节，对本门课程的授课方式与授课内容进行了深入的思考，深刻体会到海岸海洋工程设计、规划等核心课程不能缺乏对学生实践能力的培养，因此，编者搜索了现有的大量教材、文献及网络资料，开始构思并着手撰写本教材。

本教材主要介绍海洋水文分析与预测的基础知识，与理论课程“工程水文学”相匹配。全书共7章，第1章为绪论，论述海洋水文发展现状及其发展趋势与研究展望，第2章为包括风、潮汐、海流、波浪等在内的海洋水文要素，第3章为水文统计分析方法，第4章为海洋水文要素可视化及变化特征分析，第5章为机器学习算法，第6章为海洋水文要素预测，第7章为海洋水文预测信息的应用。

本教材旨在介绍海洋水文分析与预测方法，让学生初步掌握分析海洋水文要素的方法，了解基于机器学习算法构建海洋水文要素预测模型的思路与流程。本教材还与理论课程“工程水文学”衔接，理论结合实践，有助于提升学生的动手能力。

本教材的出版得到了中山大学本科教学质量工程类项目的支持，也得到了海洋工程与技术学院领导与老师的关心和帮助，谨此表示衷心的感谢。同时，特别感谢中山大学海洋工程与技术学院课题组研究生王和旭、王雅琦、杨浩锴、王书献、王立伟、姬进财、杨凌娜、刘李哲等。

限于编者水平，书中难免存在错漏和不足之处，恳请读者批评指正，编者将在后续版本中进一步改进和完善。

任　磊

2025年3月于珠海唐家湾

目　　录

第 1 章　绪论 ………………………………………………………………………… (1)
1.1　概述 ……………………………………………………………………………… (2)
1.2　我国海洋水文发展现状 ……………………………………………………… (2)
1.3　海洋水文发展趋势与研究展望 ……………………………………………… (3)
1.3.1　海洋水文发展趋势 ……………………………………………………… (3)
1.3.2　海洋水文研究展望 ……………………………………………………… (5)
1.4　小结 ……………………………………………………………………………… (6)
思考题 ……………………………………………………………………………… (6)

第 2 章　海洋水文要素 ………………………………………………………………… (7)
2.1　概述 ……………………………………………………………………………… (8)
2.2　风 ………………………………………………………………………………… (9)
2.2.1　简介 ……………………………………………………………………… (9)
2.2.2　风要素 …………………………………………………………………… (9)
2.2.3　风速（场）预测 ………………………………………………………… (10)
2.3　潮汐 ……………………………………………………………………………… (11)
2.3.1　简介 ……………………………………………………………………… (11)
2.3.2　分类 ……………………………………………………………………… (13)
2.3.3　观测 ……………………………………………………………………… (13)
2.3.4　调和分析 ………………………………………………………………… (16)
2.4　海流 ……………………………………………………………………………… (18)
2.4.1　简介 ……………………………………………………………………… (18)
2.4.2　分类 ……………………………………………………………………… (19)
2.4.3　海流观测 ………………………………………………………………… (19)
2.4.4　大洋环流 ………………………………………………………………… (21)
2.4.5　潮流 ……………………………………………………………………… (23)
2.4.6　余流 ……………………………………………………………………… (24)
2.5　波浪 ……………………………………………………………………………… (26)
2.5.1　简介 ……………………………………………………………………… (26)
2.5.2　特征参数及其分类 ……………………………………………………… (27)
2.5.3　线性波 …………………………………………………………………… (27)
2.5.4　非线性波 ………………………………………………………………… (31)
2.5.5　波浪分析与预测 ………………………………………………………… (32)

2.6 海冰 …… (35)
2.6.1 简介 …… (35)
2.6.2 分类 …… (36)
2.6.3 海冰特征参数 …… (36)
2.6.4 海冰观测 …… (38)
2.6.5 海冰预测 …… (39)
2.7 海水温度 …… (40)
2.7.1 简介 …… (40)
2.7.2 海水温度测量及分布特征 …… (40)
2.8 海水盐度 …… (41)
2.8.1 简介 …… (41)
2.8.2 海水盐度分布 …… (42)
2.8.3 海水盐度测量方法 …… (42)
2.9 小结 …… (44)
思考题 …… (45)

第3章 水文统计分析方法 …… (47)
3.1 概述 …… (48)
3.2 概率分布函数 …… (49)
3.2.1 单变量分布函数 …… (49)
3.2.2 双变量分布函数 …… (53)
3.3 水文要素的参数估计 …… (58)
3.3.1 矩法 …… (58)
3.3.2 概率权重法 …… (58)
3.3.3 线性矩法 …… (59)
3.3.4 权函数法 …… (60)
3.3.5 最小二乘法 …… (60)
3.3.6 极大似然法 …… (61)
3.3.7 参数估计法的选择 …… (62)
3.4 水文要素的相关性检验 …… (62)
3.4.1 拟合优度分析 …… (62)
3.4.2 相关分析 …… (64)
3.5 小结 …… (68)
思考题 …… (69)

第4章 海洋水文要素可视化及变化特征分析 …… (71)
4.1 存储格式 …… (72)
4.2 海洋水文要素可视化方法 …… (72)
4.2.1 标量场数据可视化 …… (73)

4.2.2 矢量场数据可视化 …… (75)
4.3 时空特征分析 …… (81)
4.3.1 时空结构与特征分离 …… (81)
4.3.2 谱分析 …… (84)
4.3.3 熵分析 …… (87)
4.3.4 水文要素异变检验 …… (91)
4.4 小结 …… (94)
思考题 …… (94)

第5章 机器学习算法 …… (95)
5.1 监督式机器学习 …… (96)
5.1.1 决策树 …… (96)
5.1.2 神经网络 …… (98)
5.1.3 随机森林 …… (105)
5.1.4 支持向量机 …… (107)
5.1.5 宽度学习 …… (109)
5.1.6 联邦学习 …… (110)
5.2 非监督式机器学习 …… (112)
5.2.1 *K* 均值聚类 …… (112)
5.2.2 自组织映射 …… (114)
5.2.3 流形学习 …… (116)
5.3 半监督式机器学习 …… (117)
5.4 机器学习的挑战与应用前景 …… (119)
5.4.1 样本容量 …… (119)
5.4.2 模型选择 …… (120)
5.4.3 耦联模型 …… (121)
5.5 小结 …… (123)
思考题 …… (123)

第6章 海洋水文要素预测 …… (125)
6.1 水文预测概述 …… (126)
6.1.1 回归模型 …… (128)
6.1.2 数值模型 …… (129)
6.1.3 资料同化系统 …… (131)
6.1.4 机器学习模型 …… (132)
6.2 数据获取 …… (133)
6.2.1 实测资料 …… (133)
6.2.2 海洋遥感数据 …… (134)
6.2.3 再分析数据 …… (135)

6.3 模型选择 …… (136)
6.3.1 逻辑回归 …… (138)
6.3.2 线性回归 …… (138)
6.3.3 朴素贝叶斯 …… (138)
6.3.4 最近邻算法 …… (138)
6.3.5 决策树 …… (139)
6.3.6 支持向量机 …… (139)
6.4 数据选取 …… (140)
6.5 数据清洗 …… (141)
6.5.1 缺失值处理 …… (141)
6.5.2 异常值处理 …… (144)
6.6 数据预处理 …… (147)
6.7 特征提取 …… (148)
6.8 预测模型构建 …… (150)
6.8.1 模型结构 …… (150)
6.8.2 损失函数 …… (150)
6.8.3 激活函数 …… (151)
6.8.4 优化算法 …… (152)
6.8.5 交叉验证 …… (154)
6.8.6 应用案例 …… (155)
6.9 模型优化 …… (156)
6.10 预测评估 …… (157)
6.11 小结 …… (159)
思考题 …… (159)

第7章 海洋水文预测信息的应用 …… (161)
7.1 海洋生态保护 …… (162)
7.2 海岸海洋营救 …… (163)
7.3 溢油应急响应 …… (164)
7.4 通航安全保障 …… (165)
7.5 气象预警与防灾减灾 …… (167)
7.6 海洋国防安全 …… (168)
7.7 海洋渔业养殖 …… (169)
7.8 海岸与海洋工程建设 …… (170)
7.9 小结 …… (171)
思考题 …… (171)

参考文献 …… (172)

第 1 章 绪 论

中国共产党第二十次全国代表大会报告提出要发展海洋经济，保护海洋生态环境，加快建设海洋强国。通过优化区域开放布局，巩固东部沿海地区开放先导地位，加快建设西部陆海新通道，加强国防动员和后备力量建设，推进现代边海空防建设。海洋水文分析与预测作为海洋研究与海洋工程建设中的重要基础内容，是提升我国海洋边海空防能力的重要支撑点，是发展海洋经济的重要理论依据，是加快建设海洋强国的基础。

1.1 概述

随着海洋强国战略的实施，我国对海洋空间的依赖度大幅提高，在海洋资源开发、海洋经济发展、海洋科学创新、海洋生态文明建设、海洋权益维护等方面的活动日益增加，不断从近海走向深海远洋，迫切需要提升对海洋信息的持续探测、监测、预测和预警能力，支撑海洋科学的前沿研究，推动海洋强国的建成。海洋水文是海洋科学研究的重要组成部分。

从全球范围来看，海洋是水文循环的重要组成部分，海洋水文要素的变化特征与规律直接影响着海洋水文循环的强弱，进而影响全球的水文特征与气候变化。由于人类活动的增强与全球气候变暖的双重影响，海洋水文要素特征更趋复杂多变。同时，随着海洋观测技术的发展，对海洋水文要素的监测能力日益提升，海洋水文要素数据量与日俱增。

1.2 我国海洋水文发展现状

中华人民共和国成立初期，受设备、技术等客观条件所限，海洋水文调查观测主要限于我国近海，且以人工观测为主。我国于1957—1960年开展了渤海、黄海同步观测和全国海洋普查，此次观测普查主要针对我国近海海浪、潮汐、近海环流、水团和风暴潮等的季节尺度变化，初步掌握了这些海洋水文要素季节变化特征的基本概况。1959年，原国家海洋局海洋科技情报研究所室主任郑文振编写出版了第一部关于潮汐分析与预报的手册《实用潮汐学》；1960年，潮汐学开拓者方国洪先生提出准调和分析法，这是我国潮汐分析一直沿用的标准；1962年，我国海浪研究开拓者文圣常先生撰写出版了世界上第一本海浪研究专著《海浪原理》；1964年7月22日，国家海洋局成立，对海洋水文要素的观测从季节尺度迈向年际尺度，并开始针对海洋水文进行长期连续观测，如建设长期观测潮汐的验潮站。截至1964年底，我国沿海地区共建立了37个海洋观测站。同年，中国海洋物理学奠基人之一毛汉礼等人首次提出中国近海跃层的研究方法，并参与、领导了“中国海温、盐、密度跃层”等专题研究。赫崇本首次论述了中国近海水系和水团结构及其季节变化，并主编出版了《中国近海的水系》。1977 年，国家海洋局明确此后一段时期的发展目标为查清中国海、进军三大洋、登上南极洲。

我国于 1986 年启动“七五”国家重点科技攻关，并开始大量进口国外自记自容式海洋调查仪器设备，这提高了观测效率，使海洋水文的观测范围逐渐开始从近岸走向大洋。同一时期，中日开展有关黑潮的联合调查，揭示了黑潮的结构特征、季节与年际变化和演变机理。其间发现了棉兰老潜流、吕宋潜流、北赤道潜流等海洋水文现象。20 世纪 90 年代始，在前期技术积累的基础上，开始了海洋调查仪器装备国产化研制和海试应用，海洋水文的观测范围进一步扩大；此外，卫星高度计技术的发展与应用极大推进了对全球海洋水文的认识。中国于 2002 年正式加入全球 Argo 计划，截至 2018 年底，已在全球海洋中维持了由 100 多个活跃浮标组成的 Argo 观测网，建立了以深海大洋观测为主的中国 Argo 实时观测网。我国学者利用卫星高度计、Argo 浮标等数据开展了一系列海洋科学的研究，如大洋中尺度涡的三维结构、海洋物质与能量输送能力及演变特征等，使海洋水文的调查研究遍及全球各大洋。2003—2011 年我国近海海洋综合调查与评价专项（简称“908 专项”）的实施，实现了高新技术支持下海洋水文综合调查与科学研究的结合，获取了我国各海区大范围、高精度的海洋温度、盐度、密度等海洋水文基础数据；描述了锋面分布的基本特征和季节变化，进一步提升了对我国近海水团分布及季节变化的认知。2016 年后，原来的“973 计划”和“863 计划”等专项整合成“国家重点研究计划”，此研究计划注重海洋基础前沿、重大共性关键技术等的研究，进而推动了我国海洋水文调查仪器和理论研究的深入发展，并建立了海基、岸基、空基、天基、海床基的立体观测网，实现海洋水文从经验预报向精细化预报、全球海洋环境数值预报业务化系统的转变。

随着观测技术的发展与超算能力的提升，海洋水文研究逐步从局部海域水文特征研究向全球海域发展，向精细化发展，当前海洋水文研究聚焦于气候变化与人类活动双重作用下海洋水文要素演变规律与机制。

1.3　海洋水文发展趋势与研究展望

1.3.1　海洋水文发展趋势

1. 观测手段多样化

通常一个完整的海洋综合监测系统主要由海洋环境综合观测模块、数字通信与管理模块、数据处理与应用模块组成。智能快速机动组网观测技术利用目前快速发展的空中、水面、水下无人探测设备与平台，包括无人机、无人船、自主水下航行器、水下滑翔机等，通过构建具有自适应性、协作性、自学习性、自组织性等智能特点的观测平台来快速获取特定海洋要素重要特征和最大化海洋观测效益，可以为台风的准确预测，以及海洋多尺度能量串级与输运过程、海洋与全球气候变化、海洋生态环境和快速高效的海底测绘等重要科学问题的研究提供观测与数据支撑。

2．资料多源长期化

近十几年，大范围、全天候、高精度、多时空尺度的海洋水文立体监测网的构建使海洋水文数据的获取量急剧增长。当前关于海洋数据量的统计表明，2014 年全球各种海洋数据总量约为 25 PB，预计 2030 年全球海洋数据总量将达 275 PB。由于不同观测手段或设备的特性存在差异，海洋水文数据的监测频率、数据格式等都存在差异性。现有海洋数据呈现多源、多维、多时空、多语义等大数据的异构特征。

目前，全球海洋观测已进入立体化观测的时代。海洋观测形式可以是卫星遥感观测，也可以是科考船、海上固定站和浮标站的原位观测。近海固定站观测仍是我国海洋监测的重要手段之一。该方法可以连续监测海洋水文要素，如海浪、海面温度、潮汐和风暴潮等。自 2006 年底以来，国家海洋局和政府部门日益重视海上固定站、海岛站、海上平台、船舶和浮标站的建设和完善。据 2009 年初的不完全统计，已有近 100 个海上固定自动观测站和近 100 个海洋自动观测系统投入运行。

自地球诞生以来，海洋环境一直在不断变化中，海洋变化速率、驱动力及其作用机制随着时间的推移而不断演变。目前，海洋环境是地质记录中环境变化最快速的部分之一，可通过一系列长期连续的观测来研究其变化过程与机理。在未来海洋水文长期演变过程及机制的研究中，连续长期的海洋观测记录已成为海洋水文研究的重要支撑。

3．分析理论多元化

实际海洋变化过程受多个相互关联变量的耦合作用影响，单变量只能描述某一种特征属性，为探究多变量间的耦合作用与机制，多变量联合分析在海洋水文研究中得到了广泛应用。具体而言，主要集中于双（两）变量联合分布的研究和应用，而三变量及三变量以上的联合分布研究与应用是未来时期表征海洋水文要素统计特征的有效手段。目前海洋水文多变量分析中广泛使用的方法是 Copula 函数，开发新的 Copula 函数及多个 Copula 函数联合使用是海洋水文分析与应用的趋势。此外，随着计算机技术的发展及可视化方法的不断更新，对于三变量及以上的海洋水文要素而言，通过三维可视化手段将海洋水文多变量间的联合关系进行呈现，更能直观地表征海洋水文要素间的相互关系，有助于提升对海洋水文要素变化过程的认知，促进对其内在规律的挖掘与研究。

4．多学科交叉融合

海洋中多种自然过程耦合作用的复杂性使海洋水文研究发展为一门综合性较强的科学（图 1.1）。遥感观测手段不断成熟、智能计算能力持续增强、人工智能算法迭代发展、数字孪生技术融合应用等，极大地促进了海洋水文研究与其他学科的交叉与融合，学科融合为海洋水文研究的发展与进步提供了重要的驱动力。

学科融合旨在将不同领域学科的研究理念、理论、方法等综合运用，形成优势互补的作用效应，从而相互促进。对于海洋水文的科学研究而言，学科融合发展使其在理论分析、观测技术等方面得到了跨域式的发展。同时，海洋水文研究创新式的发展能将最新的成果应用或转化到实践中，促进了海洋水文研究朝着理论多元化、分析方法多样化、观测手段多尺度的态势发展。

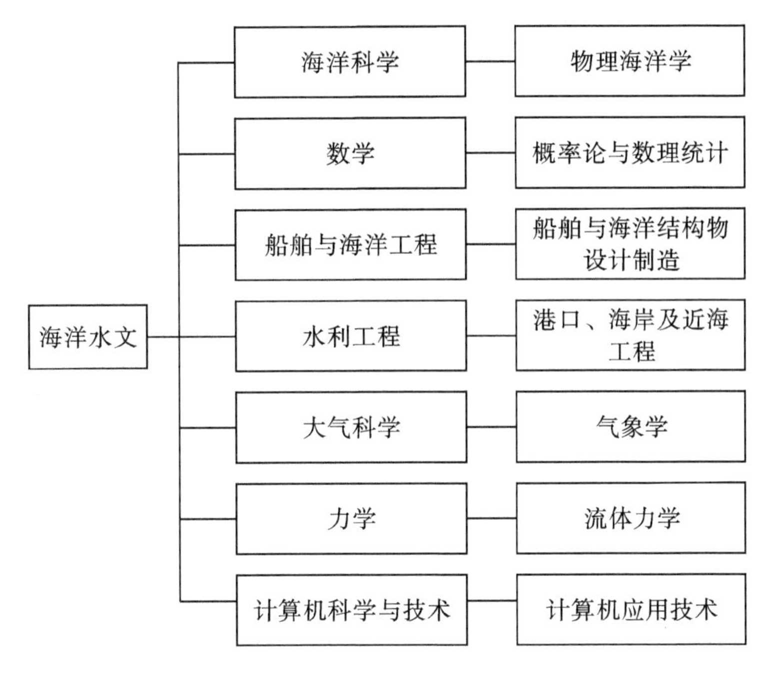

图 1.1 海洋水文多学科融合示意

1.3.2 海洋水文研究展望

随着3S［地理信息系统（geographic information system，GIS）、遥感（remote sensing，RS）、全球定位系统（global positioning system，GPS）］、人工智能、数字孪生、物联网等技术的发展与推广应用，海洋水文与其他学科的交叉融合将进一步得到发展，促进多学科的融合与繁荣，海洋水文研究将迎来一个新的快速发展时期。多维、立体、实时、智能的海洋水文气象观测系统的构建，将使多源水文气象资料日益丰富，海量观测资料将极大地促进海洋水文研究的发展。

另外，随着计算机软件与硬件的飞速发展，无论从模拟尺度，还是从时空分辨率，海洋水文过程的模拟与预测能力也将得到极大提升。同时，随着多源观测资料的增多，资料同化技术可将观测资料与数值模拟相融合，这也将进一步促进数值模拟能力的提升。

1.4 小结

海洋作为全球水文循环的重要组成部分，对海洋水文要素的分析与预测是应对全球气候变化与人类活动影响的重要研究内容，本章简要介绍了海洋水文要素分析与预测的重要性、海洋水文研究发展现状与趋势，以及对未来海洋水文研究的展望。

思考题

（1）请简述建设海洋强国背景下海洋水文研究的意义。

（2）请简述海洋水文分析与预测对海洋科学研究与海洋工程建设的重要性。

（3）请简述海洋水文研究的发展在不同时期的特点。

第2章
海洋水文要素

2.1 概述

我国海洋面积辽阔，海域总面积约为473万平方千米。海洋是我国资源开发、环境保护、军事战略等关注的重要领域，国家层面提出的碳达峰、碳中和战略目标（双碳目标，图2.1）和“十四五”规划均涉及海洋相关的研究，如“十四五”规划提出的建设现代海洋产业体系和打造可持续海洋生态环境的战略目标。

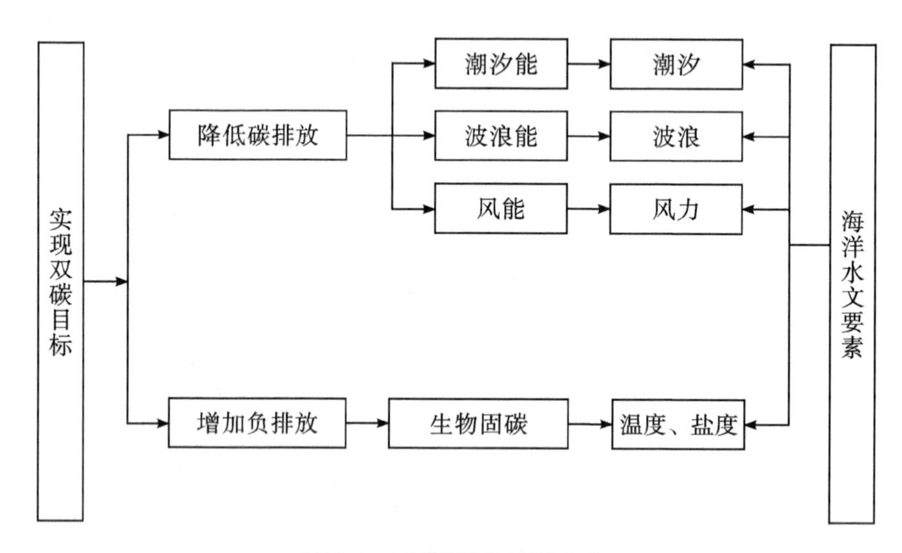

图2.1　双碳目标与海洋水文

随着全球气候变化的加剧与人类活动影响效应的增强，陆地资源不断被开采，致使陆地上的资源急剧减少。海洋蕴藏着丰富的资源，因此世界各国致力于开发海洋资源，包括海洋能源（潮汐能、风能、波浪能、可燃冰）、海洋渔业等。

然而，受多因素耦合作用影响，海水运动过程复杂多变，因此，分析海洋水文要素时空特征及演变规律，探究海洋水文要素的演变机理，厘清多因素耦合作用机制，可为海洋资源开发和环境保护提供重要的理论支撑。

2.2 风

2.2.1 简介

空气在水平方向上的气压差形成的水平运动称为风。对风速、风向及其变化特征的分析是研究风场演变规律与机制的基础。如图2.2所示，**U**为风矢量，**N**为风作用在波浪迎风面上的法向正压力，**T**为风与海面之间的切应力。

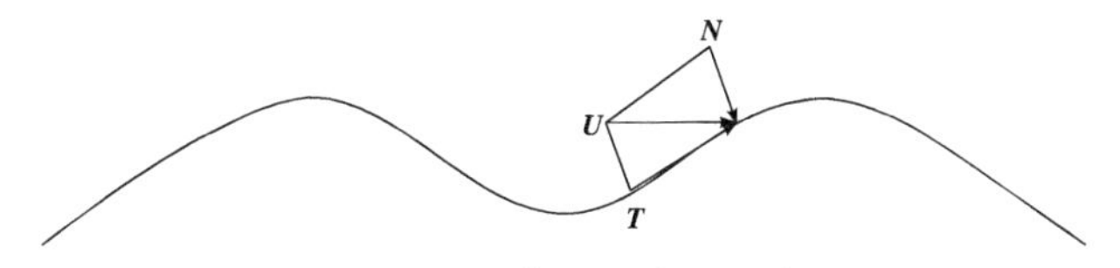

图2.2 风作用于海面示意

海－气相互作用是大气向海洋输入动量与能量的重要机制，由风的作用形成的风应力会对水体产生驱动效应。一方面，风应力对海洋做功使其产生风生流；另一方面，风是海洋中波浪形成变化的主要驱动力，风的结构特征及演变规律直接影响波浪的形成变化，进而影响海洋工程的安全性与稳定性。

（1）风是海洋水文气象分析与预测的重要部分。在海－气相互作用过程中，大气主要通过风应力作用于海水，使之产生海流。风应力作为海水的直接推动力，对海流的形成与发展起着重要作用。风生流在时间和空间尺度上的规律性与风的变化规律密切相关。

（2）风是海洋工程建设与运维中需要考虑的重要荷载之一。风应力作用产生的波浪在其传播过程中对海洋工程产生重要影响。在海洋工程建设前期，风场分析可为海洋工程选址、施工效率保障、防护与维修、结构设计等提供重要信息支撑；在海洋工程建设中期，风场分析有助于施工人员及时掌握施工海域的风况特征，便于确定施工日期，合理安排施工进度，进而提高工程效率；在海洋工程作业期间，风场变化直接影响波浪的形成演变过程，进而影响港池、锚地的泊稳条件。此外，风场影响海洋结构物（海上监测仪器、防波堤、风能发电装置等）的安全状况。综上可知，在海洋工程建设过程中，风直接或间接地影响海洋动力过程以及海洋工程的安全与稳定，因此，对风的深入分析是海洋工程建设中的重要内容之一。

2.2.2 风要素

1. 风速与风向

风速即风的传播速度。风速主要通过岛屿及岸上的观测设备、海上的船舶等测得。风向即风吹来的方向，通常将之分为16个方位。由于风速和风向具有时间多变性，因此，测定风速和风向时通常需要测定一段时间内的风况，从而确定风速和风向的平均值。

2. **风区**

风作用的海域内，各处风速及风向基本不变的区域称为风区，用 F 表示，通常取海岸线和地面等压线的走向或密度有显著改变处为风区的边界。沿风吹的方向，自风区上边界至下边界的距离为风区长度。

3. **风时**

风时指风速和风向基本不变时，风连续作用于风区的时间。风作用于海水过程中，不断将能量传递至海水。因此，在风速不变的情况下，风时越长，海水获得的能量越多，产生的波浪也越剧烈。

2.2.3 风速（场）预测

我国近海风速（场）的预测方法主要为统计方法、物理方法、机器学习方法和混合模型方法。

1. **统计方法**

统计方法是基于历史风速数据进行预测的，主要采用回归模型、时间序列模型和集成算法等。回归模型一般基于风速实测数据，通过回归分析建立其回归方程，进而得到一个较为精确的定量表达式用于风速预报，常见的回归模型有自回归（autoregressive，AR）、自回归移动平均（autoregressive moving average，ARMA）、多元线性回归（multiple linear regression，MLR）等。这些模型具有结构简单、解释能力强、所需样本量小、计算量小等优点，在短期风速预测中具有明显的优势。它们在简单的线性时间序列数据预测中表现良好，但在处理非线性数据时往往需要结合时变参数进行预测。风速多具有非线性变化特征，波动复杂，因此，为进一步提升风速预测能力与精度，随机森林（random forest，RF）、梯度提升决策树（gradient boosting decision tree，GBDT）等集成算法被应用到风速预测实践中。其主要特点是将多个弱机器学习算法进行组合，形成一个强学习算法，以达到更好的预测效果。

2. **物理方法**

物理方法是根据地理环境和大气运动进行建模，考虑多个影响因子的耦合作用，可以同时实现包括风速、温度、气压等要素的数值天气预测（numerical weather prediction，NWP）。目前，预测时普遍使用的是三维数值模型，如有限区域中尺度大气模型（mesoscale model 5，MM5）、美国的天气研究和预报（weather research and forecast，WRF）模型、欧洲的综合预报系统（integrated forecasting system，IFS），以及我国的多尺度同化与数值预报系统（global regional assimilation and prediction system，GRAPES）等。这些物理数值模型的初始化对真实大气环境做了较多的近似处理，导致预测风速与实际风速间存在偏差。虽然可利用局地观测数据，采用数据同化技术对模型进行初始化，但由于观测技术和地理环境的影响，物理数值模型在超短期预测中的精度仍有待提升。此外，基于物理模型的气象模拟对计算资源要求较高，更适合大区域范围和中长期时间尺度的预测。

3. 机器学习方法

机器学习（machine learning，ML）方法近年来在海洋水文领域得到了广泛应用，一些学者已经将其用于风速的预测，因其智能化特点，也被称为智能模型。机器学习利用大量历史数据进行训练，提取数据内在的变化特征与规律，可以有效地拟合风速时间序列的复杂非线性和不确定性，预测时间跨度一般为 1 ～ 4 h。该方法的性能普遍优于统计方法，但在仅依赖历史数据的条件下，随着预测时间跨度的延长，预测精度显著下降。常用的机器学习预测模型有人工神经网络（artificial neural network，ANN）、支持向量机（support vector machine，SVM）、支持回归向量机（support regression vector machine，SVR）、用于时间特征的递归时间网络（recurrent neural network，RNN）、用于提取空间特征的卷积神经网络（convolutional neural network，CNN）、长短期记忆网络（long short-term memory network，LSTM）等。机器学习因其良好的非线性映射能力和强鲁棒性而得到广泛应用，在风速预测方面更具优势。然而，机器学习模型存在的过拟合、收敛速度慢、参数选择困难等问题是模型构建中需要着重考虑的方面。

4. 混合模型方法

混合模型方法是将上述三种方法与其他技术（如数据分解方法）相结合。根据混合模型方法的思路，混合预测模型可分为基于堆叠的组合模型和基于权重的组合模型。在基于堆叠的组合模型中，一个或多个基础模型的预测值通常作为特征与另一个高级模型组合，即将基础模型的输出作为高级模型的输入，以更好地从原始风速数据中提取时空特征。基于权重的模型通过联合多个预测模型进行构建。首先，基于变分分解模式、数据平滑方法和粒子群优化算法等数据处理方法对数据进行预处理，如将数据分解成多个子序列；然后，通过对两个及两个以上的预测模型采用不同配比权重来实现提高预测精度的目的。与基于堆叠的组合模型不同的是，在基于权重的组合模型中，不同的预测模型处理数据的类型特征不同。混合模型方法可以克服单一模型的局限性，并通过有序地组合多个模型来增强混合系统的预测性能。

随着计算机技术及多种算法的不断发展，考虑影响实际风场的因素也愈发系统全面，且越来越多的观测资料通过资料同化技术被融合到预测模型和数值模型中，这将提高预测精度。对于风速短期预测而言，混合模型成为目前的主要应用方向；对于长时间尺度和大区域范围风速预测而言，数值模式仍是主流预测方法。

2.3　潮汐

2.3.1　简介

潮汐是指海水在日、月等天体的引潮力作用下所产生的周期性运动（图 2.3）。通常将海面在铅垂方向上的涨落称为潮汐，将海水在水平方向上的流动称为潮流。地球上各点与月球和太阳的相对位置不断变化，所产生的引力场也随之发生变化，使地球上海水产生相对运动，这就是潮汐现象产生的主要原因。

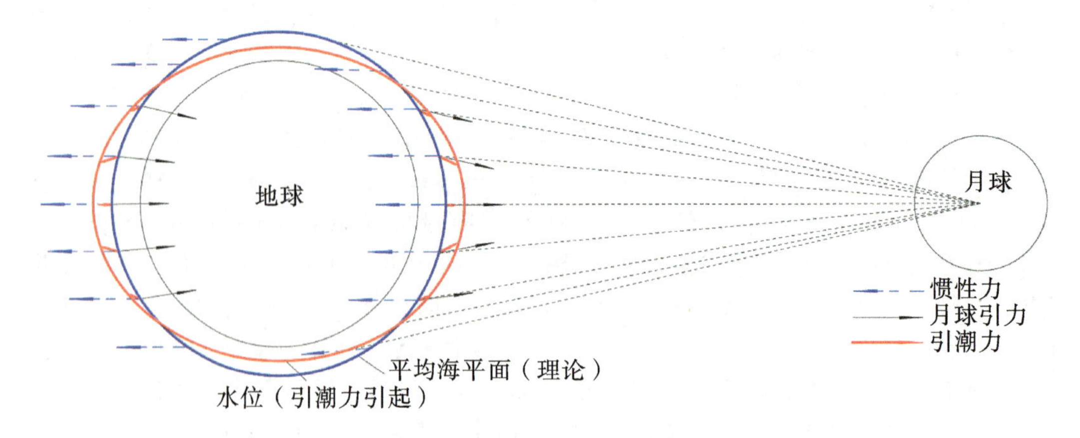

图 2.3　月球引潮力及潮汐椭圆

潮汐作为海水典型的运动形式之一，其对海洋能源开发与利用、海洋工程建设、物质输移等起着重要作用，主要体现如下：

（1）潮汐能是一种有潜力的可开发海洋再生能源。潮汐能是一种清洁可再生的海洋能源，在利用过程中对海域环境的影响相对较小，具有可持续性。随着人们对潮汐过程与机制研究的不断深入，潮汐能是具有可开发潜力的海洋能源之一。

（2）潮汐涨落引起的潮位变化影响海洋工程建设。潮汐现象往往伴随着水涨水落，对海洋工程的影响显著。例如，在涨潮时段，随着水位的升高，海洋工程的施工、作业等环节受此影响将停滞；在落潮时段，随着水位的降低，会影响船舶进出港口。我国上海港借助乘潮潮位规划船只进出港口，在不加深航道深度的情况下提高作业效率，进而实现更好的经济效应（图 2.4）。

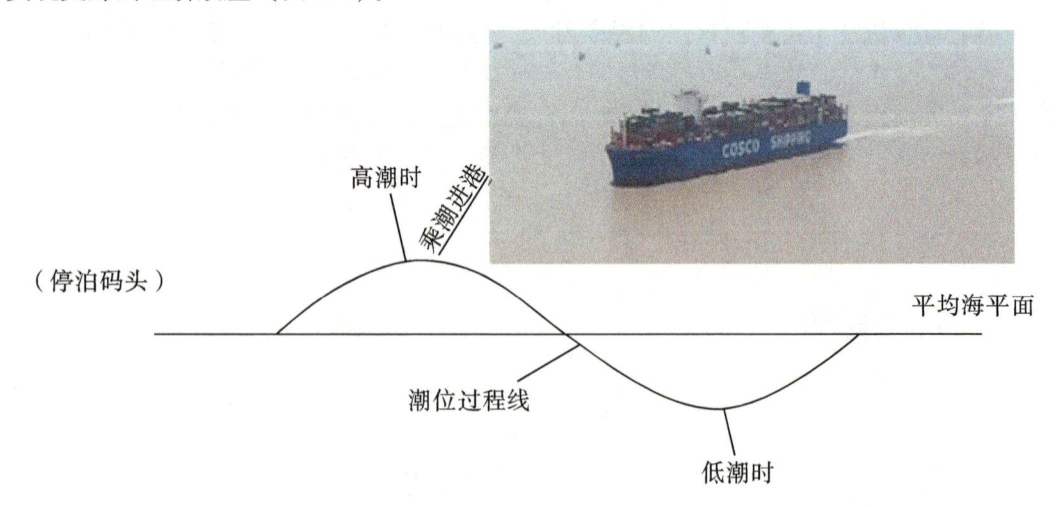

图 2.4　上海港船只乘潮进港

（图片来源：http://www.zzinfor.cn/bc/9.html）

（3）潮汐变化过程影响海洋物质输移。潮汐发生时往往伴随着潮汐不对称现象，会产生潮致余流，对河口及近岸水体中的物质输移（如泥沙、营养盐及污染物）起着极为重要的作用，影响着物质的净输移。尤其在强潮河口，潮汐对物质输移起着决定性作用。

综上所述，潮汐过程及变化特征对能源开发、航运交通、海港工程、近海环境等领域都有着十分重要的影响，因此，潮汐是海洋水文分析中的重要内容之一。

2.3.2 分类

一般将由太阳对地球引力引起的潮汐称为太阳潮，由月球对地球引力引起的潮汐称为太阴潮。根据潮汐变化周期的特征，可将其分为规则半日潮、不规则半日潮、不规则日潮和规则日潮，通常以全日分潮和半日分潮的振幅比为划分依据，采用以下公式进行计算：

$$F = \frac{H_{K_1} + H_{O_1}}{H_{M_2}} \tag{2.1}$$

式中，H_{K_1}、H_{O_1}、H_{M_2}分别为三个分潮 K_1、O_1、M_2 的振幅。$0 < F \leqslant 0.5$ 为规则半日潮，$0.5 < F \leqslant 2.0$ 为不规则半日潮，$2.0 < F \leqslant 4.0$ 为不规则全日潮，$4.0 < F$ 为规则全日潮。

一天中两个潮汐过程的潮差不相等，涨潮时段和落潮时段也不相等，这种不规则现象称为潮汐的日不等现象。除此之外，还有潮汐半月不等现象、月不等现象、年与多年不等现象。当月球不在地球赤道平面上，即月球赤纬不为零时，产生潮汐日不等现象，当月球赤纬到北回归线附近时，月球赤纬最大，此时潮汐日不等现象最为显著。在我国，每年的6月和12月，太阳赤纬最大，此时潮汐日不等现象也较为显著；而在每年的3月及9月，太阳赤纬最小，潮汐日不等现象较弱。潮汐半月不等现象与地球、月球和太阳三者位置有关，当地球、月球和太阳运动到处于同一条直线上时，形成大潮；当太阳、地球和月球的相对位置按顺序连接形成直角时，形成小潮。大潮与小潮的潮差不相等，且半个月中会出现一次大潮和小潮的现象，这种现象称为潮汐半月不等现象。月球绕地球旋转的轨道为椭圆，而地球处于该椭圆内的一个焦点上，月球在轨道不同位置与地球的距离不相等，对地球表面的水体产生的引潮力也有所不同，从而导致在轨道不同位置对地球表面水体产生的潮汐存在月不等现象。潮汐年不等现象是由于地球绕太阳旋转过程中不同位置与太阳的距离不同，产生的引潮力不同。

潮汐不等现象除与地球、月球、太阳三者的相对位置有关外，还取决于沿岸各地具体的主要半日、全日分潮之间的振幅及迟角的相对关系，同时，还与浅水分潮所占的比重及其迟角关系有关。

2.3.3 观测

潮位观测指对某一固定点水位随时间的变化进行测量。目前，国内外使用的潮位测量方法有很多，主要采用以下工具进行测量。

1. 水尺潮位测量

水尺是传统的潮位测量工具。在测量水域安置特制的水尺（图2.5），定时读取水尺上的潮位数据并记录，即可完成潮位测量。该方法便捷，设备简单，耗费低，容易维护，但其测量过程耗费人力，且精度易受影响，不能实现观测自动化。

图 2.5　传统潮位观测方法（广东省珠海市潮位站）

2．浮子式与引压钟式验潮仪潮位测量

浮子式验潮仪潮位测量是一种利用机械传动原理实现测量的方法，利用放置于海面上浮子的上下运动，通过传动机构将浮子的上下运动转换为装置内记录纸滚轴的转动，记录笔将浮子上下运动的过程记录在记录纸上（图 2.6）。当潮位变化时，海面上浮子运动的过程被记录笔记录，并绘制出潮位变化过程的曲线。引压钟式验潮仪通常将引压钟放置于海底，在引压钟的作用下将海水压力通过管路引到海面，由自动记录器进行记录。这两种方法测量精度高，可实现自动监测；其局限性是安装复杂，需要专门建立验潮井来消除波浪的影响，仅适用于岸边长期定点验潮，且费用较高，对供电及防护措施要求较高。

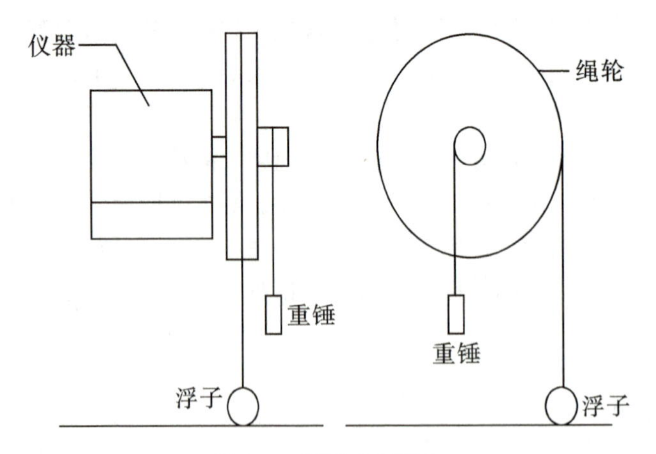

图 2.6　浮子式验潮仪

3．声学式验潮仪潮位测量

声学式验潮仪无须建立验潮井，其利用超声脉冲反射原理，通过测量超声脉冲从发射至接收历时，计算出探头至海面的距离，从而得到一段时间内海面潮位的变化过程数据（图2.7）。声学式验潮方法受温度影响较大，通常需要对测量数据进行插值处理，冬季结冰海域不宜使用。

声学式验潮仪的声探头通常有两种安装方式：海面以上或海面以下。声探头安装在海面以上，就是将发射和接收信号的声探头通过声管安装于海水表面上方的固定位置，利用声探头垂直向海面定时发射超声脉冲，超声脉冲到达海面后反射回来被声探头接收，通过对超声脉冲从发射至接收的时间间隔进行计算，即可求出声探头与海水表面之间的距离，从而测得海面潮位随时间变化过程数据。此种测量方法的优点是成本低，并且可由岸边供电，也可采用电池供电，但其需要在海底打桩用于安装声探头，通常适用于在水深较浅的水域进行测量。

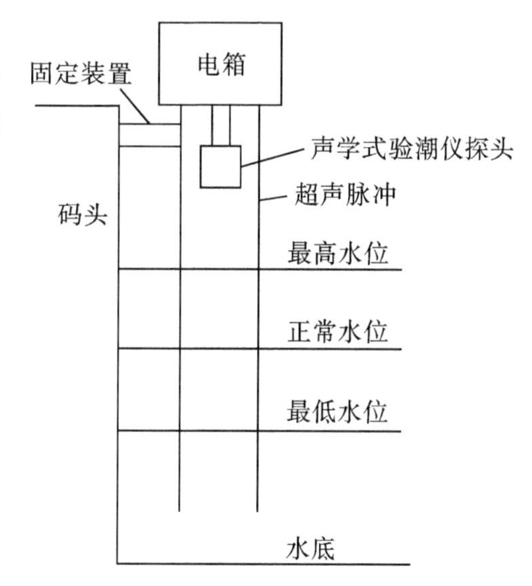

图2.7 声学式验潮仪潮位测量示意

声探头安置在海面以下，就是将声探头放置于海底，通过声探头垂直向海面定时发射超声脉冲，超声脉冲经海面反射后由声探头接收，通过计算超声脉冲传播时间，进而求出声探头放置处的水深，即可得到海面潮位的变化过程数据。由于声探头存在盲区，且声波在海水中传播速度不恒定，该方法易造成较大误差，且该验潮仪只能在近海使用。

4. 压力式验潮仪潮位测量

压力式验潮仪与引压钟式验潮仪原理相似，是将验潮仪放置于水下固定位置（图2.8），通过检测海水的压力变化从而计算出海面潮位的变化过程。该验潮仪无须建立验潮井，对海岸依托较小，可适用于近岸及较深的海域，对环境适应性强，但需要通过电池供电，更换电池较为烦琐，运维成本较高。

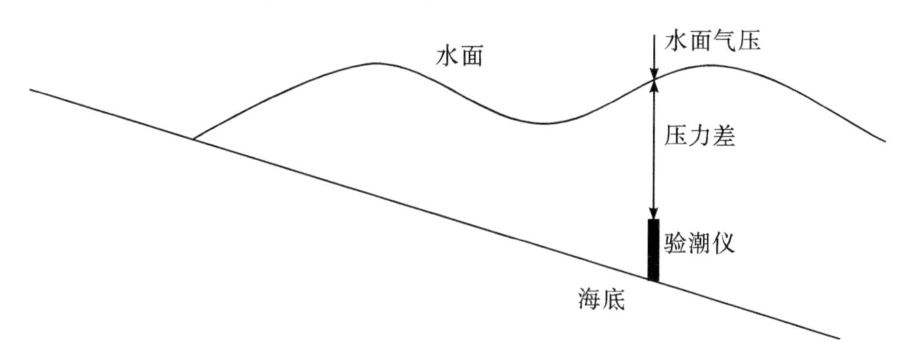

图2.8 压力式验潮仪测潮示意

5. GPS潮位测量

GPS潮位测量法是以差分GPS（differential global positioning system，DGPS）技术为基础的一种实时动态测量技术。其应用GPS实时动态（real time kinematic，RTK）测量技术，在基准站安装一台GPS接收机，并在海洋中投放的浮标上安装GPS设备，对所有可见 GPS 卫星进行连续观测，将观测数据传输到观测站。

DGPS 潮位测量法可分为静态和动态两种方法。静态法是将 GPS 天线安装于岸边或近海固定位置，与岸上 GPS 接收机进行动态载波相位差分测量，从而得到 DGPS 潮位站瞬时海面高度。动态法是将 GPS 天线安装在测量船上，实时获得测量船所在位置瞬时海面高度数据。

6. 卫星遥感潮位测量

遥感式验潮仪测量方法是通过卫星向海面发射雷达脉冲，测量雷达脉冲从发射到接收的时间，并进行校正，利用该时间计算卫星与海面的距离，从而得到海面潮位数据。其具有速度快、经济方便的优点，但准确性较差，易受干扰。

7. GNSS 验潮潮位测量

目前全球导航卫星系统（global navigation satellite system，GNSS）验潮的模式分为精密单点定位（precise point positioning，PPP）、后处理动态（post processed kinematic，PPK）和实时动态（real time kinematic，RTK），以上作业方式均利用载波相位差分技术进行定位，精度可达到 10 cm 以内。实际测量时，通常采用船载方式实现 GNSS 验潮过程，其基本原理如下：利用载波相位差分技术进行高精度定位，获得精确的船载 GNSS 接收机天线相位中心的瞬时三维坐标，并结合其在船体坐标系（vessel frame system，VFS）下的坐标、海面相对 VFS 原点的垂直距离，获得海面瞬时高程，并根据高程变化，结合几何关系，获得瞬时海面高程，从而达到验潮目的。此外，将 GNSS 设备安装在浮标上实现 GNSS 验潮过程也是一种常见的观测方式。

2.3.4 调和分析

目前国内外针对潮汐的分析较多，调和分析是其中的主流分析方法。潮汐调和分析根据潮汐实测数据资料计算得到各个分潮的调和常数，进而实现任意时刻潮汐的估算和预报。将实际潮汐分成许多有规律的分振动，具有一定周期与振幅的分振动称为分潮。常见的分潮为 K_1、O_1、P_1、Q_1、M_2、S_2、N_2、K_2、M_4、MS_4、M_6、S_a、S_{sa}。其中，全日分潮为 K_1、O_1、P_1、Q_1；半日分潮为 M_2、S_2、N_2、K_2；浅水分潮为 M_4、MS_4、M_6，M_4 和 MS_4 又称为 1/4 分潮，M_6 又称为 1/6 分潮；长周期分潮为 S_a、S_{sa}（表 2.1）。各分潮名称与其周期有关，且周期和角度基本固定，分潮振幅和迟角根据位置不同其数值存在差异。

表 2.1 代表性分潮

类型	分潮	角速度/[(°)·h^{-1})]	周期/h
长周期分潮	S_a	0.041 068	8 765.949
	S_{sa}	0.082 137	4 382.921
全日分潮	K_1	15.041 069	23.934
	O_1	13.943 036	25.819
	P_1	14.958 931	24.066
	Q_1	13.398 661	26.868

续表2.1

类型	分潮	角速度/[(°)·h^{-1})]	周期/h
半日分潮	M_2	28.984 104	12.421
	S_2	30.000 000	12.000
	N_2	28.439 730	12.658
	K_2	30.082 137	11.967
浅水分潮	M_4	57.968 208	6.210
	MS_4	58.984 104	6.103
	M_6	86.952 313	4.140

在水文分析中，通常对各潮汐分潮进行分析，分潮分析多集中在计算分潮的调和常数。任一分潮可表示为

$$\zeta(t)=fH\cos(\sigma t+v_0+u) \tag{2.2}$$

式中，$\zeta(t)$ 为任意时刻的分潮潮位值；H 为振幅；f，u 分别为月球轨道18.6年周期变化引进的对振幅和相角的订正值；σ 为分潮角速度；t 为时间；v_0 为初相角。

由式(2.2) 可知，当 $\sigma t+v_0+u=0°$时，分潮为最高潮。实际上，由于海水惯性作用，一般迟滞一段时间才发生高潮，为刻画其滞后效应，引入迟角 g 。迟角是指某一时刻、某一地点实际分潮的相角与理论上该时刻分潮相角的差值，可分为区时迟角、地方迟角与格林尼治迟角。现在国际上通用的是格林尼治迟角，用字母 g 表示。式(2.2) 可转化为

$$\zeta(t)=fH\cos(\sigma t+v_0+u-g) \tag{2.3}$$

式中，H 和 g 统称为分潮的调和常数。若海域自然条件稳定，对不同观测时段的分潮结果，H 和 g 应大致相同；若海域自然条件发生变化，分潮也随之变化。

潮汐实测数据可看作由许多分潮组合而成，而实测潮位具有固定的起算值，由此某一期间的潮位可表示为：

$$z(t)=A_0+\sum_{i=1}^{m}f_iH_i\cos(\sigma_i t+v_0+u-g_i)+\gamma(t) \tag{2.4}$$

式中，$z(t)$ 是时刻观测到的水位；σ_i 是第 i 个分潮对应的角速度；H_i 和 g_i分别是第 i 个分潮的振幅和迟角；m 是分辨出的分潮个数；A_0 是平均海平面；$\gamma(t)$ 是非天文潮位，泛指气象、水文等因素造成的水位变化。

若不考虑非天文潮位，则可写为

$$z(t)=A_0+\sum_{i=1}^{m}f_iH_i\cos(\sigma_i t+v_0+u-g_i) \tag{2.5}$$

计算分潮调和常数较为常用的方法为最小二乘法，其主要过程如下：

令

$$\begin{cases}f_i H_i=R_i\\ v_0u-g_i=-\theta_i\end{cases} \tag{2.6}$$

将式(2.6) 代入式(2.5)，式(2.5) 转换为

$$z(t) = A_0 + \sum_{i=1}^{m} R_i\cos(\sigma_i t - \theta_i) \tag{2.7}$$

根据两角差的余弦公式，在式(2.7) 中，令

$$\begin{cases} a_i = R_i\cos\theta_i \\ b_i = R_i\sin\theta_i \end{cases} \tag{2.8}$$

得到

$$z(t) = A_0 + \sum_{i=1}^{m} (a_i\cos\sigma_i t + b_i\sin\sigma_i t) \tag{2.9}$$

联立式(2.5) 和式(2.9)，得到

$$\begin{cases} a_i = f_i H_i\cos(v_0 + u - g_i) \\ b_i = f_i H_i\sin(v_0 + u - g_i) \end{cases} \tag{2.10}$$

根据式(2.10) 得到调和常数，即

$$\begin{cases} R_i = \sqrt{a_i^2 + b_i^2} \\ \theta_i = \arctan\dfrac{b_i}{a_i} \end{cases} \tag{2.11}$$

$$\begin{cases} H_i = \dfrac{R_i}{f_i} \\ g_i = v_0 u + \theta_i \end{cases} \tag{2.12}$$

由式(2.11) 和式(2.12) 可知，求调和常数 H_i 和 g_i 转换为计算 a_i 和 b_i 的值。

根据式(2.9)，当 $t = t_1$，t_2，…，t_N，潮位 $z(t_1)$，$z(t_2)$，…，$z(t_N)$，计算方程如下式：

$$z(t_j) = A_0 + \sum_{i=1}^{m} (a_i\cos\sigma_i t_j + b_i\sin\sigma_i t_j), j = 1,2,\cdots,N \tag{2.13}$$

式(2.13) 含有 $2m+1$ 个未知量，一般条件下，只有在进行 $2m+1$ 次潮位观测并列出 $2m+1$ 个方程时，才能求解出方程的每一个未知量。但实际上，观测过程中还包含其他非周期潮位影响，实际潮汐分析过程中有 $N > 2m+1$，因此，式(2.13) 中未知量个数大于方程组数量，在理论上无法准确求解每个未知量。通常运用最小二乘法根据式(2.13) 进行处理求解。

2.4 海流

2.4.1 简介

海流一般指海水在水平方向或垂直方向大规模相对稳定的运动，一般用流速和流向来表示。流速是指单位时间内海水流动的距离，其单位常用 m/s 表示；流向是指海水流

向的方向，常用8个方位或以度为单位表示。海水受热辐射、蒸发、降水、冷缩等影响而形成密度不同的水团，再加上风应力、地转偏向力、引潮力等作用，形成大规模相对稳定的流动。海流是海水典型的运动形式之一，对海洋中物理、化学、生物和地质等过程的形成变化都有影响。

2.4.2　分类

海流按其成因大致可划分为大洋环流、潮流、河川泄流、裂流等。

（1）大洋环流是指大洋中海流形成首尾相接、相对独立的环流系统。

（2）潮流是指由月球和太阳的引潮力引起的周期性海水的水平流动。在近海和大洋，潮流受地转偏向力作用形成旋转流，在北半球按顺时针方向旋转，南半球按逆时针方向旋转。在河口、海峡等狭窄水道，因受地形影响无法旋转而形成往复流。

（3）河川泄流是指河川径流入海，在河口附近海域引起的海水流动。

（4）裂流是指海浪由海岸向外海传播经波浪破碎带破碎时产生由海岸向外海方向的海流，也称为离岸流。

2.4.3　海流观测

海流观测要素包括流速和流向两部分，且海流观测时要求连续观测时间不少于25 h，至少每小时观测1次。

1. **观测方法**

传统海流观测方法主要有浮标漂移测流法、走航测流法及定点观测海流法等，随着观测技术的不断发展，卫星遥感、雷达遥感等新方法被应用到海流观测中，且不断改进优化，使海流观测精度不断提高。

（1）浮标漂移测流法根据自由漂浮物体随海水流动的时空变化情况确定海水的流速、流向。该方法可分为跟踪浮标法、漂流瓶测表层流法、双联浮筒测表层流法及中性浮子测流法。跟踪浮标法主要分为船体跟踪和仪器跟踪两种。漂流瓶测表层流法是将漂流瓶放置于海面上，根据漂流瓶漂流路径及漂流历时确定表层海流的流速和流向。双联浮筒测表层流法是将双联浮筒放置于锚定船只尾部或较为稳定的海上平台，根据双联浮筒随时间移动情况确定表层海流的流速和流向的方法。以上三种测流方式主要适用于表层流的观测。中性浮子测流法与前三种测流方法的不同点是，中性浮子可放置于海面以下，可测定深层海流。

（2）走航测流法利用船载声学多普勒海流剖面仪（acoustic Doppler current profiler，ADCP）在浅海测出船舶对海底的绝对运动速度与方向，在深海利用高精度GPS求出船舶的绝对运动速度和方向，同时测出船舶相对不同海水的运动速度和方向，经矢量合成，得到海水相对海底的流速和流向。船舶航行中观测海流（图2.9），不仅可以节省时间，提高效率，而且能够同时观测多层海流。但由于受船舶航行速度的影响，此种观测方式对ADCP的安装精度要求较高。

图 2.9 “中山大学”号海洋综合科考实习船

（图片来源于：https://www.sysu.edu.cn/kxyj/zdkjcxpt.htm）

（3）定点观测海流法是目前最为常用的海流测量方法。该方法将测量海流的设备（如 ADCP）固定在锚定的船只、浮标、潜标、海上平台或特制固定架上，通过观测仪器对海流进行长期观测。根据海流仪器安装在不同载体上可分为定点台架方式测流、锚定浮标测流和锚定船测流。定点台架方式测流通常适用于浅海海域，通过固定台架悬挂海流仪器，可实现精度较好的测量效果和长时间连续观测，或将海流仪器安装在特制固定架上，投放在浅海海域，实现座底式测量。锚定浮标测流是将测流设备安装在锚定浮标或潜标上对海流进行测量。锚定船测流是以船舶为安装载体，利用绞车和钢丝绳悬挂海流计观测海流。

（4）基于雷达和卫星的海表流遥感观测技术主要通过雷达向海面发射电磁波，经海面发射后由雷达接收，通过分析电磁波信号获取海表流实时数据。目前较为常用的有 X 波段雷达、高频地波雷达和合成孔径雷达（synthetic aperture rader，SAR）等。

2. 观测仪器

海流观测仪器主要有机械旋桨式海流计、电磁式海流计和声学式海流计。机械旋桨式海流计中较为常用的有埃克曼海流计、印刷型海流计、照相型海流计、直读式海流计及磁录式海流计。电磁式海流计根据不同磁场分为地磁场（天然磁场）电磁海流计和人造磁场海流计。声学式海流计根据工作原理可分为时差式声学海流计、聚焦式声学海流计和 ADCP。时差式声学海流计应用较为广泛的有挪威 Sensorte 公司生产的 UCM－60/UCM－60DL 产品等。聚焦式声学海流计目前应用最广泛的是声学多普勒海流计（acoustic Doppler velocimetry，ADV）。ADCP 是目前应用最为广泛的海流测量设备。

2.4.4 大洋环流

1. **简介**

海流通常朝某一方向（水平或垂直）不断流动，在大洋中形成一个相对稳定的环流系统，称为大洋环流。通常来说，大洋环流的流动方向、速率和流动路径在较长时间内基本不变。影响大洋环流形成的因素通常有风的作用及海洋内部由温度和盐度差异产生的密度差作用，前者是风驱动循环，后者是温盐循环。不同海域间的温差会导致热量的传递，盐度的不同会产生盐度分布的转移。在大洋环流时间尺度上，流入和流出海洋的盐对整体盐度的贡献相对较小，盐度变化主要是由于流域淡水流入海洋造成的。

大洋环流是海洋中物质、热量和能量等输运的主要驱动力之一，其从热带向两极输送大量热量，在某些纬度，其值超过大气的输送量，在全球气候系统中起到较大的调节作用。大洋环流产生的质量输运、能量传递及海水温盐变化等，不仅是海洋动力系统研究的重要内容，也是海洋生物群落和化学元素分布、物质输运与沉积及全球气候演变研究的关键环节。总体而言，大洋环流的研究可为全球气候变化、海洋环境监测、船舶航行安全及海洋渔业等提供重要理论支撑。

2. **分类**

大洋环流是海流的运动形式之一，与一般的海流区别在于大洋环流影响范围尺度较大。按其形成原因可分为风生流、密度流、补偿流；按冷暖性质可以分为暖流和寒流；按地理位置可以分为赤道流、大洋流、极地流和沿岸流等；按表层洋流系统可以分为反气旋型大洋环流、气旋型大洋环流等。

在盛行风作用下，表层海水沿着一定方向进行大规模流动，形成的洋流称为风生流，世界上大多数洋流属于风生流。与大洋环流相比，大气环流海域的海面风场和海表流系统在方向上呈现一致性。由于洋流受到海岸边界的抑制作用，大气环流中的圆形或旋转运动趋势在海洋中更加明显。根据埃克曼动力学理论，风生流流速只有海面风速4%左右，在北半球海表风生流偏向风方向右方45°，而在南半球偏向风方向左方45°。同时，风生流随深度增大，偏角也加大，流速则随之减小，当至某一深处时，其流向与表面流向相反。

不同海域海水因温度和盐度不同，导致海水密度分布不均，引起海水流动，此类海流称为密度流。密度流在海洋中除多见于河口区外，也常见于相邻海盆之间。最为典型的是寒流、暖流、温盐环流和地转流。海水温度比经过海域水温高的海流称为暖流，低纬度流向高纬度的洋流皆属暖流。海水温度比经过海域海水温度低的海流称为寒流，高纬度流向低纬度的海流皆属寒流。温盐环流是指由于海水温度和盐度不同，形成海水密度差异，引起海水流动形成的环流。地转流是指在较深的理想海洋中忽略湍流摩擦力作用，由海水密度分布不均匀所产生的水平压强梯度力与水平地转偏向力平衡时的海流。

补偿流是指由某一海域的海水补充另一海域的海水流失而形成的海流。一般分为水平补偿流和铅直补偿流两种类型，其中铅直补偿流又可分为上升流和下降流。上升流可把深海域中大量的营养盐带到海水表层，为上层海洋提供了丰富的养料，故上升流显著的海域通常形成著名的渔场。

3. **大洋环流数值模式**

大洋环流是一个非常复杂的动力系统，由于其复杂多变，海洋学家结合不同的观测手段（包括船舶、浮标和卫星），采用海洋动力学与数学理论相结合的方法对其进行研究。这种综合方法基于一定的假设条件，并通过与实测结果比较，进行假设验证和可行性分析。此外，基于动力学原理的海洋环流数学模型也逐渐得到了发展，促进了对大洋环流变化过程及机理的认识。

大洋环流的研究方法主要有以下四种：一是利用仪器设备（包括卫星、遥感等）进行现场观测；二是开展海洋动力学的理论研究；三是进行物理模型实验；四是开展数值模式模拟。随着海洋动力理论研究的深入和计算机技术的发展，利用数值模式对大洋环流进行模拟分析与预测已成为国内外学者的重要研究方法。当前国内外发展的海洋环流数值模式多为三维原始方程模式，其通过描述海洋动力和物理过程，求解复杂的纳维斯托克斯（Navier-Stokes）方程，进而对海洋系统进行建模和模拟。大部分模型采用有限差分模式，少数采用有限元模式及谱模。

第一个海洋环流数值模拟的里程碑是由普林斯顿大学地球物理流体动力学实验室的科学家开发的普通海洋环流模型（oceanic general circulation model，OGCM），而后国外相继发展出 MOM（modular ocean model）、OCCAM（ocean circulation and climate advanced model）、POM（princeton ocean model）、TOMS（terrain-following ocean modeling system）、MICOM（miami isopycnic coordinate ocean model）、HYCOM（hybrid coordinate ocean model）、ROMS（regional ocean modeling system）、POP（parallel ocean program）等海洋环流模型。

MOM 是 Kirk Bryan 在 1969 年提出的在可变深度大洋中对流体动力学进行计算，该模型采用 z 坐标三维原始方程的海洋模式，并在美国国家海洋和大气管理局（National Oceanic and Atmospheric Administration，NOAA）地球流体力学实验室中不断优化改进，从最初为海洋气候系统研究设计逐渐成为被广泛应用于全球海洋的数值模型。OCCAM 是在 MOM 基础上开发的原始方程全球海洋数值模式。与 MOM 不同的是，其采用自由表面并改进了水平对流方案。POM 是由美国普林斯顿大学大气和海洋科学实验室的Alan Blumberg 和 George L. Mellor 在 1987 年发展起来的海洋数值模式，该模式采用垂向坐标、水平方向正交曲线坐标的三维原始控制方程。TOMS 与 POM 类似，是由普林斯顿大学和罗格斯大学联合开发，采用随地坐标的海洋模式，其包括资料同化模块。MICOM 是美国迈阿密大学发展的一种海洋模式，该模式在垂向分层上采用等密面坐标，根据海洋中密度分层采用分层模式，因此该模式在模拟海洋中的密度层结及密度流等方面具有突出优点，但由于垂直坐标存在局限性，模拟浅水和弱分层区域大洋环流的效果不佳。HYCOM 由 MICOM 发展而来，为改进垂直坐标存在的不足，HYCOM 在开阔的层化海洋中采用等密面坐标，然后平滑地过渡到在浅海或陆架区域的随地坐标，但在混合层或层化不明显的海域则采用 z 坐标，即采用混合坐标，因此，优化改进后 HYCOM 可以应用到浅海和密度层结不显著的海域。ROMS 在垂向上采用伸展的随地坐标（stretched terrain-following coordinates），水平方向上采用正交曲线坐标（orthogonal curvilinear coordinates）。该模式在格式上采用高阶水平对流数值格式，在时间上采用内外模态分离技术，使用压力梯度计算方法及网格尺度参数化。POP 是美国国家实验室根据美国能源部气候改变预测计划在2004年开发出的海洋模式，该模式的完成推进了大尺度气候预测的发展。

我国大洋环流模式发展较晚，代表性的模式有中国科学院大气物理研究所大气科学和地球流体力学数值模拟国家重点实验室发展的多层海洋环流模式，并从LICOM1.0发展到LICOM3.0。

2.4.5 潮流

1. 简介

潮流是指由潮汐运动引起的海流。潮流实质上是潮波内水质点水平方向上的周期性运动，其与潮位垂直方向上的涨落运动同时发生，是潮汐现象的两种表现形式。根据潮汐静力学理论，地球上潮汐现象主要由月球和太阳的引潮力在地球上分布差异引起，引潮力实际上是天体对地球万有引力和惯性离心力的矢量合力。

潮流是海洋中主要运动形式之一，海洋中的物质（如泥沙、营养盐和各类污染物）的输运都随着潮流而运动。因此，潮流时空分布特征是海洋环境变化及物质输移研究中的重要内容之一。

2. 分类及特征

潮流按周期可分为规则半日潮流、规则全日潮流、不规则半日潮流和不规则全日潮流，其分类依据可用潮流类型系数判定，根据浅水效应系数判定浅水分潮效应：

$$F=\frac{W_{K_1}+W_{O_1}}{W_{M_2}} \tag{2.14}$$

$$G=\frac{W_{M_4}+W_{MS_4}}{W_{M_2}} \tag{2.15}$$

式中，W_{M_2}、W_{K_1}、W_{M_4}和W_{MS_4}分别代表M_2、K_1、O_1、M_4和MS_4分潮流对应的最大流速；$G>0.04$表明该海域浅水分潮效应显著。

根据潮流类型系数F值的大小，可将潮流分为4种类别，其判断标准如下：$F\leqslant 0.5$为规则半日潮流；$0.5<F\leqslant 2.0$为不规则半日潮流，$2.0<F\leqslant 4.0$为不规则全日潮流，$F>4.0$为规则全日潮流。

将潮流数据进行准调和分析，可得到各分潮的潮流椭圆要素，分潮流的椭圆要素包括最大分潮流流速、流向、旋转率（最小潮流与最大潮流之比）、潮流达到最大速度的时间。潮流椭圆分布表示潮流椭圆长短轴分布及旋转方向，椭圆的长半轴代表分潮流最大潮流流速和流向，短半轴表示分潮流最小潮流流速和方向。

3. 研究方法

潮流的研究方法主要包含理论分析、现场观测、物理模型试验和数值模拟。理论分析揭示潮流运动的一般规律，借助经典力学理论建立潮流运动的基本方程组。由于实际问题的复杂性，在理论研究过程中，一般假设为理想条件下的物理问题，从而建立起近似方程组，在特定有限的条件下，根据求解问题的特性对方程组进行简化处理，求出简化后方程的解析解。但实际潮流的运动过程相当复杂，理论分析求解难度大，通常在进行理论分析的同时，结合其他方法，综合分析潮流变化中的问题。

现场观测借助浮标或雷达等技术对潮流进行观测，获得潮流数据，分析并总结潮流的分布特点和变化规律。此外，潮流观测数据还可用于验证数值模拟结果的精确性，提升数值模拟的准确性和可靠性。但是，现场观测范围受限，存在缺失值，测量结果受观测站位置、仪器精度和天气条件等因素的影响。

物理模型试验是根据相似准则，将实际环境按一定比例缩放制作成模型，通常物理模型尺寸小于实际尺寸，同时，实际状况中潮流所受到的主要作用力也按照比例相应缩放。物理模型试验可通过设置不同参数的对比实验，从定性上论证工程的安全可靠性，为工程决策提供科学依据。由于实际环境中不同动力之间除了相互作用，还存在相互耦合的情况，物理模型试验中难以全面模拟复杂的耦合过程，因此模拟结果存在偏差。

数值模拟通常是考虑海洋中不同动力过程，联合建立动力理论方程组，选择有限差分或有限体积法将网格离散，利用强大的超算能力对水动力方程组进行迭代求解，根据设置的参数和输入数据进行计算，得到模拟结果，从而获得潮流场信息并开展相关分析。与其他方法相比，数值模拟更适用于大范围潮流场的分析研究，能够考虑实况中一种或多种作用的耦合效应。随着超算能力的提升，模型不断优化，模拟精度进一步得到了提高，数值模拟因其经济、灵活、高效等特点，在物理海洋研究中得到了广泛的应用。根据水动力模型中因变量在空间分布上的维数差异，可将其分为一维、二维及三维数值模型。随着研究的不断深入，三维数值模型考虑的情形更全面、更细致，更能反映水动力的真实变化情况，其精确度大多数情况下比一维、二维数值模型更高。目前较为流行的三维水动力模型有普林斯顿大学的 POM、由 POM 发展而来的 ECOMSED 与 FVCOM、丹麦的 MIKE21 和荷兰的 Delft3D 等。

2.4.6 余流

1. 简介

余流是指从海流中剔除周期性潮流后剩余的海流。余流的形成机制主要有风应力驱动、海水温盐变化、潮汐等。河口海岸处陆海交汇区域，受地形条件和复杂动力耦合作用影响，河口海岸区域动力复杂多变，而余流是海流的一种特殊非周期性形态，余流结构及其驱动机制是河口海岸水动力过程研究的重要科学问题，也是探讨河口物质输运机制的有效靶点。强人类活动影响下海岸地形已发生显著异变，探讨地形异变格局下余流结构变化、转换及其悬沙输移机制，不仅是河口海岸地貌演变研究的重要科学问题，而且是异变格局下海岸环境治理和生态修复面临的亟待解决的重要科学问题。因此，余流对水体交换、污染物输运、咸潮上溯、泥沙输运等具有重要意义。潮致余流指示着水体的输运和交换路径，对海水中悬浮物质和可溶性物质的输运、稀释及扩散等都起着十分重要的作用。

2. 分类

按照产生余流的动力，余流可分为潮致余流、风生余流和径流－热盐余流。其中，潮致余流常见的有欧拉余流和拉格朗日余流。此外，斯托克斯余流在海洋中也较为常见。欧拉余流指去除周期性天文潮后平均流引起的平均输移，其对某一固定点 1 个潮周期内流速时间序列的矢量和求平均，其大小和方向取决于该潮周期涨、落潮流速强度和历时；拉格朗日余流指潮周期内对流体微团的水体速度的平均，即水体净输移速度；斯托克斯余流表征水体的净漂移量，其数值大小直接体现了潮周期内水位变化量与流速变化量的相关性。

潮致余流产生机制在长时间尺度下基本不变，始终对余流有所贡献，其量级通常小于风生余流，但其对水体长期输运的贡献相比于间歇性且方向不一致的风生余流更为显著。下面主要针对欧拉余流、斯托克斯漂流、拉格朗日余流进行介绍。

（1）欧拉余流。欧拉余流指对空间固定点的潮流流速在潮周期上取平均得到的剩余流动，海洋中的欧拉余流可简单定义为欧拉平均速度，其计算公式为

$$U_{\mathrm{E}} = \frac{1}{T}\int_{t_0}^{t_0+T} \bar{u}\mathrm{d}t \tag{2.16}$$

式中，U_{E} 为欧拉余流流速；$\bar{u}$为深度平均流流速；t_0 和 T 分别代表模式起始时间和计算潮周期时间。

（2）斯托克斯漂流。斯托克斯漂流是由斯托克斯于 1847 年提出的，指由有限振幅波的弱非线性引起的波传播方向的净漂流速度。Longuet-Higgins 在 1969 年给出了其计算公式：

$$U_{\mathrm{S}} = \left\langle \int_{t_0}^{t_0+T} \bar{u}\mathrm{d}t \cdot \nabla \bar{u} \right\rangle \tag{2.17}$$

式中，U_{S} 为斯托克斯漂流流速；〈〉代表在周期内的时间平均。

（3）拉格朗日余流。Longuet-Higgins 在 1969 年通过研究得出欧拉余流 U_{E} 加上斯托克斯漂流 U_{S} 大致等于拉格朗日余流 U_{L}，表示为

$$U_{\mathrm{L}} = U_{\mathrm{E}} + U_{\mathrm{S}} \tag{2.18}$$

3. 分析方法

河口海岸区余流计算通常采用分解法。分解法即将流速分解后，进行潮平均、垂向平均等，进而计算欧拉余流、斯托克斯漂流和拉格朗日余流。下面介绍分解法计算垂线平均各层余流的具体步骤。

以东向为轴正向，相应地，根据右手直角坐标系轴方向北方向，轴正向垂直向下，表示相对水深（$0 \leqslant z \leqslant 1$）。设 t 为时间，分别沿 x 轴正向和 y 轴正向分解各层水体流速矢量，得到流速分量 $u(x, z, t)$（纬向）和 $v(y, z, t)$（经向）。

不计流速脉动项，瞬时流速 $u(x, z, t)$ 可分解为垂向平均项和偏差项，即

$$u(x, z, t) = \bar{u} + u' \tag{2.19}$$

而 $\bar{u}$ 和 u' 又可分解为潮周期平均项和潮变化项之和

$$\bar{u} = \bar{u}_0 + \bar{u}_t \tag{2.20}$$

$$u' = u'_0 + u'_t \tag{2.21}$$

则瞬时流速可分解为

$$u(x,z,t) = \bar{u}_0 + \bar{u}_t + u'_0 + u'_t \tag{2.22}$$

相应地，水深分解为

$$h(x,t) = h_0 + h_t \tag{2.23}$$

沿轴正向的单宽潮周期平均输水量为

$$\langle Q\rangle = \frac{1}{T}\int_0^T\int_0^1 uc\mathrm{d}z\mathrm{d}t = \bar{u}_0 h_0 + \langle \bar{u}_t h_t\rangle = h_0(\bar{u}_\mathrm{E} + \bar{u}_\mathrm{S}) = h_0\,\bar{u}L \tag{2.24}$$

式中，$\bar{u}_0 h_0$ 为潮周期平均流项；$\langle \bar{u}_t h_t\rangle$ 为潮汐与潮流相关项；$\bar{u}_\mathrm{S}$ 为斯托克斯漂流；T 为潮周期时长；〈〉表示潮平均。进一步得到

$$\bar{u}_E = \bar{u}_0$$

$$\bar{u}_S = \langle \bar{u}_t h_t\rangle / h_0$$

$$\bar{u}_L = \langle Q\rangle / h_0 = \bar{u}_\mathrm{E} + \bar{u}_\mathrm{S} \tag{2.25}$$

式中，$\bar{u}_\mathrm{E}$ 为潮平均欧拉余流；$\bar{u}_\mathrm{S}$ 为斯托克斯漂流；$\bar{u}_\mathrm{L}$ 为垂向平均拉格朗日余流。

同理，y 轴方向的 $v(y, z, t)$ 可以按此原理分解，进行上述计算得到对应余流，而后将 x 轴和 y 轴方向上的余流分量合成得到余流矢量。

余流因流速、盐度等物理量在潮周期的变化或其他高频信号而发生的变化，可直接通过潮周期的方法消除，例如，无权重平均的方式为

$$\langle \Psi\rangle(x,y,s,t) = \frac{1}{T}\int_{t-T/2}^{t+T/2}\Psi(x,y,s,t)\,\mathrm{d}\tau \tag{2.26}$$

式中，Ψ 代表水文水动力要素瞬时值（如流速、盐度）。

此外，低通滤波法和经验正交函数方法（empirical orthogonal function，EOF）等方法也被应用于余流的研究中。低通滤波法的原理是允许通过低频信号，滤除超过设定临界值的高频信号。通过低通滤波法，能够剔除观测数据中影响研究的因素的信号，从而得到观测数据中为研究所用的数据信息，进而进一步分析余流机制。这里介绍二阶 Butterworth 滤波器，Butterworth 低通滤波器的幅值可表示为

$$|H(\omega)|^2 = \frac{1}{1+\left(\dfrac{\omega}{\omega_\mathrm{c}}\right)^{2n}} = \frac{1}{(1+\varepsilon^2)\left(\dfrac{\omega}{\omega_\mathrm{p}}\right)^{2n}} \tag{2.27}$$

式中，n 为滤波器的阶数，n 越高，幅频特性衰减的速度越快，就越接近理想的幅频特性；ω_c 代表截止频率；ω_p 是通带边缘频率；$\frac{1}{1+\varepsilon^2}$ 代表 $|H(\omega)|^2$ 在通带边缘的数值。

经验正交函数方法的基本原理是将一个时空场分解为一个不随空间变化的时间系数和一个不随时间变化的空间函数，其可用于分析余流的时空变化。该方法的优点在于对海量空间场数据的时空分离，从而揭示变量的基本特征和演变规律。

2.5 波浪

2.5.1 简介

海洋中存在各种形式的波动，波浪是海洋中最为常见的水体运动。波浪是指由风在海面上吹动而产生的风浪及其传播所形成的涌浪。风浪是在海风直接作用下形成的，当

风速骤降或海浪发展到一定程度后无法继续从风场中汲取能量时，在惯性作用下，风浪变为涌浪继续传播。风浪的波长一般为几十米至百米，涌浪波长一般为几百至千米。风浪在形式上也极为复杂，表现为波形不规则和传播方向不固定。相比于风浪，涌浪不依靠风作为主要驱动力，呈现出较为规则的波形，在全球海洋中分布更为普遍、广泛，涌浪影响着海气间能量和动量的交换形式。波浪对海岸区物质输移起着重要作用，对泥沙而言，大多数情形为“波浪掀沙，水流输沙”，波浪通过传播、浅水变形、破碎及形成近岸水流等作用于泥沙输运过程，从而影响海岸地形地貌的形态。

2.5.2　特征参数及其分类

1. 波浪要素

自然界中的波浪形状复杂多样，为了更好地认识波浪演变特征，首先可对波浪形状进行描述，而对波浪形状的表征则需要基于波浪各要素的特征。常用的波浪要素如下：

（1）波高。相邻波谷底与波峰顶的垂直距离，常用 H 表示，单位为 m。

（2）振幅。波谷与波峰中点至波峰（或波谷）的垂直距离，常用 A 表示，单位为 m，$H=2A$。

（3）波长。两个相邻的波峰顶（或波谷底）之间的水平距离，常用 L 表示，单位为 m。

（4）波周期。后一个波峰顶到达前一个波峰顶位置所需的时间（或波浪推进一个波长所需的时间），常用 T 表示，单位为 s。

（5）波速。波形传播的速度，常用 c 表示，单位为 m/s。

（6）圆频率。常用 ω 表示，$\omega=\frac{2\pi}{T}$。

（7）波数。表示 2π 长度上波动的个数，常用 k 表示。

（8）波陡。波高与波长之比，常用 ε 表示，即 $\varepsilon=H/L$，用于表征波浪破碎的指标。

（9）波峰。波浪剖面高出静水面的部分，波浪最高点为波峰顶。

（10）波谷。波浪剖面低出静水面的部分，波浪最低点为波谷底。

2. 波浪分类

用波浪要素对波浪特征进行表征，可确定实际波浪的类型。通常，波浪可按其形成动力、水深与波长的比值及波浪运动状态进行分类。

2.5.3　线性波

1. 线性波基本理论

描述海洋中波浪运动最简单、最基本的是正弦曲线（或余弦曲线），取水深 h 为常数，x 轴位于静水面上，z 轴竖直向上为正，其海表面高程为 z 随波浪传播方向 x 的水平位置和时间 t 而变化（图 2.10），形式如下：

$$\eta=\frac{H}{2}\sin(kx-\omega t+\varphi) \tag{2.28}$$

式中，k 是波的波数；ω 是圆频率；φ 是波的相位；H 是波高。该方程中的负号意味着波浪沿 x 正向传播，因为 x 的大小必须随着 t 的增加而增加，以保持括号中波浪的相位值恒定，从而遵循波形上的特定位置。

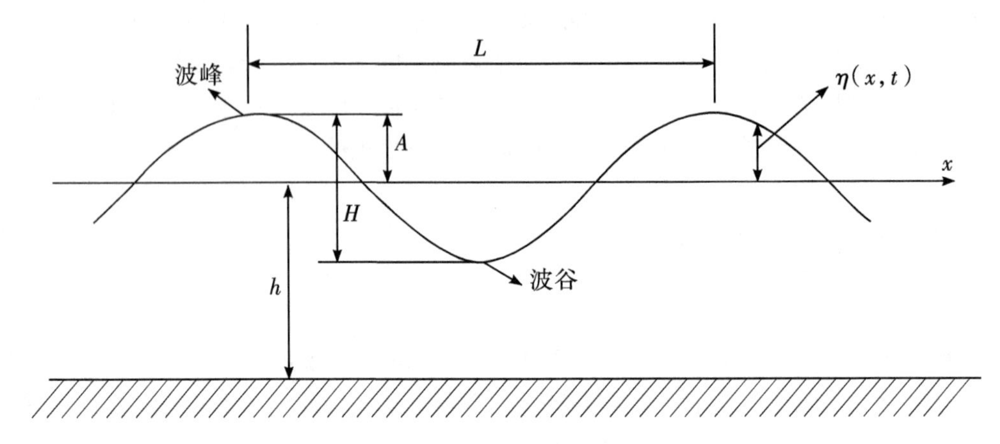

图 2.10　正弦波示意

在拉普拉斯开创性工作的基础上，Airy 得到了式(2.28) 在任何深度水中无旋运动的精确解，前提是与水深和波长相比，波幅较小。正因如此，Airy 波理论也称为微幅波理论或线性波理论。

Airy 波理论求出波浪传播方向上的水平和垂直速度表达式分别为

$$u=\frac{H}{2}\omega\frac{\cosh k(h+z)}{\sinh kh}\sin(kx-\omega t+\varphi) \tag{2.29}$$

$$w=\frac{H}{2}\omega\frac{\sinh k(h+z)}{\sinh kh}\sin(kx-\omega t+\varphi) \tag{2.30}$$

式中，z 是从平静水面向上测量的垂直距离，在海底处，$z=-h$。

波浪作用下水质点的运动轨道以闭合椭圆的形式呈现，在水面处椭圆的长轴等于波高，但随着水面下方距离的增加而减小，在海底处椭圆长轴等于 0，这表明此时水质点沿海底只做水平运动。椭圆短轴在水面处也最大，并随着深度的增加而减小。

实际海洋中的波浪是由多个不同波高和周期的波浪叠加起来的，多个波浪叠加后，波高和波周期都发生了变化，叠加后的总体称为波群，波群的传播速度 c_g 为

$$c_g=nc,\quad n=\frac{1}{2}\left(1+\frac{2kh}{\sinh 2kh}\right) \tag{2.31}$$

当水深超过波长的一半，即 $h>L/2$ 时，以上式子简化为更简单的形式：

$$
\begin{aligned}
L &= \frac{g}{2\pi}T^2 \\
c &= \frac{g}{2\pi}T \\
u &= \frac{\pi H}{T}e^{kz}\sin(kx - \omega t + \varphi) \\
w &= \frac{\pi H}{T}e^{kz}\cos(kx - \omega t + \varphi) \\
c_g &= \frac{1}{2}c
\end{aligned}
\tag{2.32}
$$

由于式(2.32）中存在指数项，随着深度的增加，水流速度趋于零，在海床上可以忽略不计。事实上，深水中波浪对海表面以下不超过波长一半的水体产生影响，超过波长一半的水体受波浪的影响可忽略不计。

当水深远小于波长（通常小于波长的1/20，即 $h < L/20$），即浅水波时，以上式子同样可简化为以下形式：

$$
\begin{aligned}
L &= \sqrt{gh}T \\
c^2 &= gh \\
u &= \frac{H}{2}\sqrt{\frac{g}{h}}\sin(kx - \omega t + \varphi) \\
W &= \frac{\pi H}{T}\left(1 + \frac{z}{h}\right)\cos(kx - \omega t + \varphi) \\
c_g &= c
\end{aligned}
\tag{2.33}
$$

由以上公式可知浅水中波浪传播的速度仅取决于水深，与波周期和波长无关。但是，真实的海浪不是式(2.28）给出的规则正弦曲线。Airy 线性波理论的主要特点是，由于波的振幅相对于波长和水深原则上是无限小的，因此不同波长、周期、高度和传播方向的波浪可以相互叠加。小振幅意味着正弦波之间没有相互作用，它们可以简单地相加，形成复杂的波浪运动组合。假设真实海洋由正弦波叠加而成，如果波频范围较小，在一段时间内观察到的波高分布将近似遵循瑞利分布。

基于 Airy 波理论发展形成的其他波浪理论为深水条件下波浪研究提供了一定的基础。随着波浪进入浅水区域，波高与水深和波长在数值上相当，并最终破碎，Airy 波理论中的基本假设不成立。线性理论忽略了对泥沙输送影响显著的波浪特征。例如，其不能模拟波浪接近海岸线、浅滩和破碎时发生的波形变形，难以模拟波浪在水下的运动轨道，运动轨道不是封闭的，而是在波浪传播方向上有一个小的净位移，形成斯托克斯漂流。随着水深变小，这两种效应变得越来越重要，因此，需要更复杂、非线性或参数化的方法。但是，线性理论提供了合理的波浪定量描述，因此其是海岸波浪和相关地形动力过程模拟和预测的关键理论。

2. 线性波的传播

当波浪传播到浅水区时，其会产生折射并沿越来越垂直于等深线的方向传播，在与波长相比较小的障碍物周围绕射，并改变其高度和传播速度。

关于线性波的传播，最简单的假设是海床的坡度很小，因此，恒定深度上的波浪的线性解仍然有效。对于波高变化，可以使用波浪能量方程：

$$\frac{\partial E}{\partial t}+\frac{\partial}{\partial x_\alpha}(Ec_g)=-D \tag{2.34}$$

式中，$\frac{\partial}{\partial x_\alpha}$表示水平梯度算子；$D$ 表示底部摩擦或波浪破碎引起的波浪能量耗散率，如果为负，D 还包含由于波的生成和频谱中波分量之间的能量传递而导致的波能量增加率。

在式(2.34）中，使用线性理论估计 E 和 c_g 的值，因此，其成为波高随波周期和水深变化的方程。对于近岸波在短距离内的传播，通常认为底部摩擦的耗散和风产生的波浪可以忽略不计，因此，在碎波带之外，式(2.34）表示波传播时的能量守恒。

3. **波浪破碎**

线性波理论的基本假设中，波高非常小，因此，严格意义上不能使用线性波动方程来模拟波浪穿过破波带的过程。研究表明，在线性波能量或波浪作用传播方程中添加波浪破碎的参数化，结果与观测结果较为一致。通过线性波理论，还发现海底附近的波速和其他特性（如通过破波带的波速）可以从波高中以合理的精度进行建模。因此，借助线性波理论讨论波浪破碎具有一定依据和意义。

线性波理论与能量守恒相结合，预测直接传播到浅水中的波浪，在没有明显折射、破碎或底部摩擦造成的能量损失的情况下，随着水深的减小，其速度减慢，波高增大，最终波浪达到发生破碎的高度。已有研究表明，波浪破碎的形式取决于波高与波长的比值（波陡）和海床的坡度。对于非常浅的海滩，波浪以溢出的形式破碎，当其向海岸传播时，在波峰处形成泡沫；这些浅滩上的宽破波带通常会包含几个穿过破波带的溢出碎浪。对于非常陡峭的海滩，波浪通常会形成汹涌的碎浪，波浪从底部崩塌，向上涌向海岸，表面泡沫相对较少；在这些情况下，一次只有一个波浪破碎，破波带很窄，较难定义。对于中等坡度的海滩斜坡，波浪通常以下沉式的形式破碎，其波峰超过主波形，并在波浪前向下沉，形成高湍动能和充满空气的泡沫区域。通常使用破波相似性参数 ε 表示：

$$\varepsilon=\tan\beta\left(\frac{H}{L_0}\right)^{-1/2} \tag{2.35}$$

式中，β 是海滩坡度角；L_0 是深水中的波长；H 通常被视为深水中的波高，有时也使用破波点处的波高。

继 Galvin 在 1968 年的研究之后，学界普遍认为，当 ε 增加到 0.4 以上时，会出现从溢出到下落的浪涌；当 ε 值大于 2 时，会发生浪涌或崩塌。

波浪破碎的最简单标准是通过判定波高 H 与水深 h 之比是否达到给定常数值（破碎指数或破碎标准），其中波高为破碎高度 H_b，深度为破波深度 h_b：

$$\gamma=\frac{H_b}{h_b} \tag{2.36}$$

M' Cowan（1893）发现孤立波的破碎指数的最大值为 0.78，这是经常用于规则破碎波的值。Svendsen 于 2005 年通过研究指出，γ 的理论值应为 0.826 1。Goda 使用规则波的实验室数据，结果显示，γ 的值从小于 0.5 变化到大于 1.5。

Miche 在1951 年从理论上证明，波高 H 和波长 L 在恒定深度 h 水中破碎高度由下式给出：

$$\frac{H_b}{L}=0.142\tanh\frac{2\pi h}{L} \tag{2.37}$$

在深水波情况下，当$\frac{2\pi h}{L}\to\infty$ 时，$\tanh\frac{2\pi h}{L}\approx 1$，式(2.43) 简化为

$$H_b=0.142L \tag{2.38}$$

对于孤立波，限制了波浪的陡度，在浅水中，该限制变为

$$H_b=0.78h \tag{2.39}$$

理论上证明 γ 取决于波陡（H/L），除非破碎深度是在浅水海域获得的。实验室数据还表明，γ 的值随着海滩坡度 $\tan\beta$ 而增加，与波浪破碎需要时间的情形一致，即随着海滩坡度的增加，波浪在破碎之前可以进入较浅的水域。

Goda 于 2007 年在原有的实验数据基础上进行分析，归纳出 γ 的表达式为

$$\gamma=0.8[1+15(\tan\beta)^{\frac{4}{3}}] \tag{2.40}$$

当考虑自然海滩上的随机波浪时，情况变得更加复杂，较多研究使用 γ 来定义整个破波带的破碎波高。然而，破碎指数对海滩坡度和波长或波浪陡度的适当依赖性存在较大的不确定性。

Battjes 和 Stive 在 1985 年在原有基础上提出了一种依赖于离岸波浪陡度的替代形式：

$$\gamma=0.5+0.4\tanh\left(33\frac{H_{rms}}{L_0}\right) \tag{2.41}$$

式中，H_{rms}是深水中的均方根波高；L_0 是与峰值频率相关的深水波长。

当前，不同的波浪模型使用不同形式的波浪破碎标准，通常将 γ（破碎指数或破碎标准）作为模型校准中的调谐参数。

2.5.4　非线性波

线性波理论可以较为精确地模拟近岸波的基本特征，如波高、传播速度、运动轨道。消除波浪破碎引起的能量的经验表达式允许线性波理论的应用范围扩展到破波带。然而，一些波浪特性难以用线性波理论进行描述。特别是波浪传播到浅水后的高程剖面变化，如波峰变窄和陡峭，波谷变宽和平缓，这是由非线性作用所致。这些波形变化对于泥沙输移建模尤为重要，因为其破坏了波轨道速度前后模式之间的对称性。

斯托克斯于 1847 年将线性波理论扩展到非线性领域，并提出了用斯托克斯波理论计算基本正弦波的谐波振幅。这些谐波是强迫波，因为其以基波而不是自由波速的相速度传播。波浪在波峰处变得陡峭，在波谷处变平，具有显著的高程（和速度）偏斜，在自然界中常存在此类情形。该理论还描述了波浪在海水表面以下的运动不是完全闭合的轨道，而是在波浪传播方向上的净位移，即斯托克斯漂流。

虽然斯托克斯理论通常不用于模拟近岸波浪，但其可以用来测试近岸模型的离岸极限。高阶斯托克斯模型的另一个重要结果是揭示了三阶及以上的色散关系，以及相速度

与波高和波长有关，并随波高增加而增加。

2.5.5 波浪分析与预测

目前分析波浪主要采用统计分析与谱分析方法，本小节中主要介绍谱分析方法。

1. **波浪谱**

关于海洋波浪较为完整的描述是通过定向波谱的方式 $S(f,\ \theta)$ 进行的，f 是波频率，$f=\dfrac{\omega}{2\pi}$，θ 是波传播的方向角。此二维函数给出了波能量在频率和方向上的传播，使每个频率的波都与传播方向相关。

通常将定向波谱的频率和方向分量分离为以下形式：

$$S(f,\theta)=S(f)G(\theta,f) \tag{2.42}$$

式中，$S(f)$ 为频率函数的频谱；$G(\theta,\ f)$ 为给出频率 f 处的方向分布，并进行归一化：

$$\int_{-\pi}^{\pi} G(\theta,\ f)\,\mathrm{d}\theta=1 \tag{2.43}$$

然后，可以将一维频谱 $S(f)$ 与方向分布 $G(\theta,\ f)$ 分开处理。一维频谱 $S(f)$ 可以通过测量单个点处波高随时间的变化来计算，因此容易获得。将频谱减少到较少数量的变量有利于后续计算。频谱的频率矩形式为

$$m_n=\int_0^{\infty} f^n S(f)\,\mathrm{d}f \tag{2.44}$$

则零阶矩在频谱上的积分为

$$m_0=\int_0^{\infty} S(f)\,\mathrm{d}f \tag{2.45}$$

可得

$$m_0=\sigma_\eta^2 \tag{2.46}$$

m_0 即等于波面的总方差。Longuet-Higgins 于 1952 年指出，有效波高 $H_{1/3}$ 即波浪数据系列中波高从大到小排列在前三分之一波高的波高平均值，与零阶矩有关，具体如下：

$$H_{1/3}=4\sqrt{m_0} \tag{2.47}$$

平均波频率 f_m 由下式给出

$$f_m=\frac{m_1}{m_0} \tag{2.48}$$

海浪谱通常利用定点观测记录波面并通过傅里叶变换等分析或能量平衡方程获得。国内外经过大量研究，从实测资料中分析得到较为常用的半理论半经验的波浪谱。

Pierson 和 Moskowitz 于 1964 年通过对一系列开阔海洋波谱的研究获得了最广泛使用的标准波谱，简称 P-M 谱。P-M 谱采用以下形式：

$$S_{P\text{-}M}(f)=\alpha\frac{g^2}{(2\pi)^4}f^{-5}\exp\left[-\frac{5}{4}\left(\frac{f_\mathrm{p}}{f}\right)^4\right] \tag{2.49}$$

式中，$\alpha=0.008\ 1$；f_p 是频谱峰值处的频率。Pierson 和 Moskowitz 将峰值频率直接与海表面上方 19.5 m 处测得的风速 $U_{19.5}$ 相关联，其形式为

$$f_p = \frac{1.37}{U_{19.5}} \tag{2.50}$$

在沿海水域，波浪条件可能由风区长度及风速确定。对于海岸波浪预测，国外最常用的标准谱是联合北海波浪项目（Joint North Sea Wave Project，JONSWAP）谱，该谱是在北海进行测量的。根据 P-M 谱，JONSWAP 谱采用如下形式：

$$S_J(f) = S_{P\text{-}M}(f)\gamma^{\exp\left[-\frac{(f-f_p)^2}{2(\sigma f_p)^2}\right]} \tag{2.51}$$

式中，含有四个拟合参数，两个是来自 P-M 谱的 f_p 和 α，另外两个是峰值增强因子的 γ 和 σ。γ 是 P-M 谱在峰值频率处增加的系数，参数 σ 决定增强峰值的宽度。通常，增强峰值的宽度与峰值不对称，因此 σ 进一步被划分为峰值以下频率值 σ_a 和峰值以上频率值 σ_b。

JONSWAP 谱参数的值通常由风的无量纲提取距离函数给出：

$$\bar{x} = \frac{gx}{U_{10}^2} \tag{2.52}$$

式中，x 是风区长度；U_{10}是水面以上 10 m 处的风速。因此，JONSWAP 谱中的参数由以下形式给出：

$$\begin{aligned} f_p &= 3.5\frac{\bar{x}^{-0.33}g}{U_{10}} \\ \alpha &= 0.07\,\bar{x}^{-0.22} \\ \gamma &= 3.3 \\ \sigma_a &= 0.07 \\ \sigma_b &= 0.09 \end{aligned} \tag{2.53}$$

在实际海况中，实际波浪是由多个不同方向的波浪叠加组成的，因此仍需考虑实际波浪的方向，式(2.48）的方向分布 $G(\theta, f)$ 也经常假设为参数化形式：

$$G(\theta,f) = N(s)\cos^{2s}\frac{1}{2}(\theta-\theta_1) \tag{2.54}$$

式中，θ_1 为主导方向；s 为扩展参数，s 值越小，方向扩展越宽；$N(s)$ 是满足式(2.43）的归一化因子。通常，s 和 θ_1 都可以是频率相关的，θ_1 的单个方向用于单峰谱，如 JONSWAP 谱，或者两个单独的值可用于双峰谱，一个用于低频涌浪，一个适用于高频海浪。

20 世纪 90 年代，我国文圣常院士以有效波方法建立能量平衡方程，研制出新型混合型海浪数值模式，其优点在于：①将风浪能量计算中涉及的经验成分的部分统一于一项，并通过可靠的风浪经验关系与实测资料对比验证进行确定，计算精度在我国海域高于 JONSWAP 谱；②计算简便，谱中包含的参数易求得。

海浪谱的确定，可应用于海浪观测与分析、海浪预报、海洋环境研究、海洋工程应用以及海浪本身特征的研究。

2. 波浪能量

波浪能是风将能量传递给海洋之后，海洋表面波浪所具有的动能和势能。波浪势能是因水质点运动过程中偏离原来位置而产生的。在微幅波理论中，一个波长范围内，单宽波峰线长度的波浪势能由下式表示：

$$E_p = \frac{1}{16}\rho g H^2 \tag{2.55}$$

波浪动能是因水质点运动而产生的。在微幅波理论中，一个波长范围内，单宽波峰线长度的波浪动能由下式表示：

$$E_k = \frac{1}{16}\rho g H^2 \tag{2.56}$$

因此，在一个波长范围内，单宽波峰线长度的平均总能量是波浪势能与波浪动能的总和，为

$$E = \frac{1}{8}\rho g H^2 \tag{2.57}$$

波浪传播过程中会存在能量的传递，通过单宽波峰线长度平均的能量传递率称为波能流密度，美国电力研究协会（Electric Power Research Institute，EPRI）采用的波浪能评估算法中，在深水情况时，公式如下：

$$P_W \approx 0.42 \times H_{1/3}^2 \times T_P \tag{2.58}$$

或

$$P_W \approx 0.5 \times H_{1/3}^2 \times \overline{T} \tag{2.59}$$

式中，P_W 为波浪能能流密度；$H_{1/3}$为有效波高；T_P 为谱峰周期；$\overline{T}$为平均周期，通常情况下，$T_P = 1.2\overline{T}$。有效波高和谱峰周期可通过谱阶矩计算得到，计算如下：

$$H_{1/3} = 4\sqrt{m_0} \tag{2.60}$$

$$\overline{T} = \frac{m-1}{m_0} \tag{2.61}$$

我国沿海地区多处为浅水海域，采用波浪谱积分计算波能流密度是一种适用于中等深度和浅水海域的方法，计算公式如下：

$$P_W = \rho g \int_0^{2\pi}\int_0^{\infty} c_g(f,d)S(f,d)\,\mathrm{d}f\mathrm{d}\theta \tag{2.62}$$

式中，ρ 为海水密度；c_g 为波群速度；d 为水深。

我国王传崑（2009）采用的计算波浪能能流密度的公式如下：

$$P_W = \frac{1}{T}\int_0^T\int_{-d}^0 (p + \rho g z)\ u\mathrm{d}t\mathrm{d}z \tag{2.63}$$

式中，T 为周期。

3. 海浪预测预报

海浪预测预报是根据影响海浪产生、发展和消退的因素，并结合海域历史和实时数据资料，对海浪未来时刻的发展状态做出估计，并输出预报产品，一般有海浪实况图和海浪编码产品。通常的海浪预报是利用预测的风场数据作为海浪模式的驱动，对未来海浪的发展状况做出预报。此外还有海浪后报，它是利用海域的历史水文数据，结合海浪产生、演变规律，分析在该历史水文资料下未来海浪可能发展的状况，其是海浪预报一种非实时的应用。在许多实际应用中，海浪后报结果是一项十分重要的输出产品。海浪预测预报通常使用半经验半理论预报方法、海浪统计预报方法、数值模式预报方法和机器学习预报方法。

（1）半经验半理论预报方法。这是一种根据风要素对海浪进行预报的方法。半理

论半经验海浪预报方法常用的有三种：一是特征波预报方法，也称为有效波预报方法；二是波谱预报方法；三是能量平衡谱预报方法。

（2）统计预报方法。该方法直接基于实际观测数据构建拟合关系，估算未来时刻的海浪值，已在台风浪预报中取得较好的预期效果，包括 Bretschneider 预报方法、Wilson 预报方法、井岛预报方法、宇野木预报方法。此外，目前较为常用的基于统计思路的预报方法主要有自回归、自回归移动平均、粒子群算法等；相比于预测区域波浪而言，此类方法通常对于分散站点的预报效果较好。

（3）海浪数值模式预报方法。按照不同的原理，该方法分为三类：第一类是基于 Boussinesq 方程的计算模型，其直接描述海浪波动过程中水质点的运动；第二类是基于缓坡方程的计算模型，其描述的是海浪波动能量、波高、波长、频率等要素的变化；第三类是基于能量平衡方程的计算模型。随着海浪预报相关理论研究的不断深入，海浪数值预报模式从第一代开始发展，至今已经开发出了第三代海浪数值模式，如 WAM（wave model）、WWⅢ（WAVEWATCH-Ⅲ）、SWAN（simulating waves near-shore）模式。数值模式更适合于中长期和大范围的海浪预报，但其对计算能力要求较高。

（4）机器学习预报方法。随着机器学习技术的快速发展和应用，其逐渐被应用到海浪预报中。目前，国内外应用人工智能算法对海浪预测预报领域的研究大多是利用不同的学习算法对海浪进行预测。如支持向量机（support vector machine，SVM）算法、人工神经网络和深度学习（deep learning，DL）等。此外，随着机器学习理论研究的不断深入，多种模型算法逐渐应用在海浪预报中，针对单一机器学习算法难以表征波浪多变性特征的问题，集成算法、混合模型等被应用到海浪预报中，相关研究表明其能输出较好的预报结果，为后续海浪预报多样化发展提供了新的理论思路。

随着海洋开发的不断扩大，对海浪预报的精度要求随之提升，海浪预报从单一方法模式预报发展到集合预报，在预报精度和预报时效上得到了提升。影响海浪形成演变的因素诸多，海洋预报模式日趋全面，集大气、海浪、海洋环流和海冰耦合模式于一体，综合考虑多种影响的因素，实现更高精度的海浪预报。

2.6 海冰

2.6.1 简介

海冰是由淡水冰晶、卤水和含盐分的气泡等多种物质共同构成的复杂混合物。海冰是重要的气候因子之一，其变化对极地、亚极地乃至全球大气与海洋的热力学、动力学过程研究都具有重要意义。海冰的热传导速率比海水低得多，其存在阻碍了海洋与大气之间热量、质量和化学成分交换。海冰的隔热作用有效缓解了夏季大气对海洋的加热作用，同时在冬季也能减弱海洋向大气的散热作用。海冰在全球气候系统中发挥着重要作用，为极地海洋形成了一层隔热层，从而调节热量和能量传递，以及与大气的气体交换。此外，海表面冰的冻结与融化过程改变了海水的密度结构，从而影响温盐环流的驱动，其输出对于高纬度地区深层水的形成和全球温盐环流具有重要作用。

对于在冰区航行的船舶而言，海冰的存在严重阻碍了船舶的正常航行（图 2.11）。例如，环渤海沿岸分布着较多海港，航运繁忙。每年冬季，渤海海湾不同程度遭受冰封影响，船舶无法正常航行。在极地冰区，海冰密集度和厚度均远超渤海，给船舶航行带来更大挑战。

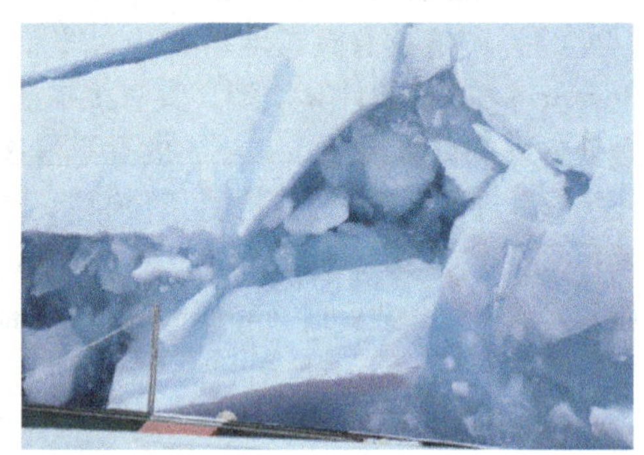

图 2.11 “雪龙”号科考船和走航观测海冰
（图片来源：梅浩等，2020；郝光华等，2018）

因此，海冰对极地气候、海洋动力机制、海岸海洋工程建设等多方面都具有重要影响，海冰已经成为地球科学、生物科学、工程科学等多个学科领域的重要研究内容之一。

2.6.2 分类

海冰按照发展阶段主要分为初生冰、尼罗冰、饼状冰、灰冰、灰白冰和白冰等，按照外貌形状划分为平整冰、重叠冰、堆积冰、冰脊、冰丘、冰山，按照冰龄划分为一年冰和多年冰，按照运动状态划分为固定冰和漂浮冰（表 2.2）。

表 2.2 海冰分类

划分依据	海冰类型
发展阶段	初生冰、尼罗冰、饼状冰、灰冰、灰白冰、白冰
外貌形状	平整冰、重叠冰、堆积冰、冰脊、冰丘、冰山
存在时间	一年冰、多年冰
运动形式	固定冰、漂浮冰

2.6.3 海冰特征参数

因海冰的组成物质的复杂性及其物理化学特性，通常从海冰厚度、密集度、密度与覆盖面积这四个特征对海冰进行分析和研究。根据海冰数量、结冰范围、海冰厚度及海冰分布等情况，获得反应海冰情况的冰情图。冰情图一般由底图和冰情两部分组成，底图包括测点附近的岸线、入海河流、高山、近岸等深线、岛屿、海上建筑物、测点位置等内容；图中还应包括冰情概述、站名、观测数据的年月日、比例尺等。冰情图将海冰分布情况的观测结果在测点（或海域）局部范围内用规定的格式、符号和色彩进行呈现。

海冰各特征参数对分析其变化特征具有重要意义，本小节主要介绍海冰厚度、密集度、密度、覆盖面积。

1. **海冰厚度**

海冰厚度有现场人工观测、人工钻孔冰厚观测等直接观测方法，非直接观测技术主要有仰视声呐技术、船舶走航技术、电磁感应技术、微波遥感技术和卫星测高技术。目前，现场使用仪器对海冰厚度的观测通常是根据海冰、海水、积雪三者之间的电导率、热传导率等物理特性不同，辨别出海水与海冰、海冰与冰上积雪分界层，从而根据各层厚度确定海冰与积雪的厚度。

利用卫星测高数据估算海冰厚度的基本原理是通过激光高度计测得海冰的出水高度，利用静力平衡方程模型，输入海冰密度、海水密度、冰上积雪密度和海冰表面积雪厚度等模型参数，估算海冰厚度，其计算公式如下所示：

$$h_i = \frac{h_s\rho_s + h_b\rho_w}{\rho_w - \rho_i} \tag{2.64}$$

式中，h_s 为海冰表面积雪厚度；h_b 为高度计测得的海冰出水高度；ρ_w、ρ_i、ρ_s 分别为海水、海冰及海冰表面积雪的密度。

利用卫星高度计估算海冰厚度的精度主要与海冰出水高度的估算算法及模型参数有关，实际应用中，不同算法的差异性主要体现在这两方面。目前，海冰厚度卫星测高估算研究中，应用较多的四种算法为 Laxon03 算法、Kurtz09 算法、Yill 算法、Laxon13 算法。Laxon03 算法通过分析回波波形，以脉冲峰值为回波波形分类指标，区分海冰与冰间水道，进而计算出海冰出水高度；Kurtz09 算法借助其他遥感影像识别冰间水道；Yill 算法将观测高程与 50 km 平均高程差值的最低 2% 平均值作为冰间水道的高程，计算海冰的出水高度；Laxon13 算法优化了 Laxon03 算法，以高斯模型拟合回波波形，在原有脉冲峰值指标的基础上，增加脉冲累积标准差指标，进而识别冰间水道并计算出水高度。

2. **海冰密集度**

海冰密集度描述的是海冰在空间上的密集程度，即一定海面范围内海冰面积占该海面面积的比例，是反映冰情分布情况的一个重要参数。目前，以被动微波遥感为代表的卫星遥感技术是获取大尺度海冰密集度的一个重要方式。由于海冰密集度不受极地昼夜的限制，且受云雾等天气的影响较小，能够实现对极地海冰的连续观测，因此，微波遥感技术是极地海冰密集度观测的一种重要技术手段。利用微波遥感技术观测海冰密集度时，根据不同波谱范围海水与海冰的极化差异，如今已开发了多种基于微波遥感数据对海冰密集度进行反演的算法，如 NT 算法、NT2 算法、Bootstrap 算法和 ASI 算法等。考虑到被动微波遥感技术在获取大尺度范围海冰密集度时存在着一定差异，且存在分辨率的限制，目前利用被动微波遥感技术观测密集度时，难以分辨冰间水道，从而导致观测存在误差，因此，仍需要其他来源的数据对微波遥感观测的海冰密集度数据进行修正。

随着图片和视频技术的不断发展，通过在船舶和飞行器上安装数字摄像或录像设备，可实现对海冰密集度等参数的观测。

3. **海冰密度**

海冰密度有质量/体积法、静水压称重法、液体－固体和干舷方法等估算方法。海冰密度由海冰内部纯冰的密度和含量、卤水泡的密度和含量及气泡的含量直接决定。以下主要介绍质量/体积法和静水压称重法。

（1）质量/体积法。质量/体积法是根据密度、体积和质量之间的关系计算海冰密度，计算过程简易，是目前使用最多的海冰密度测量方法之一。现场观测中，通过钻孔获取冰芯，并制成可测体积的规则海冰冰胚样本，测得海冰样本的质量与体积，利用下式计算出海冰密度：

$$\rho = \frac{M}{V} \tag{2.65}$$

式中，ρ 为海冰密度；M 和 V 分别为海冰样本的质量和体积。

质量/体积法因其操作简便、计算难度小而被广泛使用，但海冰取样过程中会受到重力作用，且海冰样本中的卤水物质损失，因此海冰密度测量结果偏小。

（2）静水压称重法。静水压称重法测量海冰密度是将海冰样本在空气中和完全浸没在比海冰密度小的液体中称重，分别测出样品质量，再根据阿基米德浮力定律，由下式计算出海冰密度：

$$\rho = \frac{M_a}{M_a - M_l}\rho_l \tag{2.66}$$

式中，ρ 为海冰密度；ρ_l 为已知液体的密度；M_a 为样本在空气中的质量；M_l 为样本浸没在液体中的质量。

静水压称重法是一种较为精确的海冰密度测量方法，相比于质量/体积法，该方法不需要测量海冰样本的体积，能缩短一定的测量时间。但由于海冰中孔隙的影响，静水压称重法在测量吃水线上的海冰密度时误差较大。

4. **海冰覆盖面积**

海冰覆盖范围定义为海冰密集度大于或等于15%等值线所包围的网格总面积，以15%作为海冰覆盖范围界定阈值，海冰密集度大于该阈值的区域面积即为海冰覆盖面积，将该网格面积乘以对应的密集度，累计求和即可求出海冰覆盖面积，其计算公式如下：

$$S_{冰} = \sum_{i=15}^{100} N_i \times \frac{i}{100} \times M \tag{2.67}$$

式中，N_i 为海冰密集度值为 $i\%$ 的网格点数；M 为网格单元面积。

2.6.4 海冰观测

海冰观测方法主要有现场观测、船舶走航、航天遥感、卫星遥感等。现场观测是最直接的收集数据方法。目前，现场人工观测仍然是获取海冰厚度和积雪厚度最有效、最可靠的方法，另外还可以获得海冰温度、盐度和地形变化等基本数据，具有数据精度高的特点，但受极地气候环境条件限制，只能在小尺度范围内测量，难以满足大尺度数值模拟对基础资料的需要。

船舶走航相对于现场观测而言，观测范围较大，该方法只能对航线上的海冰进行观测调查。在实际走航时，考虑到航行安全等因素，通常会选定海冰密集度较低的航线航行。此外，受限于航行过程中人眼观测精度，对海冰密集度等要素的测量结果与实际情况会存在误差。该方法的优点如下：一方面，获取基础数据的速度快，比现场观测效率高；另一方面，获取的基础数据分辨率高，可信度相对更高。随着科学技术的发展，利用船舶走航冰厚录像监视系统可精准获得冰厚信息，并结合计算机辅助分析技术，提高观测数据的质量。

卫星遥感能够连续获得大范围海冰信息，是一种高效观测方法，但其结果受到海冰类型、积雪覆盖的影响，难以准确分辨出冰间水道，观测结果存在一定误差。此外，卫星遥感技术通过测量海平面与冰面高度差，利用浮力原理计算海冰厚度的方法虽然能够在大尺度范围获取冰厚信息，但此方法不但受天气条件影响，而且难以消除积雪与海冰密度间差异带来的误差。在研究海冰时，通常结合现场观测、船舶走航对数据进行比对和修正，进而提高卫星遥感的测量精度。

2.6.5 海冰预测

海冰在地球能量和水资源收支平衡中起着至关重要的作用，并对局地大气和海洋环流产生重要影响。海冰可预测性的主要依据是其异常特性、与海洋和大气的相互作用，以及辐射强迫的变化。通过研究引起海冰变化的因素及其关联性，掌握海冰变化的内在演变机制，有利于借助技术手段对海冰进行实时监控，及时发布海冰预报结果，为决策部门或机构做出正确的判断和决策提供数据支撑。目前主要预测方法如下。

1. 机器学习

（1）人工神经网络。人工神经网络有着非线性、自适应信息处理的特点，该特点主要体现在网络由大量简单单元构成，这些单元彼此相连但功能相对简单，例如，利用反向传播人工神经网络完成海冰面积的预测。

（2）深度学习。深度学习主要有卷积神经网络（convolutional neural networks，CNN）、循环（递归）神经网络（recurrent neural network，RNN）、深度信任网络等模型。这是将深度神经网络作为一种常用的建模方式，采用多个层次的神经元矩阵堆叠并进行数据处理和预测的算法。已有研究表明，深度学习在北极海冰预报中有着较好的应用效果。CNN 在海冰图像分类研究中的应用效果较好，为海冰的反演研究提供依据。RNN 在海冰弯曲强度预测分析上得到较好的应用。由于 RNN 不能充分学习历时信息，随着网络加深，计算量会呈现指数增长，因此存在一定的局限性。近年来已有学者开发出一种 RNN 的改进形式，即长短期记忆网络（long short-term memory，LSTM），有效解决了 RNN 的不足，能更好解决时间序列问题，并在海冰范围预测上得到应用。

2. 回归分析模型

海冰在其形成、发展及演变趋势等过程中受多因素耦合作用的影响，因此，一些研究学者利用不同的回归模型研究影响海冰冰情演变趋势的因素。邓冰等（2004）使用了隶属函数、最优气候均态、最优子集回归、逐步回归等方法对渤海、黄海海冰进行了分析与预报；周须文等（2015）使用滑动平均、相关分析和主成分分析等统计方法对渤海中长期冰情进行了预测；郑冬梅等（2015）使用逐步回归分析方法对渤海海冰长期趋势进行了预测。

3. 数值模型

利用海冰实际观测数据，并结合影响海冰变化的因素，可以构建海冰演变过程的数值模型，通过输入相应边界与初始条件参数，模拟海冰的形成、变化及转化过程，进而实现海冰的预测，通常有冰－海耦合模型、海冰本构模型等。

2.7 海水温度

2.7.1 简介

海水温度直接影响海域生态环境和水生动植物的生存，是海洋物理性质中最基础的要素之一。海水温度升高导致海水水质恶化、富营养化等一系列问题，给海洋生态环境带来不良影响。在复杂的海洋环境中，许多自然现象产生的原因及其演变过程往往与海水的理化特性相关，诸多海洋现象都在不同程度上受到海水温度变化的影响，如咸潮、海洋绿藻的爆发等。为更好地认识海洋生态及合理有效地开发海洋资源，首先要全面深入地对海水的理化性质进行分析和研究。海水温度作为海洋水文要素中最重要的组成部分之一，研究其时空分布规律，不仅是海洋学的重要内容，也是气象学、航海学、海洋渔业、军事和水声等领域的重要部分。

2.7.2 海水温度测量及分布特征

1. 海水温度测量

早期海水温度测量方式是采用铁桶或帆布桶收集海洋水样进行测量。目前，海水温度主要是用热敏电阻测量，连续的温度记录（包括垂直和横向温度记录）是常规的海洋测量内容的一部分。

（1）表层水温。一般情况下，海洋表层水温有以下三种测量方法：一是直接测量方法，常用的仪器有海水温度表、电测表面温度计及其他的测温仪器，可在现场将海水温度直接测出；二是利用卫星搭载的红外辐射温度计测定海洋水温；三是在海洋浮标上安装测温仪器，测出并记录所在位置的海水温度。

（2）深层水温。对于深层海水温度的测量，通常使用深度温度计、自容式温盐深自记仪、电子温深仪、投弃式温深仪等。

2. 海温分布特征

海水温度在全球范围内的分布情况大体上是随着纬度增高，温度呈现不规则下降。海水温度的水平分布与日照强度、水体流动等相关，海洋表层温度的分布是太阳辐射作用的直接结果，水平平流过程将温水输送到冷水海域，反之亦然。表层海水温度通常呈现较大的季节性变化，即使在深海，温度也会随时间发生微小波动。任何特定位置和深度的实际海水温度虽然一直在变化，但从长时间尺度而言，每年深海中海水温度的变幅较小。

海水温度的垂直分布与太阳辐射和由海水密度引起的水体流动有关，大部分太阳能在海洋表层一定水深范围内被吸收。研究发现，只有大约1/50的入射能量穿透到海水表面以下100 m。所有的红外辐射都在海水表面以下约1 m的范围内被吸收，太阳能总辐射近一半在海水表面以下约10 m的范围内吸收。海水热量传导本身非常慢，只有小部分热量向下传递，主要机制是风和波浪的湍流混合，风、波浪和洋流的混合产生了混合表层，在中纬度地区的冬季，其厚度可达200 ～ 300 m及以上。在永久性温跃层上方，夏季可能会形成季节性温跃线，在10 ～ 15 m深处也可能存在日温跃层。

2.8 海水盐度

2.8.1 简介

1902年Knudsen等人首次提出了海水盐度的定义：1 kg海水中溴化物和碘化物被等当量的氯化物置换，所有碳酸盐被等当量的氧化物置换后溶解无机盐的质量，符号为*S‰*，又称为绝对盐度。

海水成分的恒定性是海洋学中一个重要概念，早期测定海水化学成分的研究因分析技术低灵敏度而受阻。直到19世纪初，海水成分的恒定性首次从可用的少量分析结果中得到确认。1872—1876年，从几乎所有主要海洋的不同深度采集了77个水样，并分析了氯、钠、镁、硫、钙、钾和溴等元素成分，在合成样品上对每个元素的使用方法进行了严格测试，从而检验了海水成分恒定性的可靠性。

自19世纪以来，众多学者对海水中某单一成分与盐度的比例进行了大量研究。在20世纪60年代中期，英国国家海洋学研究所（现为海洋学科学研究所）和利物浦大学的科学家分析了100多个海水样品的所有主要成分。20世纪70年代，美国的“地球化学海洋剖面研究”（Geochemical Ocean Sections Study，GEOSECS）计划（地球化学海洋部分）利用当时最准确的分析技术和尽量减少污染的采样程序，收集了所有海洋的系统化学数据。随着收集的海水样本增多，以及分析方法的精准度提升，GEOSECS计划测量正在得到补充与更新。

整个海洋的盐度变化方式几乎完全取决于蒸发和降水之间的平衡，以及表层水和深层水之间的混合程度。一般而言，由于离子浓度都以相同的比例变化，即它们的离子比例保持不变，因此盐度变化对主要离子相对比例的影响可忽略不计。然而，受地形条件影响，在某些海洋环境中，离子比例与正常值相差很大，这些海域包括：

（1）封闭海、河口和其他有大量河水流入的区域，河水不仅含有的总溶解盐比海水少得多，而且具有差异较大的离子比例。

（2）盆地、峡湾和其他底部循环受到严重限制的区域。例如，盆地口处存在底坎（地下屏障），阻止了低层水体和外部含氧海洋水之间自由流通。在这种情况下，低层水体中有机物细菌分解（氧化）会导致溶解氧的耗尽，其严重程度可能会导致溶解氧完全耗尽，进而微生物将硫酸盐阴离子用作溶解氧的替代来源，由此导致离子比例有较大差异。

（3）广泛的温暖浅水区域，如巴哈马河岸，其特征是碳酸钙的化学和生物沉淀非常丰富，导致与总盐度的比例发生显著变化。

（4）海底扩张和活跃的海底火山活动区域，其中加热的海水通过海洋地壳的裂缝循环。水热溶液中的离子比例与正常海水的离子比例存在差异。

（5）在海底沉积物中，沉积物沉积后，孔隙水在沉积物沉积的压实过程中参与沉积物颗粒的各种反应，可导致离子比例显著变化。

2.8.2 海水盐度分布

1. 海洋表层盐度的分布

在热带和亚热带纬度海域，海洋表层水的盐度最高，蒸发量超过降水量。高纬度地区和赤道地区的海水盐度均降低。大河河口的淡水流入及高纬度地区的冰雪融化可能会降低地表盐度。另外，低纬度的潟湖和其他部分封闭的浅海盆地海水蒸发量较高，且来自相邻陆地区域的水流入有限，表面盐度往往较高。

2. 盐度沿深度的分布

盐度由地表降水和蒸发之间的平衡决定，表层波动的影响通常在约 1 000 m 以下较小，其中所有纬度的盐度大多在 34.5‰ ～ 35‰之间。盐度随深度降低的情形通常出现在低纬度和中纬度海域，在混合表层和深层顶部之间，盐度大致恒定，称之为盐跃层。由于大洋各海域盐度呈现异质性，在大洋环流等作用下，某一海域的海水会被带到其他海域的不同深度中，导致海水盐度在深度上存在层状分布。

2.8.3 海水盐度测量方法

1. 盐度测量的化学方法

测量盐度早期的方法是取已知量的海水，蒸发至干，然后称量剩余的盐。尽管理论上简单，但出于多种原因，该方法测得的结果存在误差。蒸发后的残留物是一种复杂的盐混合物，还有一些与固体化学物质结合的水，以及少量有机物质。通过在高温下彻底干燥残余盐，可以明显减少残留水的量，但这会导致其他问题：①一些盐的分解；②有机物的蒸发和分解；③从碳酸盐中排出二氧化碳气体。因此，蒸发后留下的固体物质的质量及由此测量的盐度取决于去除水所采用的条件。

海水中许多主要溶解成分的浓度与总溶解盐浓度具有恒定的比例，因此，一种或多种主要成分的浓度可用于推断海水盐度 $S‰$。最容易测量的成分是卤化物（氯化物、溴化物和碘化物的统称）。根据海水组成成分恒定性原理，常用氯度测定盐度。1902 年 Knudesn 等人首次定义盐度与氯度的关系，盐度与氯度的经验关系如下（克纽森盐度公式）：

$$S‰=0.030+1.8050\times Cl‰ \tag{2.68}$$

式中，$Cl‰$是样品的氯度，定义为海水中氯化物的浓度（常用千分之几表示），并假设溴化物和碘化物已被氯化物取代。

通过测定氯度，并采用式(2.68）计算盐度，从 20 世纪初到 20 世纪 60 年代中期，此方法被广泛用于确定海水盐度。但随着技术的发展，该方法逐渐被电导率测量所取代。

2. 盐度测量的物理方法

纯净水是电的不良导体，然而，水中离子的存在使其能够导电。20 世纪 30 年代的研究发现海水的电导率与其盐度成正比，电导率与电阻率成反比。几十年来，电导率盐度计基于简单的电桥电路，使用已知盐度（接近 35‰）的标准海水进行校准。理想情况下，物理海洋学家要求盐度测量精确到 0.001 量级，要求电导率测量精确到 1/40 000。然而，电导率也受温度的影响，可能导致误差。细微的温度变化都可能导致测量结果产生较大幅度的变化，因此，精确控制温度至关重要。基于以上原因，在开始测量前必须将样品加热或冷却到工作温度，采用精密恒温器将样品和标准海水保持在恒定温度，但设备体积庞大，且测量需要很长时间。随着设备制造技术的发展，以上问题现在已经基本上得到了解决，现代盐度计的结构紧凑，运行高效，可以测量到更高精度的盐度。电导率传感器已被纳入用于浅水海域的原位温度－盐度仪器，以及用于深海的电导率－温度－深度探头。

目前，根据电导率比 R 测量海水样品的盐度，其定义为

$$R=\frac{\text{海水样品电导率}}{\text{标准氯化钾电导率}} \tag{2.69}$$

式中，标准氯化钾溶液的浓度为 32.435 6 g/kg。

海洋学表格和标准联合小组（Joint Panel on Oceanographic Tables and Standards, JPOTS）推荐的海水盐度计算公式，也是一直沿用至今的电导法测量海水盐度计算公式，即盐度与 15 ℃和 1 个大气压下的电导率比（R_{15}），其计算公式如下：

$$S=0.0080-0.1693R_{15}^{\frac{1}{2}}+25.3851R_{15}+14.0941R_{15}^{\frac{3}{2}}-7.0261R_{15}^{2}+2.7081R_{15}^{\frac{5}{2}} \tag{2.70}$$

由于电导率确定的盐度值取决于测量电导率时的温度和压力，因此其与海水样品中总溶解盐的概念有所不同。目前，使用电导率测定海水盐度为主要的方法。此外，还有以下常见的物理测量方法：

（1）光学测定盐度法。光学测定盐度法是利用光的折射性的测定方法，Rusby 于 1967 年发表的折射率差值和盐度关系式为

$$S=35.00+5.3302\times10^{-3}\Delta n+2.274\times10^{5}\Delta n^{2}+3.9\times10^{6}\Delta n^{3}+$$

$$10.59\Delta n(t-20)+2.5\times 10^{2}\Delta n^{2}(t-20) \quad (2.71)$$

式中，S 为盐度；t 为温度（单位：℃）；Δn 为分形指数异常值。

目前使用的仪器有阿贝折射仪、多棱镜差式折射仪、现场折射仪等。

（2）比重测定盐度法。该方法是根据国际海水状态方程，当测得海水的密度、温度和深度时，通过反算得出海水盐度。测定过程主要使用比重计，该方法一般只适用于室内，在精度要求不高的场合可直接用该方法测定，如制盐场和渔业系统。

（3）基于微波遥感技术的盐度检测法。微波遥感技术实现海水盐度测量的原理是基于海洋盐度变化会改变海水的介电常数的原理，进而使海面辐射的微波亮度温度（简称亮温）发生变化，利用微波辐射计可测量海水的亮度温度，可根据相关反演关系式估算海水的盐度。由于海水的微波辐射穿透能力较弱，对海水亮度温度影响显著的是表层海水，因此，微波遥感技术通常测量的是海洋表层盐度。

2.9 小结

本章主要介绍海洋动力环境中常见的水文要素，包括其定义、分类、特征参数，重点介绍了水文要素目前常用的测量分析与预测预报方法。就海洋水文要素预测预报而言，早期由于观测技术、数据及研究方法的不足，基于历史资料，并结合对海洋水文要素演变规律的认知，形成半经验半理论预测预报方法。随着数理统计知识逐渐被应用到海洋水文要素研究中，发展了基于统计理念的统计预测预报方法。统计预测预报方法对于线性时间序列的数据处理符合预期，而实际海洋环境中水文要素一般呈现出非线性特征。基于此，机器学习算法由于其具备处理数据非线性特性的能力，被应用到海洋水文要素预测预报当中。此外，海洋数值模式综合考虑实际海洋环境影响因素，其通过描述海洋水文要素动力和物理过程，并基于动力或能量平衡方程，建立起具备模拟海洋水文要素未来变化状况的数值模型。数值模型对计算资源要求较高，更适合大区域范围和中长期时间尺度的预测。随着计算机的发展以及各类算法的开发和应用，将多个较弱的机器学习组合成集成算法，以及基于多个模型组合而成的混合模型方法，在预测预报中能够呈现原始数据多变性特征，弥补单一机器学习算法的不足，并增强模型的预测性能，成为目前海洋水文要素短期预测预报的主要研究方向。

海洋环境复杂多变，蕴含多种动力过程，如潮汐、潮流、波浪等海洋动力过程，这些动力过程与其他海洋变化过程耦合作用，形成复杂的海洋动力环境。了解并掌握海洋水文要素的产生机制、物理过程及演变规律，有利于更全面地深入研究海洋动力环境，也有助于高效地开发和利用海洋资源，并提升防范与应对海洋灾害的能力，进而为建设海洋强国提供科学依据和指导。

思考题

（1）请简述风对海洋波浪形成的影响，并阐述波浪对风速和持续时间变化的响应过程。

（2）请简述风速（场）预测方法的原理及其差异。

（3）请简述应用潮汐潮流调和分析的基本思路。

（4）请简述潮流和余流的定义及成因。

（5）请简述海冰如何影响局部区域和全球的气候变化。

（6）请简述海水盐度的分布特征。

第3章

水文统计分析方法

3.1 概述

水文现象是多种因素耦合作用下不断变化的自然现象，在其产生和变化过程中，既有确定性，也有随机性。具体而言，水文要素具有一定的规律性，如海洋的水文现象具有多时间尺度变化的周期性（年际、季节、月际、潮周期等），即水文要素变化的确定性。同时，水文现象受到诸多因素的影响，如大气环流的变化、台风影响等，影响因素多，组合复杂多变，因此海洋水文现象具有多变性与不确定性。

由于水文现象的随机性，我们难以使用传统的数学物理方法准确预测海洋的水文状况，因此，以概率统计理论为基础，从大量水文现象中揭示其统计规律，成为研究水文过程、掌握水文现象变化规律的重要手段，并可进一步预测或预估海洋水文现象未来的变化趋势，服务于人类生产生活，满足水利与海洋工程规划、设计、施工及运维管理的需要。

利用数理统计方法研究水文现象时，为获取某种水文特征值，常采用水文频率分析方法。水文频率分析基本原理是频率曲线的外延，进而通过概率分布模型估计水文变量的设计值及其重现期。对水文序列而言，选择分布线型，采用参数估计方法求解分布线型的统计参数，进而分析水文数据的概率分布情况，并根据此分布推求水文要素设计值，对水利工程的规划设计、施工和管理工作具有重要意义，可以为科学决策提供重要的理论依据。Chebana 等人总结了水文频率分析的步骤：①进行描述性分析和异常点检查；②检验频率分析的基本假设；③选择频率分析采用的分布函数和参数估计方法；④拟合度检验和相关分析等。目前，水文频率分析的研究内容主要包括分布线型、参数估计、拟合分析、相关性分析等。众多学者在频率曲线线型选择分析、参数估计与参数优化方法、拟合度检验和相关性分析方法等方面进行了广泛而深入的研究。

随着社会经济的发展，全球环境正在发生前所未有的变化，由此引发的大范围区域性甚至全球性水文过程的改变不容忽视。受全球气候变化和强人类活动的影响，区域水循环过程发生了不同程度的改变，使水文事件的复杂性和不确定性增加，增加了水文频率分析的难度，传统的水文频率分析方法及技术手段面临新的挑战。因此，概率论与数理统计中的一些新理论、新方法不断被引入并应用到水文学领域，与水文学基本理论和计算机技术相结合，是目前的发展趋势。

3.2 概率分布函数

多数水文要素或变量间存在一定的关联性，在数学上表现为某种函数关系，但是由于水文现象的随机性，简单的函数关系难以描述水文要素间的相关性。因此，将大量的水文资料和统计理论相结合，总结出符合水文要素分布的概率函数，能够较好地描述水文要素的统计特征。基于已有研究，常用于水文分析计算的概率分布函数如下。

3.2.1 单变量分布函数

3.2.1.1 单参数分布

瑞利分布本质上是威布尔分布的一种特殊形式，当双参数威布尔分布的形状参数为2时，双参数威布尔分布变成了单参数的瑞利分布。瑞利分布只有一个参数需要估算，计算简便使之被广泛地应用；但也因其为单参数分布，适用性存在一定的局限。其概率密度函数和累计分布函数分别为

$$f_x(x,\alpha)=\frac{2x}{\alpha^2}\exp\left[-\left(\frac{x^2}{\alpha^2}\right)\right] \tag{3.1}$$

$$F_x(x,\alpha)=1-\exp\left[-\left(\frac{x^2}{\alpha^2}\right)\right] \tag{3.2}$$

式中，x 表示变量；α 为尺度参数。

波浪谱是窄带的，即波浪的能量集中在平均频率周围的狭窄区域，波浪数据中的单个波浪具有缓慢变化的振幅和相似的周期。Longuet-Higgins 指出，在高斯分布窄带线性的水面情况下，深水波高理论上服从瑞利分布，并由此推导出统计波高与特征波高之间的关系。实际上，早期的波浪分布特征研究中，瑞利分布方法在波高分布研究中的应用最为广泛。随着对波高分布特征研究的不断深入，特别是研究波浪非线性时，发现随机波浪的非线性导致瑞利分布对于波高的拟合存在偏差。因此，为了更好地研究波浪要素的分布，更多的分布函数被提出和应用到波浪分析中。

3.2.1.2 双参数分布

1. 威布尔分布

在拟合海洋水文概率分布领域上，有着许多传统分布模型，其中，双参数威布尔分布是广泛使用的理论参数模型之一，其概率密度函数和累积分布函数分别为

$$f_x(x,\alpha,\beta)=\frac{\beta}{\alpha}\left(\frac{x}{\alpha}\right)^{\beta-1}\exp\left[-\left(\frac{x}{\alpha}\right)^{\beta}\right] \tag{3.3}$$

$$F_x(x,\alpha,\beta) = 1 - \exp\left[-\left(\frac{x}{\alpha}\right)^{\beta} \right] \tag{3.4}$$

式中，α 为尺度参数；β 为形状参数。

威布尔分布已被广泛应用于不同海洋工程领域，如用于拟合波高和风速的特征分析。理论上，威布尔分布仅用于非零量的拟合，在使用时常消除低值数据，且使用威布尔分布拟合有效波高时，通常能够较好地描述波高数据的上尾，因此，威布尔分布更适合用于大值分析，如极值分析等情况。相比于国内常用于分析港口波浪极值的耿贝尔（Gumbel）分布，威布尔分布的拟合精度从理论上被证明更为精确。如前文所述，瑞利分布作为一个特殊的双参数威布尔分布，研究表明，双参数威布尔分布对有效波高的拟合精度通常优于瑞利分布。

2. 伽马分布

双参数伽马分布是统计学中重要的分布之一，其对指数分布的随机变量进行了求和。因此，双参数伽马分布在水文领域多用于分析降水和干旱，尤其是用于标准化降水指数和干旱指数的计算。在海洋水文领域常用的是广义伽马分布，其概率密度函数和累积分布函数分别为

$$f_x(x,\alpha,\beta) = \frac{1}{\Gamma(\alpha)\beta^{\alpha}} x^{\alpha-1} \exp\left(-\frac{x}{\beta} \right) \tag{3.5}$$

$$F_x(x,\alpha,\beta) = \int_0^x \frac{1}{\Gamma(\alpha)\beta^{\alpha}} x^{\alpha-1} \exp\left(-\frac{x}{\beta} \right) \mathrm{d}x \tag{3.6}$$

式中，$\Gamma(x)$ 为伽马函数；α 表示伽马分布的尺度参数；β 表示伽马分布的形状参数。

3. 对数正态分布

对数正态分布是双参数函数，Hazen 于 1921 年提出用纵坐标为对数分格的概率格纸，开始在格纸上图解适线，这是对数正态分布在水文领域的早期应用。在海洋水文领域对数正态分布可用于波浪有效波高和跨零波周期的概率分析，且对数正态分布更适合于中等数值分析，如疲劳寿命分析、波浪能资源估计等。已有研究表明，在累积分布高达 0.99 的范围内，有效波高通常遵循对数正态概率分布，其概率密度函数为

$$F_x(x,\alpha,\beta) = \frac{1}{\sqrt{2\pi}x\beta} \exp\left[-\frac{(\log x - \alpha)^2}{2\beta^2} \right] \tag{3.7}$$

式中，α 为尺度参数；β 为形状参数。

4. Nakagami 分布

Nakagami（Nak）分布作为一种有效的移动无线电和衰落信道模型，在通信中得到了广泛的应用。Nak 分布在水文领域可应用于风速的拟合，其概率密度函数和累积分布函数分别为

$$f_x(x,\alpha,\beta) = \frac{2\beta^{\beta}}{\Gamma(\beta)\beta^{\alpha}} x^{2\beta-1} \exp\left(-\frac{\beta}{\alpha} x^2 \right) \tag{3.8}$$

$$F_x(x,\alpha,\beta) = 1 - \frac{G_u\left(\beta, \frac{\alpha}{\beta} x^2\right)}{\Gamma(\beta)} \tag{3.9}$$

式中，$\Gamma(\beta)$ 为关于 β 的伽马函数；α 表示尺度参数；β 表示形状参数；G_u 表示上不完

全伽马函数（upper incomplete gamma function）。

5. **逆高斯分布**

逆高斯分布又称为反高斯分布，可用于分析有效波高的分布特征，其概率密度函数和累积分布函数分别为

$$f_x(x,\alpha,\beta)=\sqrt{\frac{\alpha}{2\pi x^3}}\exp\left[-\frac{\alpha(x-\beta)^2}{2x\beta^2}\right] \tag{3.10}$$

$$F_x(x,\alpha,\beta)=\int_0^x\sqrt{\frac{\alpha}{2\pi x^3}}\exp\left[-\frac{\alpha(x-\beta)^2}{2x\beta^2}\right]\mathrm{d}x \tag{3.11}$$

式中，α 表示尺度参数；β 表示形状参数。

6. Birnbaum-Saunders **分布**

Birnbaum-Saunders（BS）分布模型是概率物理方法中重要的失效分布模型，1969年由 Birnbaum 和 Saunders 将其应用到材料失效研究过程中，并推导出定义公式，而后多被用于分析工程产品的疲劳寿命分布特征中，其概率密度函数和累积分布函数分别为

$$f_x(x,\alpha,\beta)=\frac{1}{2\beta\sqrt{\alpha}}\left[\frac{1}{\sqrt{x}}+\frac{\alpha}{x\sqrt{x}}\right]\varphi\left[\frac{1}{\beta}\left(\sqrt{\frac{x}{\alpha}}-\sqrt{\frac{\alpha}{x}}\right)\right],x>0 \tag{3.12}$$

$$f_x(x,\alpha,\beta)=\phi\left(\frac{1}{\beta}\left(\frac{x}{\alpha}\right)^{\frac{1}{2}}-\left(\frac{\alpha}{x}\right)^{\frac{1}{2}}-\left(\frac{\alpha}{x}\right)^{\frac{1}{2}}\right),x>0 \tag{3.13}$$

式中，$\alpha>0$ 表示尺度参数；$\beta>0$ 表示形状参数；$\varphi(x)$ 和 $\phi(x)$ 分别为标准正态分布的密度函数和分布函数，即

$$\varphi(x)=\frac{1}{\sqrt{2\pi}}\mathrm{e}^{-\frac{x2}{2}},\phi(x)=\int_{-\infty}^{x}\varphi(y)\mathrm{d}y \tag{3.14}$$

7. **贝塔分布**

标准的贝塔分布是定义区间在［0，1］上的连续分布，其概率密度函数和累积分布函数分别为

$$f_x(x,\alpha,\beta)=\frac{1}{B(\alpha,\beta)}x^{\alpha-1}(1-x)^{\beta-1} \tag{3.15}$$

$$F_x(x,\alpha,\beta)=\frac{B_x(\alpha,\beta)}{B(\alpha,\beta)} \tag{3.16}$$

式中，α 和 β 是贝塔分布的两个参数，且 α，$\beta>0$，$B(\alpha,\beta)$ 为简化后的贝塔函数，$B_x(\alpha,\beta)$为不完全贝塔函数。其中，$B(\alpha,\beta)$ 的定义如下：

$$B(\alpha,\beta)=\int_0^1 x^{\alpha-1}(1-x)^{\beta-1}\mathrm{d}x \tag{3.17}$$

3.2.1.3 三参数分布

理论分布的拟合精度受到参数的影响，双参数分布通常只考虑到尺度和形状参数。随着分布函数的不断发展和复杂，考虑的参数越来越多。例如，增加了位置参数，通过多个参数对分布函数进行多角度表征，使之与实测数据更相符。

1. **广义极值分布**

广义上，耿贝尔分布、威布尔分布等能够统一为广义极值分布，在水文领域可用于

风速和波浪的分布分析，其概率密度函数和累积分布函数分别为

$$f_x(x,\alpha,\beta,\mu)=\exp\left[\left(1+\beta\frac{x-\mu}{\alpha}\right)^{\frac{1}{\beta}}\right] \tag{3.18}$$

$$F_x(x,\alpha,\beta,\mu)=\exp\left[\left(1+\beta\frac{x-\mu}{\alpha}\right)^{\frac{1}{\beta}}\right] \tag{3.19}$$

式中，α 为尺度参数；β 为形状参数；μ 为位置参数。当$\beta\to 0$时对应耿贝尔分布，当$\mu>0$时对应弗雷歇分布，当$\mu<0$ 时对应威布尔分布。

2. **三参数威布尔分布**

通过引入一个额外的位置参数对二参数威布尔分布进行改进，得到了三参数威布尔分布，其可以较好地拟合水文要素的概率分布。三参数威布尔分布的概率密度函数与累积分布函数分别为

$$f_x(x,\alpha,\beta,\mu)=\frac{\beta}{\alpha}\left(\frac{x-\mu}{\alpha}\right)^{\beta-1}\exp\left(-\frac{x-\mu}{\alpha}\right)^{\beta} \tag{3.20}$$

$$F_x(x,\alpha,\beta,\mu)=1-\exp\left(-\frac{x-\mu}{\alpha}\right)^{\beta} \tag{3.21}$$

式中，α 为尺度参数；β 为形状参数；μ 为位置参数。当 $\mu=0$ 时，简化为双参数威布尔分布。

3.2.1.4 多参数分布

1. **混合威布尔分布**

单个威布尔分布在拟合水文要素时，通常因为实际水文过程存在多个影响因素而导致拟合效果不佳，因此，需要将多个威布尔分布联合成混合威布尔分布对水文要素进行分布拟合，即混合威布尔分布属于权重分布模型。该模型由多个威布尔分布使用权重加权组合而成，其概率密度函数定义为

$$f_x(\alpha,\beta)\ =\ \sum_{i=1}^{n}p_i\ \frac{\beta_i}{\alpha_i^{\beta_i}}x^{\beta_i-1}\mathrm{e}^{-\frac{x}{\alpha_i}\beta_i} \tag{3.22}$$

式中，n 表示混合威布尔分布函数的个数；p_i 表示第 i 个子威布尔分布的权重；β_i 表示第 i 个子威布尔分布的形状参数；α_i 表示第 i 个子威布尔分布的尺寸参数。

混合威布尔概率密度曲线受子分布的参数影响，其形状多变复杂。

2. **广义贝塔分布**

含有参数为 a，b，p，q 的广义贝塔分布的概率密度函数和累积分布函数分别为

$$f_x(a,b,p,q)=\frac{(x-a)^{p-1}(b-x)^{q-1}}{B(p,q)(b-a)^{p+q-1}} \tag{3.23}$$

$$F_x(x,a,b,p,q)=\begin{cases}0,x<a\\ \dfrac{B_x(p,q)}{B(p,q)},a\leqslant x\leqslant b\\ 1,x>b\end{cases} \tag{3.24}$$

式中，x 为水文变量；$B(p,q)$为简化后的贝塔函数；$B_x(p,q)$为不完全贝塔函数，$B_x(p,$

q）定义如下：

$$B_x(p,q) = \int_a^x \frac{(t-a)^{p-1}(b-t)^{q-1}}{(b-a)^{p+q-1}}\mathrm{d}t \tag{3.25}$$

与双参数贝塔分布类似，广义贝塔分布的分布曲线受其参数影响。

3.2.2　双变量分布函数

以上介绍的多种常见分布均是基于单一变量，这在实际水文分析中难以满足水文要素分析和预测预报的需求。海洋水文事件一般具有多特征属性，如波浪要素包括波高、波周期和波长等，有时还需要考虑风速对其的影响，需要从多角度对其进行描述与分析。以往频率分析通常选择某一特征进行单变量分析，难以全面表征海洋水文要素内部及多个水文要素间的关联特征。近年来，多变量联合分析成为海洋水文领域的一个研究热点，并被证实相比于单变量分析，其能更好地描述海洋水文事件的内在规律和分析各个要素属性之间的相互关系。

1975 年，Longuet-Higgins 提出了一种适用于窄带高斯波谱情况，且可描述波高和周期的理论分布，并指出该联合分布在浅水中，特别是对于陡波，由于存在非线性增强，可能不太适用。联合概率分布在估计有效波高、极端波高、波周期和风速等水文气象要素的有效性与适用性方面已被证实，为海洋工程结构的设计、施工及运维管理提供了重要的支撑。早在 1982 年，Akira Kimura 指出波高和波周期的联合分布应满足以下条件：①波高分布为瑞利分布；②波周期分布为威布尔或类似分布；③需要验证波高和周期之间的相关性。以上三个限制条件适用于早期的联合分布相关研究，随着联合分布的不断发展与改进，特别是 Copula 函数被应用到海洋水文双变量联合分布中，关于波浪要素的分布函数不再受限制，促进了海洋水文双变量及多变量联合分布的发展。

3.2.2.1　二元分布函数

传统的一元对数正态分布由于其仅适用于累积分布高达 0.99 的情况，为提升正态分布的适用性，Ochi 于 1978 年引入了二元对数正态分布模拟有效波高和跨零波周期的联合分布，并采用二元对数正态分布预估有效波高的极大值。该方法要求数据值的对数符合正态分布，更适用于中低值有效波高的频率分析，随后研究学者基于此联合分布模型，进行了校正和应用。

在早期波高分布函数的研究中，瑞利分布应用最为广泛，而瑞利分布是特殊的威布尔分布。二元对数正态分布适用于中低值的有效波高的拟合分析，而一维威布尔分布适用于波高大值数据分析，因此，为了更精准地分析有效波高大值数据，Akira Kimura 提出了用于波高和波周期的二维威布尔联合分布。二维威布尔分布通过选择合适的相关参数，改进了分布适用性的不足，并且二维威布尔分布的所有参数都能够得到估计，但是参数的估计受到随机波中高频分量的影响，导致二维威布尔分布的应用存在一定的局限性。

海洋水文要素中除了波高、波周期和风速，波陡也是影响海洋工程结构物稳定的一个重要水文特征要素，以往的二元分布函数通常用于分析波高与波周期，而波陡的分布特征大多使用单变量分布函数进行分析。基于此背景，Antão 和 Soares 使用二元伽马分布拟合了深水波浪的波高和波陡的经验联合概率密度，其对二元伽马分布进行变换，以生成瑞利分布作为波高的边缘分布，并获得非对称函数用于拟合波陡和波高的联合分布。研究表明，波谱宽与波高和波陡之间相关性的值成反比，即谱宽越小，波高和波陡之间的相关性越高。

在陆地水文领域，较早使用二元正态分布进行拟合分析。根据多种水文分布曲线情况可知水文变量大都是偏态分布，假定各变量服从正态分布将造成较大误差。随着二元正态分布不断深入研究，一些学者采用正态变换方法将原始数据转换成正态分布，得到近似正态分布的数据集，常用的正态变换方法有 Box-Cox 变换。但是 Box-Cox 变换对于非正态分布而言，在对数据进行转换处理时较复杂，在数据转换过程中难免会造成部分信息失真。

二元分布函数是基于一元分布函数改进而得，旨在考虑多变量的影响作用，在一元分布函数表达式的基础上进行改进，实现更精准的双变量拟合分析。由于从考虑单变量到双变量，二元分布函数的概率密度表达式变得复杂，相应的参数估计方法也需要改进，使二元分布函数的适用性受限，因此，为满足实际需求，新的频率分析方法被运用到海洋水文频率分析领域。

3.2.2.2 条件概率分布

条件概率分布方法在 20 世纪末期广泛应用在海洋水文领域。对于波浪而言，有效波高和波峰周期是波浪代表性的特征要素，条件概率分布用于波浪统计分析时，一般将有效波高作为边缘分布，波峰周期是以有效波高作为边缘分布条件下的分布。该方法的模型参数以有效波高为条件，原因是有效波高是波浪中最能体现波浪能量的参数，而波峰周期的贡献有限，此外，普遍认为有效波高是决定海洋结构物荷载强度的最主要因素。

条件概率分布通常将双变量分布构建为有效波高的边际分布和波周期的条件分布的乘积。其主要优点是灵活性较好，在某些情况下，如主要考虑一个海洋环境参数时，有效波高主导着海洋结构物承受荷载，是海洋环境中主要要素之一，在考虑波周期对有效波高的影响下，不要求波周期在拟合上具有较高的精度，这意味着该模型的误差是可以接受的。该方法的另一个优点是对于具有低相关系数的数据集，能够提高主导因素在拟合中的权重。

虽然条件概率分布模型较为简单，但其缺点是双变量条件模型中定义的边缘分布和依赖结构降低了模型的自由度。一般而言，对于有效波高的边缘分布，通常选择二参数、三参数或多参数威布尔分布；而对于波峰周期或跨零波周期，则是在有效波高选定边缘分布的基础上，再选定对数正态分布或其他分布，以此构成条件概率分布。条件概率分布模型通过改变适用于波高的边缘分布，波周期的分布也随之改变，以此提高条件概率模型的精度，但是改变范围具有局限性。这种提高概率模型精度的方法缺少理论依据，在选定边缘分布上受限，此外，该方法主要用于有效波高和波周期的联合分布，对于其他海洋水文要素，仍存在较大的不确定性，进一步限制了条件概率分布的应用。

3.2.2.3 基于 Copula 函数的概率分布

Sklar 在 1959 年提出采用 Copula 函数计算联合分布，此方法可以不受限制地提前选择单变量的边缘分布，并且可以准确地定义随机变量之间的相关性。基于 Copula 函数的联合分布是定义域为［0，1］的均匀分布的多联合分布函数。Copula 函数利用相关性结构将边缘分布构建多维联合分布，其能够独立于边缘分布的选择来定义变量之间的相关性结构，从而可将联合分布分为两个独立的部分来分别考虑，即将变量间的相关性结构和变量的边缘分布分别处理，相关性结构则用 Copula 函数进行描述。因此，基于 Copula 函数的联合分布的优点之一是形式灵活多样，且求解简单；另外一个优点是基于 Copula 函数的联合分布不限制具有相同的边缘分布，任意边缘分布经过 Copula 函数连接都可构造成联合分布，且由于变量的所有信息都包含在边缘分布里，在转换过程中不会导致信息失真。

在海岸海洋工程领域，选择合适的联合分布类型对于结构设计、海洋水文气象要素预测及海洋作业的正确决策至关重要。Copula 是一个较为简单的多变量模型，具有相当大的灵活性，可以根据数据进行调整。而实际海况参数需要与各种各样的边缘特性和依赖结构兼容，因此，Copula 的灵活性对于基于环境统计数据（如海况）的模型选择具有较大优势。理论上，Copula 可以从二维联合分布扩展到 n 维联合分布，这对于实际海况中存在三个及三个以上海洋参数的联合分布具有较好的适用性和应用前景。

Copula 函数总体上可以划分为三类：椭圆 Copula 函数族、Archimedean Copula 函数族和二次型。其中，椭圆 Copula 函数族和 Archimedean Copula 函数族在海洋水文中应用较多。椭圆 Copula 函数族由于其分布形状近似椭圆而得名，具有对称结构特征。含一个参数的 Archimedean Copula 函数由于 Archimedean 型具有良好的数学性质，因此应用最为广泛，多维 Archimedean Copula 函数的构造通常是基于二维的，根据构造方式的不同可以分为对称型和非对称型两种。在实际海洋环境中，水文变量具有正态和偏态分布特点，即具有对称性和非对称性特点，大多数情况下是偏态分布，因此，非对称 Copula 模型在描述具有非对称性的海洋参数统计方面具有显著优势。各类 Copula 函数理论介绍如下。

1．椭圆 Copula 函数族

（1）二元正态 Copula（Gaussian-Copula）函数。

$$C(u,v)=\int_{-\infty}^{\phi^{-1}(u)}\int_{-\infty}^{\phi^{-1}(v)}\frac{1}{2\pi\sqrt{1-\theta^2}}\exp\left[\frac{2\theta xy-x^2-y^2}{2(1-\theta^2)}\right]\mathrm{d}xcy,\theta\in[-1,1] \tag{3.26}$$

式中，x，y 分别为变量；u，v 分别为变量的概率；θ 为变量间的参数值；ϕ 是 Gaussian-Copula 生成的函数；ϕ^{-1}是 ϕ 的逆函数。

Gaussian-Copula 函数通常用于对原始变量进行变换的风险分析中，相关关系结构一般可以写成多元正态分布函数。Gaussian-Copula 函数的一个缺点是域内的所有数据具有相同的线性相关关系，如果相关结构在变量的整个域上不一致，则可能无法准确地描述数据，因此，Gaussian-Copula 函数适用于具有线性相关的数据集。

（2）t-Copula 函数。

$$\int_{-\infty}^{t_{\theta_2}^{-1}(u)}\int_{-\infty}^{t_{\theta_1}^{-1}(v)}\frac{\Gamma\left(\frac{\theta_2+2}{2}\right)}{\Gamma(\theta_2+2)\pi\theta_2\sqrt{1-\theta_1^2}}\left(1-\frac{x^2-2\theta_1xy+y^2}{\theta_2}\right)^{\frac{\theta_2+2}{2}}\mathrm{d}x\mathrm{d}y,\quad \theta_1\in[-1,1],\theta_2\in(0,\infty) \tag{3.27}$$

式中，x，y 分别为变量；u，v 分别为变量的概率；θ，θ_1，θ_2 为变量间的参数值；t 是 t-Copula 生成的函数；t^{-1}是 t 的逆函数。t-Copula 函数考虑数据的偏斜和偏锋，适用于具有对称的尾部相关性和整体非线性相关的数据集。

2. Archimedean Copula **函数族**

在模拟海洋变量时，通常在极值中观察到很大的相关性，例如，台风可能引起波高和风速的大值。在这种情况下，椭圆 Copula 函数族由于具有有限的对称性特征，因此其不适用于分析此类海洋环境中的海洋变量，可以引入 Archimedean Copula 函数族描述海洋数据中的不对称性特征。

（1）Gumbel-Copula 函数。

$$C(u,v)=\exp\{-[(-\ln u)^{\theta}+(\ln v)^{\theta}]^{1/\theta}\},\theta\in[1,-\infty) \tag{3.28}$$

式中，u，v 分别为变量的概率；θ 为变量间的参数值。Gumbel-copula 适合于在高值处具有较强相关性且在低值处相关性较弱的数据集。

（2）Clayton-Copula 函数。

$$C(u,v)=(u^{-\theta}+v^{-\theta}-1)^{-1/\theta},\theta\in(0,\infty) \tag{3.29}$$

式中，u，v 分别为变量的概率；θ 为变量间的参数值。Clayton-Copula 函数与 Gumbel-Copula 函数一样，均仅适用于具有正相关的随机变量的数据，常用于多元非正态数据集；同时，Clayton-Copula 函数适用于描述表现出较强左尾依赖性的数据集。

（3）Ali-Mikhail-Haq-Copula 函数。

$$C(u,v)=uv/[1-\theta(1-u)(1-v)],\theta\in[-1,1) \tag{3.30}$$

式中，u，v 分别为变量的概率；θ 为变量间的参数值。Ali-Mikhail-Haq-Copula 既能够描述存在正相关性的随机变量，也能够描述存在负相关性的随机变量，但其不适用于正相关性或负相关性较强的情形。

（4）Frank-Copula 函数。

$$C(u,v)=-\frac{1}{\theta}\ln\left[1-\frac{(\mathrm{e}^{-\theta u}-1)(\mathrm{e}^{-\theta v}-1)}{(\mathrm{e}^{-\theta}-1)}\right],\theta\in\mathbf{R} \tag{3.31}$$

式中，u，v 分别为变量的概率；θ 为变量间的参数值。Frank-Copula 函数既能够描述存在正相关性的随机变量，也能够描述存在负相关性的随机变量，不同的是，它对相关性的程度没有限制，且适用于尾部依赖性相对较弱的数据集。

目前，选定的 Copula 函数须能够描述变量之间的相关性结构，通常需要不同的评价指标对 Copula 函数进行适用性分析。理论上，用于单变量分布假设检验的方法都适用于 Copula 函数的适用性检验。对于 Copula 函数的选择而言，目前尚未有统一的理论依据用于选择 Copula 函数。

海洋水文环境中往往包含多个特征变量，且多个特征变量之间通常存在一定的相关性，基于 Copula 函数的联合分布不仅考虑变量之间的相关性，而且能够描述多个特征变量，进而较为全面地描述多变量及其之间的相关性。Copula 函数是构建多维联合分布模型的一种有效方法，其与现有的建模方法不同的是，其能够考虑和提供更多的信息，特别是可以捕捉到非正态、非对称分布的尾部信息。目前，Copula 函数已被广泛应用于金融风险以及灾难事件的预测，但其在海洋水文分析计算中的应用尚处于起步阶段。随着研究的深入，Copula 函数理论与方法未来将得到更加广泛的应用，将集中于以下三方面：Copula 函数理论与方法的完善、Copula 函数应用范围的拓广、Copula 函数维数拓展及相关问题。

3.2.2.4　其他概率联合分布

（1）Athanassolis 于 1994 年提出应用 Plackett 二元模型来拟合有效波高和波峰周期的联合分布，并使用极大似然法对模型参数进行估计。研究表明，Plackett 二元模型能够较好地拟合初始数据。Plackett 模型结构尽管不是完全通用的，但该模型允许指定任意两个边缘分布，并且能够对相关的参数进行估计，从而对依赖结构进行后续建模。双变量 Plackett 模型的显著特征是：①单变量的边际分布不受限制；②准确地对有效波高和波周期之间的相关性进行建模；③允许对参数进行简单可靠的估计。Plackett 模型是 Fréchet 类中的一个特例，其早期用于拟合有效波高、波峰周期、跨零波周期的边际分布，该模型的优点是覆盖整个 Fréchet 区间。因此，该模型能够描述相关系数在（-1，1）范围内具有不同程度依赖性的样本，但仅对二元分布有效。在 Plackett 模型中，双变量模型对数据的拟合精度取决于所选边际分布的拟合精度。

（2）核密度转换的非参数方法。此方法的优点是避免了分布函数的选择和参数估计，并可以描述尾部特征，可用于极值分析。对于复杂海况而言，海洋水文要素符合的概率分布是未知的，因此，分布函数和参数估计难以通过传统方法直接确定。基于核密度转换的非参数方法通过 Box-Cox 变换进行转换，较好地弥补了此方面的不足。

（3）最大似然模型（maximum likelihood model，MLM）也常用于海洋水文领域的多变量分析，其主要思想是使用 Box-Cox 变换将联合环境数据集变换为高斯模型，并通过最大似然法估计变换参数。最大似然模型的主要优点是通过使用高斯变换将数据转换为多变量正态随机变量，可以先验地定义联合密度，其局限性是在进行变换时数据集难免会失真，且该模型不允许强调一个环境参数。

在涉及多变量的实际概率统计分析中，多变量概率模型发挥着重要作用。如果设计得当，此类模型可以增强统计估计，并用于变量的统计预测、模拟研究等。一般而言，多变量概率模型的构建可以通过各种不同的方法进行处理，其适用情况在很大程度上取决于模型中建立的附加结构，而这种结构又取决于所掌握的具体信息。现有的联合概率分布存在一定的局限性，如公式相对复杂，且其边际分布是相同的或属于同一家族。此外，只对有限类型的依赖结构进行建模，以此获得的联合分布概率模型可能并不是最优模型。

3.3 水文要素的参数估计

在水文分析计算中，频率分析已经得到了广泛的应用。但是，概率分布函数中参数的确定通常依赖于水文序列计算值与实测值的拟合程度，若实测值的统计特性无法满足选定概率分布的假定条件，则会导致所估计的分布参数存在较大的不确定性。因此，定量评价水文分布参数估计的不确定性及参数不确定性对计算结果的影响至关重要。利用一段历史时期的观测资料和拟合结果对模型参数进行估计，即通过调整分布函数参数值使拟合值与观测值相匹配，就是参数率定或参数估计。

水文频率分析计算是水利工程与海岸海洋工程规划设计的前期工作，其计算结果为工程规模和建筑尺寸等提供重要的设计依据。为了解决水文频率分析中参数估计的问题，多种确定性参数估计方法被提出并应用，下面介绍目前常用的参数估计方法。

3.3.1 矩法

当样本容量充分大时，样本矩接近总体矩。因此，可以通过矩与参数之间的关系式进行选定频率曲线的统计参数估计。矩法（method of moments，MoM）通过对样本矩进行计算，进而估计总体矩，即利用矩和分布函数参数之间的关系，估计概率分布函数曲线的统计参数。

对于一个概率密度函数$f(x)$，其r阶原点矩为

$$\mu'_r = \int_{-\infty}^{\infty} x^r f(x)\,\mathrm{d}x,\ \mu'_1 = \mu = \overline{X} \tag{3.32}$$

其中心矩μ_r为

$$\mu_r = \int_{-\infty}^{\infty} (x-\overline{X})^r f(x)\,\mathrm{d}x,\ \mu_1 = 0 \tag{3.33}$$

对样本系列，其原点矩m'_r和样本中心矩m_r计算公式分别为

$$m'_r = \frac{1}{n}\sum_{i=1}^{n} x_i^r, m'_1 = \bar{x}; m_r = \frac{1}{n}\sum_{i=1}^{n}(x_i - \bar{x})^r, m_1 = 0 \tag{3.34}$$

式中，x_i为容量为n的观测序列。

3.3.2 概率权重法

概率权重矩法（probability weighted moments，PWM）是Greenwood等于1979年提出的一种参数估计方法。概率权重矩法早期的研究多集中于广义极值分布参数求解中，由于具有良好的不偏性，该方法随后被广泛应用于其他分布的参数求解。概率权重矩法是对矩法的发展，其计算原理与矩法相似，也是用样本矩代替总体矩，并通过矩和参数

之间的关系式来估计频率分布的统计参数。

设随机变量的分布函数为 $F(x)=P(X\leqslant x)$，其概率权重矩表达式为

$$M_{p,r,s}=\int_0^1[x(F)]^p F^r(1-F)^s \mathrm{d}F \tag{3.35}$$

式中，$x(F)$ 为分布函数的逆函数；p，r，s 为实数。

当 $p=1$，$s=0$ 时，概率权重矩 β_r 为

$$\beta_r=M_{1,r,0}=\int_0^1 x(F)F^r \mathrm{d}F \tag{3.36}$$

式中，$r=0$，1，2，…，表示概率权重矩的阶数。

理论上，在给定分布函数的前提下，能够求得分布参数概率权重矩的解析表达式。若给定一个长度为 n、服从 F 分布的样本，且 $x_{(1)}\leqslant x_{(2)}\leqslant\cdots\leqslant x_{(n)}$，其概率权重矩 β_r 的无偏估计量 b_r 可由下式计算：

$$b_r=\frac{1}{n}\sum_{i=1}^{n}\frac{(i-1)(i-2)\cdots(i-r)}{(n-1)(n-2)\cdots(n-r)}x_{(i)} \tag{3.37}$$

PWM 法具有较好的统计特性，对于序列的较大值或删失样本的拟合，可基于 PWM 法进行改进，以适应实际应用的需要。目前，改进的概率权重法主要有部分概率权重法和高阶概率权重法。

对于 P-Ⅲ型分布线型，经过推导可得估计参数为

$$\bar{x}=M_0 \tag{3.38}$$

$$C_v=H\left(\frac{M_1}{M_0}-\frac{1}{2}\right) \tag{3.39}$$

$$C_S=16.41u-13.5u^2+10.72u^3+94.94u^4 \tag{3.40}$$

式中，

$$M_0=\frac{1}{n}\sum_{i=1}^{n}x_i \tag{3.41}$$

$$M_1=\frac{1}{n}\sum_{i=1}^{n}x_i\frac{n-i}{n-1} \tag{3.42}$$

$$M_2=\frac{1}{n}\sum_{i=1}^{n}x_i\frac{(n-i)(n-i-1)}{(n-1)(n-2)} \tag{3.43}$$

$$H=3.545+29.85v-29.15v^2+363.8v^3+609.3v^4 \tag{3.44}$$

$$u=\frac{R-1}{(4/3-R)^{0.12}} \tag{3.45}$$

$$v=\frac{(R-1)^2}{(4/3-R)^{0.14}} \tag{3.46}$$

$$R=\frac{M_2-M_0/3}{M_1-M_0/2} \tag{3.47}$$

3.3.3 线性矩法

Hosking（1990）的研究使概率权重矩方法适用于更多的随机变数不存在显式表达

式的分布函数，并在此基础上提出线性矩法（linear moments，LM），利用概率权重线性矩组合形成新的矩。其定义新的线性矩为

$$\lambda_r = \int_0^1 x(u) P_{r-1}^*(u) \mathrm{d}u \tag{3.48}$$

式中，$r = 1,2,\cdots, P_r^*(u) = \sum_{k=0}^{r} \frac{(-1)^{r-k}(r+k)!}{(k!)^2(r-k)!} u^k$。

令 $\beta_r = \int_0^1 x(u) u^r \mathrm{d}u$，则前四阶线性矩可以写为

$$\lambda_1 = \beta_0 \tag{3.49}$$

$$\lambda_2 = 2\beta_1 - \beta_0 \tag{3.50}$$

$$\lambda_3 = 6\beta_2 - 6\beta_1 + \beta_0 \tag{3.51}$$

$$\lambda_4 = 20\beta_3 - 30\beta_2 + 12\beta_1 - \beta_0 \tag{3.52}$$

采用以上公式计算即可求出尺度参数、形状参数和位置参数。线性矩法是通过数据样本值的线性函数来估计的。与传统矩法相比，线性矩法的两个显著优点：①当数据中存在异常值时，具有高鲁棒性；②能抵抗样本变异性的影响。

3.3.4 权函数法

矩法在计算频率参数时，受样本容量的影响，导致结果产生误差，其中偏态系数误差尤为明显。在实践应用中，通常根据经验采用目估适线的方法选定参数，由此不可避免地会产生主观性的误差。因此，马秀峰于 1984 年提出了单权函数法（weight function method，MF）。该方法基本步骤如下：①选择一个适当的函数 $\varphi(x)$，$\varphi(x)$ 满足连续可导且该函数的无穷积分为 1；②使用实测资料系列对函数 $\varphi(x)$ 求和，$\sum_{i=1}^{n} \varphi(x_i)\Delta p_i \approx \int_{-\infty}^{\infty} \varphi(x) y(x) \mathrm{d}x$；③推导出上述积分的表达式，求出偏态系数。该方法是利用一阶、二阶权函数推求三阶矩，避免了直接三阶矩的计算，从而提高了偏态系数的计算精度。虽然该方法在求解偏态系数上采用了巧妙的计算方法，但是在选定权函数及计算过程中出现的超越函数会导致计算存在误差。

为解决单权函数法求解偏态系数中存在的问题，刘光文对单权函数法做出了改进，提出了双权函数法，即通过引入第二个权函数达到提高求解偏态系数计算精度的目的。梁忠民、叶亚琦进一步提出了修改双权函数法，通过改进达到了“降阶”的目的，提高了偏态系数的计算精度。

3.3.5 最小二乘法

最小二乘法的基本原理是通过构建预测值与实测值的回归函数，并使该回归函数的残差平方和最小，从而进行参数估计。

假设数据 x_1，x_2，$\cdots$，x_n 和 y_1，y_2，$\cdots$，y_n 服从下列表现形式：

$$y_i = \alpha + \beta x_i + \varepsilon_i \tag{3.53}$$

式中，α，β 分别表示待求参数；ε 表示随机干扰项并且需要满足以下条件：①ε_i 是随机干扰项；②$E(\varepsilon_i)=0$，$V(\varepsilon_i)=\sigma_\varepsilon^2$；③$\varepsilon_i$ 之间相互独立；④ε_i 与自变量无关。

根据样本数据，构建回归方程，有

$$\hat{y}_i=\alpha+\beta x_i \tag{3.54}$$

利用最小二乘法原理，求下式的极小值

$$\min\left\{\sum_{i=1}^{n}\varepsilon_i^2\right\}=\min\left\{\sum_{i=1}^{n}(y_i-\hat{y}_i)^2\right\}=\min\left\{\sum_{i=1}^{n}(y_i-\alpha-\beta x_i)^2\right\} \tag{3.55}$$

式(3.55) 有两个未知参数，因此，对式(3.55) 求偏导并令对应的偏导值为0，进而求取最小值

$$\begin{cases}-2\sum_{i=1}^{n}(y_i-\alpha-\beta x_i)=0\\-2\sum_{i=1}^{n}(y_i-\alpha-\beta x_i)x_i=0\end{cases} \tag{3.56}$$

推导可得

$$\begin{cases}\sum_{i=1}^{n}y_i-n\alpha-\beta\sum_{i=1}^{n}x_i=0\\\sum_{i=1}^{n}y_ix_i-\alpha\sum_{i=1}^{n}x_i-\beta\sum_{i=1}^{n}x_i^2=0\end{cases} \tag{3.57}$$

对式(3.57) 求解，得

$$\begin{cases}\beta=\dfrac{n\sum_{i=1}^{n}x_iy_i-\sum_{i=1}^{n}x_i\sum_{i=1}^{n}y_i}{n\sum_{i=1}^{n}x_i^2-\sum_{i=1}^{n}x_i\sum_{i=1}^{n}x_i}\\\alpha=\dfrac{\sum_{i=1}^{n}y_i-\beta\sum_{i=1}^{n}x_i}{n}\end{cases} \tag{3.58}$$

3.3.6 极大似然法

极大似然法（maximum likelihood，ML）是一种非常实用的参数估计方法，它适用范围广且使用频率高。极大似然法通常需要解超越方程，计算相对复杂。极大似然的基本原理是利用已知的样本信息，推导最大概率导致这些样本结果出现的模型参数值。

假设样本数据（x_1，x_2，x_3，$\cdots x_n$）服从概率密度分布函数 $f(x;\ \Phi)$，Φ 表示未知参数，构造极大似然函数：

$$\begin{aligned}L(x_1,x_2,x_3,\cdots,x_n;\Phi)&=f(x_1;\Phi)f(x_2;\Phi)f(x_3;\Phi)\cdots f(x_n;\Phi)\\&=\prod_{i=1}^{n}f(x_i;\Phi)\end{aligned} \tag{3.59}$$

式中，$L(\cdot)$ 称为似然函数，似然函数表现为累乘形式。

由于有着相同的极大值点，而且可以将累乘形式转变成累加形式，极大地简化计

算，因此对似然函数取对数：

$$\ln L = \ln\prod_{i=1}^{n} f(v_i,\Phi) = \sum_{i=1}^{n}\ln f(v_i,\Phi) \tag{3.60}$$

对式(3.60)求极大值，当似然函数的偏导数均为0时，似然函数取得最大值，因此，需要对式(3.60)求偏导并使偏导数等于0，即

$$\frac{\partial L}{\partial \Phi} = \frac{\partial \prod_{i=1}^{n} f(v_i,\Phi)}{\partial \Phi} = 0 \tag{3.61}$$

当概率密度函数有多个参数时，对所有参数进行求偏导计算，然后联立所有偏导方程进行求解。如果该方程组没有解析解，需要使用迭代法进行近似求解。

3.3.7 参数估计法的选择

除了以上常用的参数估计方法，还有贝叶斯理论、最大期望算法和蒙特卡洛方法等用于参数估计。由于不同的参数估计方法求得的参数估计值不尽相同，为合理地选用最优评估方法，需评价各种参数估计方法的优劣。通常，最优的参数估计方法应当具有较小的误差，合理的估计量应具有以下特性：

（1）无偏性。设 $\hat{\theta}$ 是 θ 的估计量，若能够满足 $E(\hat{\theta})=\theta$，则称 $\hat{\theta}$ 是 θ 的无偏估计量，也就是说 $\hat{\theta}$ 与 θ 没有系统偏差。

（2）有效性。对于统计量 θ 来说，可能存在多个无偏估计量，若能够从中找到方差最小的那个无偏统计量 $\hat{\theta}$，即 $\hat{\theta}$ 满足对于 θ 的其余任何一个无偏估计量 $\tilde{\theta}$，都有 $D(\hat{\theta})\leqslant D(\tilde{\theta})$，则称 $\tilde{\theta}$ 是 θ 的最小方差无偏估计量，也就是说 $\hat{\theta}$ 在其均值附近的波动最小及有效性最优。

（3）一致性。若 $\hat{\theta}$ 是 θ 的估计量，对于任意的 $\varepsilon>0$，有 $\lim\limits_{n\to\infty}P(|\hat{\theta}-\theta|<\varepsilon)=1$，则称 $\hat{\theta}$ 是 θ 的一致性估计量，即随着样本容量的无限增加，估计量的计算值与其真值无限接近，这对于无偏估计是必然的。

3.4 水文要素的相关性检验

3.4.1 拟合优度分析

一般来说，拟合优度可以直观地通过拟合分布模型曲线与实际概率直方图的契合度进行判别。直接观察法可以大致估计拟合优度，但是进行精确的定量校验需要使用

拟合优度指标。目前，主要的拟合指标包括决定系数（R^2）、均方根误差（root mean square error，RMSE）、Kolmogorov-Smirnov（K-S）检验、贝叶斯信息准则（Bayesian information criterion，BIC）、赤池信息准则（Akaike lnformation criterion，AIC）。各拟合优度指标计算方法不同，通常选用多个评价指标共同检验拟合优度。

1. **决定系数**

决定系数是计算实际值与预测值之间的方差大小的指标，其值越接近1表明拟合效果越优。通常使用的决定系数有两种版本，分别是关于概率分布的决定系数与关于累积分布的决定系数。决定系数的通用计算公式为

$$R^2 = 1 - \frac{\sum_{i=1}^{n}(F_i - \hat{F}_i)^2}{\sum_{i=1}^{n}(F_i - \overline{F})^2} \tag{3.62}$$

式中，$\hat{F}_i$ 表示理论分布函数；F_i 表示经验分布函数；$\overline{F} = \frac{1}{n}\sum_{i=1}^{n}F_i$。

2. **均方根误差**

均方根误差用于评估观察值与预测值之间的误差，其值越小表示拟合效果越好。其计算公式为

$$RMSE = \left[\frac{1}{n}\sum_{i=1}^{n}(p_{ci} - p_{oi})^2\right]^{\frac{1}{2}} \tag{3.63}$$

式中，p_{ci}表示第 i 个观察值；p_{oi}表示第 i 个预测值。

3. Kolmogorov-Smirnov **检验**

Kolmogorov-Smirnov（K-S）检验定义为经验累积分布与理论累积分布之间误差的最大值，其值越小表明拟合精度越高。K-S检验可被应用于变换和归一化变量，其计算公式为

$$KS = \max|F_i - \hat{F}_i| \tag{3.64}$$

式中，$\hat{F}_i$ 表示理论累积分布函数；F_i 表示经验累积分布函数。

4. **贝叶斯信息准则**

贝叶斯信息准则由Schwarz于1978年引入，常用于分布函数拟合优度检验，计算所得结果的 BIC 值越小，表示拟合效果越好。其计算公式为

$$BIC = k\ln n - 2\ln L \tag{3.65}$$

式中，k 是模型参数的数量，n 是样本数量，L 是模型的似然函数的最大值。随着贝叶斯信息准则的发展，在用于拟合不同变量数的分布时呈现出不同的计算形式。

5. **赤池信息准则**

赤池信息准则可用于检验分布函数拟合优度，AIC 值越小，表示拟合效果越好。其计算公式为

$$AIC = -2\sum_{i=1}^{n}\ln f(x_i) + 2k \tag{3.66}$$

式中，x_i 为样本值；n 为样本数量；$f(x_i)$ 为选定的分布函数的密度函数；k 为选定的分布函数中分布参数的数量。

除了以上介绍的常用于检验分布函数拟合度的指标，根据不同实际需要还存在多种检验指标，如 Anderson-Darling（A-D）拟合优度检验指标、相关系数、卡方误差、欧几里得距离等。

3.4.2 相关分析

相关分析是研究变量之间是否存在某种依存关系，并对具有依存关系的变量进行分析，探讨其相关方向及相关程度，是定量研究随机变量间相关关系的一种统计方法。相关性普遍存在于水文现象中，无论是水文事件内部属性间，还是由外部原因引起的相关性，如波浪的波高、波周期、波陡与风速的关系等，都是两个或多个变量间的互相关。其中，单个变量不同时序间的相关，称为自相关。一个变量还可能同时与几个变量相关，称为复相关。在多变量情况下，研究两个变量时消除其余控制变量影响后的相关，称为偏相关。

研究表明，两个变量之间的相关性影响其联合分布的准确性，即保证两个变量之间的相关系数在一定范围内。而水文计算中相关分析的目的通常包括：①插补延长资料，分析目标变量的统计特征；②通过随机模拟，增大样本容量；③识别主要影响因子，简化计算。

3.4.2.1 相关分析度量指标

水文相关分析的度量通常采用相关性指标，通常有以下分类：

1）整体相关性的相关系数。

整体相关性的相关系数包括皮尔逊线性相关系数、斯皮尔曼秩相关系数和肯德尔秩相关系数。皮尔逊线性相关系数通常适用于描述具有线性关系的变量；而斯皮尔曼和肯德尔秩相关系数因为对异常数据具有较好的分析能力，通常适用于描述不同变量之间的非线性关系。两者一般从样本数据总体上度量其相关性特征，而对于复杂的样本数据变量则不能描述局部相关性特征。

（1）皮尔逊线性相关系数。在实际应用中，皮尔逊线性相关系数通常采用线性相关系数表示，其表达式为

$$r = \frac{\sum_{i=1}^{n}(X_i - \overline{X})(Y_i - \overline{Y})}{\sqrt{\sum_{i=1}^{n}(X_i - \overline{X})^2}\sqrt{\sum_{i=1}^{n}(Y_i - \overline{Y})^2}} \tag{3.67}$$

$r \in (-1, 1)$，当 $0.8 \leqslant |r| \leqslant 1$ 时，为极度相关；当 $0.6 \leqslant |r| \leqslant 0.8$ 时，为强相关；当 $0.4 \leqslant |r| < 0.6$ 时，为中等强度相关；当 $0.2 \leqslant |r| < 0.4$ 时，为弱相关；当 $0.0 \leqslant |r| < 0.2$ 时，为极弱相关或无相关。

（2）秩相关系数，又称为等级相关系数，反映的是两个随机变量的变化趋势和强度间的关联性，是将两个随机变量的样本值按数据的大小顺序排列位次，以各变量样本值的位次代替实际数据而求得的一种统计量。其是反映等级相关程度的统计分析指标，秩可以理解为顺序、等级的意思。常用的等级相关分析方法有斯皮尔曼秩相关系数和肯

德尔秩相关系数。

A. 斯皮尔曼相关可以看作皮尔逊相关的非参数版本。皮尔逊相关是关于两个随机变量间线性关系强度的统计度量，而斯皮尔曼相关考虑的是两个随机变量单调关系的强度，即两者变大或变小的趋势在多大程度上保持一致。计算皮尔逊相关系数时使用的是数据样本值本身，而计算斯皮尔曼相关系数使用的是数据样本排位位次值。

斯皮尔曼秩相关系数一般有两种计算方法，当没有位次相同的数据时，其计算公式为

$$\rho_S = 1 - \frac{6\sum d_i^2}{n(n^2 - 1)} \tag{3.68}$$

若观测样本中存在位次相同的数据，则可以使用如下公式（皮尔逊线性相关系数计算公式）：

$$\rho_S = \frac{\sum_{i=1}^{n}(X_i - \overline{X})(Y_i - \overline{Y})}{\sqrt{\sum_{i=1}^{n}(X_i - \overline{X})^2}\sqrt{\sum_{i=1}^{n}(Y_i - \overline{Y})^2}} \tag{3.69}$$

B. 肯德尔秩相关系数计算原理。假设 X_1，X_2，…，X_n 和 Y_1，Y_2，…，Y_n 分别是来自 X 和 Y 的样本数据，组成一个容量为 n 的成对数据（X_i，Y_i），$i=1$，2，…，n。对该集合中的任意元素（X_i，Y_i）和（X_j，Y_j），若 $(X_j - X_i)(Y_j - Y_i) > 0$，则认为这两个数据对是一致的；若 $(X_j - X_i)(Y_j - Y_i) < 0$，则认为两个数据对是不一致的。若 $(X_j - X_i)(X_j - Y_i) = 0$，则称两个数据对 $\{(X_i, Y_i), (X_j, Y_j)\}$ 为一个结，结中的数据对既不是一致的也不是不一致的。肯德尔相关系数 τ 的计算公式为

$$\tau = \frac{c - d}{n(n-1)/2} \tag{3.70}$$

式中，c 为一致元素对的个数；d 为不一致元素对的个数；n 为集合中元素的个数，故 $n(n-1)/2$表示总对数。

肯德尔提出的计算相关系数的公式又可以写成如下形式，其中 sign 为符号函数：

$$\tau(X,Y) = \frac{\sum_{i,j=1}^{n}\mathrm{sign}[(X_j - X_i)(Y_j - Y_i)]}{n(n-1)/2}, 0 < i < j \leqslant n \tag{3.71}$$

在成对数据中，若样本 Y 以升序排列，并且样本 X 的顺序根据 Y 样本的顺序重新排列，则可以较易确定一致对数和不一致对数。当数据中出现结时，肯德尔秩相关系数测量相关性的准确度会受到一定影响。为了降低结的出现所带来的影响，肯德尔提出了改进的肯德尔秩相关系数，也称为 Tau-b 相关系数：

$$\tau_b = \frac{\sum_{i,j=1}^{n}\mathrm{sign}[(X_j - X_i)(Y_j - Y_i)]}{\sqrt{\left[\frac{1}{2}n(n-1) - n_1\right]\left[\frac{1}{2}n(n-1) - n_2\right]}} \tag{3.72}$$

式中，n 表示集合中元素的个数；n_1 为 X 中结的数量；n_2 为 Y 中结的数量。τ_b 的取值

范围为 −1 ～ 1，−1 和 1 分别表示两组随机变量之间的完全不一致和完全一致的关系。若这些变量是独立的，则相关系数将为 0。

2）极值相关特征的尾部相关系数。

尾部相关系数包括上尾部相关系数 λ_U 和下尾部相关系数 λ_L。尾部相关系数是一个广泛应用于极值理论的相关性测度指标。在分析水文极值事件的属性特征时，如果不考虑尾部相关性，可能会出现高估或低估水文极值事件的风险。

尾部相关系数实际上是度量极值相关性的系数，表示当一个样本变量的值为极值时，另一个样本变量也出现极值的概率。假设随机变量 X 和 Y，其边缘分布分别为 $F(x)$ 和 $G(y)$，则 X 和 Y 的上、下尾部相关系数 λ_U 和 λ_L 分别为

$$\lambda_U = \lim_{t \to 1^-} P\{x > F^{-1}(t) \mid y > G^{-1}(t)\} = \lim_{t \to 1^-} P\{F(x) > t \mid G(y) > t\} \tag{3.73}$$

$$\lambda_L = \lim_{t \to 0^+} P\{x < F^{-1}(t) \mid y < G^{-1}(t)\} = \lim_{t \to 0^+} P\{F(x) < t \mid G(y) < t\} \tag{3.74}$$

3）表示变量间相互关系的信息熵 H 和互信息 I。

两者可用于水文模型的不确定分析，一般用于评价模型的结构不确定性。信息熵是信息论的基础，是描述随机变量分散程度的统计量。信息熵越大，表示变量的离散程度越高，描述该变量需要的信息越多。互信息表示两个变量或者多个变量之间共享的信息量。一般互信息的计算包括以下三步：①直接从数据中求出联合分布函数；②根据定义求信息熵；③根据信息熵与互信息之间的关系求出互信息。

3.4.2.2 相关分析方法

相关分析方法有回归分析、自回归分析、R/S 分析和主成分分析等。

1. 回归分析

回归分析是研究两个或多个变量间的互相关性，从变量之间的关系分为线性回归和非线性回归分析。线性回归分析是进行水文回归分析中最常用的方法。从变量数量上又可将线性回归分析分为一元、多元回归分析，使用一元或多元线性回归分析可以根据实际需要选择。一般来说，利用回归分析时假定随机变量是服从正态分布的，而水文事件中往往是偏态分布，故利用线性回归分析时存在相应的误差。

2. 自回归分析

自回归分析由线性回归发展而来，不同的是不用一个变量预测另一个变量，而是利用一个变量预测自身的变化趋势，因此称为自回归分析。自回归分析的研究对象是一个时间序列，研究的是一个变量自相关的性质，多用于随机模拟或误差校正。同线性回归模型一样，自回归模型也是建立在正态分布的基础上，对于偏态型的水文变量仍需做一些变换，在转换过程中难免发生信息失真的情况。

常用的自回归模型定义为

$$X_t = c + \sum_{i=1}^{p} \varphi_i X_{t-i} + \varepsilon_t \tag{3.75}$$

式中，c 为常数；p 为自回归模型的阶数；φ_i 为自相关系数；ε_t 为测量过程中存在的随机干扰和未来预报中出现的误差。

3. R/S 分析

R/S 分析法也称为重标极差分析法，通常用于分析时间序列的分形特征和长期记忆

过程，其步骤如下：

（1）对于一个时间序列 $\{X_i\}$，$i=1, 2, \cdots, N$，将其分为 A 个等长度的子区间 T_i，$i=1, 2, \cdots, A$，每一个子区间的元素为 $T_{j,i}$，$j=1, 2, \cdots, n$，$i=1, 2, \cdots, A$，则每一个子区间的均值为

$$\overline{T}_i = \frac{1}{n}\sum_{j=1}^{n}(T_{j,i} - \overline{T}_i) \tag{3.76}$$

（2）子区间 T_i 对于相应的均值的累积离差为

$$B_{j,i} = \sum_{j=1}^{n}(T_{j,i} - \overline{T}_i) \tag{3.77}$$

每一个子区间的极差为

$$R_i = \max B_{j,i} - \min B_{j,i} \tag{3.78}$$

（3）每组子区间的标准差为

$$S_i = \sqrt{\frac{1}{n}\sum_{j=1}^{n}(T_{j,i} - \overline{T}_i)^2} \tag{3.79}$$

（4）赫斯特系数是水文学家赫斯特在大量实证研究的基础上提出的，用来定量表征时间序列的持续性或长程相依性。赫斯特指数可表示为

$$\frac{R(n)}{S(n)} = c(n)^H \tag{3.80}$$

式中，c 为常数。对式(3.80）两边取对数，可得

$$\ln\frac{R(n)}{S(n)} = \ln c + H\ln n \tag{3.81}$$

通过对 $\ln\frac{R(n)}{S(n)}$ 和 $\ln n$ 进行作图，采用最小二乘法对二者进行线性回归分析，可求得回归方程的斜率，即为 H。根据 H 的大小对趋势性成分由强到弱进行判断。当 $0 \leqslant H < 0.5$ 时，过程具有反持续性，未来变化将与过去总体趋势相反；当 $0.5 < H \leqslant 1$ 时，时间序列具有正持续性，即未来变化与过去总体趋势相同；当 $H=0.5$ 时，时间序列为独立分布的随机序列，即现在对未来没有影响。

4. 主成分分析（principal component analysis，PCA）

水文事件往往包含多个特征变量，这些特征变量能从不同的侧面反映所研究对象的特征，但在某种程度上存在信息的重叠，具有一定的相关性，因此，考虑用较少的综合指标分别表征存在于各变量中的各类信息。主成分分析方法在力求数据信息丢失最少的原则下，对高维的变量空间降维，将多个实测变量转换为少数几个不相关的主成分，把各变量之间互相关联的复杂关系进行简化分析。在水文计算中，主成分分析方法较多用于提取影响气候变化因子的主成分，建立降水与主成分的回归分析模型，进而对未来降水进行预测，主要步骤如下：

（1）设有 n 种海况，每种海况有 p 个指标，即

$$\boldsymbol{X} = (x_{ij})_{n\times p} \tag{3.82}$$

式中，x_{ij} 表示第 i 种海况的第 j 个指标。

（2）将原始数据标准化，即

$$y_{ij}=\frac{x_{ij}-\bar{x}_j}{S_j} \tag{3.83}$$

式中，S_j 和$\bar{x}_j$ 分别是第 j 个指标的标准差和均值。得到标准化后的矩阵为

$$\boldsymbol{Y}=(y_{ij})_{n\times p} \tag{3.84}$$

（3）建立相关系数矩阵，即

$$\boldsymbol{R}=\frac{1}{n-1}\boldsymbol{Y}^{\mathrm{T}}\boldsymbol{Y}=(r_{ij})_{p\times p} \tag{3.85}$$

（4）计算 $\boldsymbol{R}$ 的特征根 $\lambda_1\geqslant\lambda_2\geqslant\cdots\geqslant\lambda_p>0$，以及对应的单位特征向量 $\boldsymbol{a}_1$，$\boldsymbol{a}_2$，…，$\boldsymbol{a}_p$，其中 $\boldsymbol{a}_i=(a_{1i},\ a_{2i},\ \cdots,\ a_{pi})^{\mathrm{T}}$。

（5）以累计贡献值 $\sum_{i=1}^{m}\lambda_i\Big/\sum_{i=1}^{p}\lambda_i\geqslant M$ 为准则（M 一般取 80%），选取前 m 个主成分，计算样本值

$$z_{ij}=\sum_{k=1}^{p}y_{ik}a_{kj} \tag{3.86}$$

3.5 小结

本章重点介绍了水文频率分析方法，包括分布函数选择、参数估计方法及相关性检验。海洋水文变量是多因素影响的结果，采用单参数分布函数进行拟合时，由于分布函数自身简化特性，难以较好地分析变量的特征。单变量双参数及多参数的分布函数从分布函数曲线特征上考虑某一变量的多个特征，在一定程度上弥补了单参数分布函数拟合效果的不足，使之得到了广泛应用。此外，由于单个分布函数在某些条件下无法全面描述海洋水文要素（如波浪中的风浪与涌浪）特征，需要将不同的分布函数通过线性结构组成混合模型，用于描述单个变量中多个分量的特征，导致模型参数随之增多，使参数估计变得复杂，且对于强非线性条件下波高等要素的拟合具有较大偏差。

在实际海岸与海洋工程中，除了有效波高是影响海洋工程稳定性的主要因素，波周期、风速及波陡同样是影响海洋工程、海洋环境的重要因素，且这些变量间还存在一定的关联性，单独考虑一个变量的作用难免会低估或高估实际荷载。因此，需要考虑两个及以上变量综合作用下的实际结果，双变量分布函数由此被应用到海洋水文的频率分析中。早期的双变量分布函数研究中，众多学者主要从单变量分布函数出发，通过改进该分布函数的结构式，得到能够用于分析海洋水文中双变量的二元分布函数，在一定程度上推动了双变量分布函数的发展。但是分布函数结构式复杂化，且能改进的单变量分布函数有限，况且改进后的分布函数结构发生变化，原有参数估计的方法也需进一步改进，使该方法的应用受限。后来有关研究学者通过结合不同的单变量分布函数，构成以

波高为边缘分布的波周期条件联合分布。条件概率分布以原有的分布函数为基础，应用简便，但是能选的边缘分布不多，应用范围较小，极大地限制了条件概率分布的广泛应用。基于此背景，Copula 函数被应用到海洋水文频率分析研究中，该方法不受边缘分布限制，结构式不复杂，传统的参数估计方法能够用于求解 Copula 联合分布函数中的参数，况且相关研究表明 Copula 联合分布对于海洋水文的拟合精度高于传统单变量或多变量联合分布方法，因此，Copula 联合函数在海洋水文统计分析中得到了广泛的应用。

已有的水文频率分析研究表明，水文频率分析方法中存在以下方面的问题与挑战：

（1）边缘分布函数选择问题。目前尚无详细的理论依据表明某一种边缘函数最优，在实际应用中，通常是选择多种边缘分布进行拟合对比，得到某一种边缘分布适用于特定海洋环境下海洋水文频率分析，缺乏普适性的边缘函数。

（2）参数估计方法问题。常用的分布参数估计方法有矩法、概率权重矩法、最小二乘法、权函数法、线性矩法和极大似然法。不同的参数估计方法通过推求分布函数参数计算公式，有些方法在一定程度上比较复杂，且新的参数估计方法不断涌现。此外，新的参数估计方法在我国海洋和内陆水文频率分析中的适用性有待进一步研究与验证。

（3）尾部指数估算问题。在水文序列频率计算中，待估算或待预测的极值事件及其发生概率可能远大于样本的最大观测值，其分布尾部偏厚。目前常用的分布难以拟合该极值部分，进而导致在工程应用中低估此类极值事件发生的可能性。

（4）联合分布函数问题。复杂海况通常表现为多个相互关联变量组成的复杂海洋环境，单变量只能描述一种特征属性。多变量的联合分析研究受到广泛应用，主要集中在两变量联合分布的研究和应用，而三变量及三变量以上的联合分布研究与应用还有待完善。此外，目前应用较为广泛的 Copula 联合函数也存在一些局限性，例如，单个 Copula函数未必能满足混合海况环境下的实际需求，新的 Copula 函数或多个 Copula 函数组成的混合 Copula 函数仍需进一步验证研究。在不同海况环境条件下，仍然需要根据特定的评价指标选择特定的 Copula 函数构造联合分布。

因此，如何提高水文频率分析的精度，选择具有严格数学基础、符合我国实际海洋环境，并能满足海岸海洋工程与水利工程规划、设计、施工及运维管理需求的频率分析方法是目前海洋水文分析研究中的重要科学问题之一。

思考题

（1）请简要说明频率分析在水文学中的重要性及其主要步骤。

（2）请概括介绍针对不同类型的数据可采用哪些单变量分布函数。

（3）请阐述在水文统计分析中使用多变量分布函数的优势。

（4）请对比分析双参数分布和三参数分布在水文事件应用中的优势和局限性。

（5）请简述二元分布函数如何用于分析两个水文变量之间的关系。

（6）请简述 Copula 函数的基本原理，并分析其如何表征两个或两个以上变量之间的关系。

（7）请简要概括概率权重法与线性矩法用于估计水文参数时各自的优缺点。

（8）常见的拟合优度分析指标有哪些？

第4章
海洋水文要素可视化及变化特征分析

海洋水文要素包括潮汐、海温、盐度、潮流、波浪、海面风速等。掌握海洋水文要素时空特征与演变规律可为海洋动力过程与机制研究、海洋生态环境效应研究、海洋能源开发与利用、港口航运及海洋渔业规划与建设等提供支撑，因此，海洋水文要素时空特征分析是海洋科学研究与海洋工程建设的基础，具有重要的科学和实际意义。本章将介绍海洋水文要素数据存储格式、海洋水文要素信息可视化及其时空特征与演变规律分析。

4.1 存储格式

随着海洋观测手段的发展，海洋水文要素数据获取能力得到了不断提升，但海洋观测数据格式呈现多元化的发展趋势，多元特征的数据结构使在数据获取和数据处理时面临一定的困难与挑战。其具体体现在：当前海洋数据格式大多为文本和数据库文件，而在海洋分析与研究等领域中，多采用网络通用数据格式（network common data format，NetCDF）、栅格等专业格式文件，不同格式间存在一定的差异。

海洋数据格式主要分为两类，即二进制数据格式和字符文本格式，两者代表性的格式分别有 NetCDF 和可扩展标记语言（extensible markup language，XML）。NetCDF 最初由大气研究合作组织（National Center for Atmospheric Research，UCAR）的学者开发，用于气象数据的存储，目前已经拓宽应用到海洋科学、环境、地学等研究领域。NetCDF 是一种多维数据，文件名以“. nc”作为扩展名，有助于从不同维度了解数据特征，其主要优势是能通过特定算法高效快速地读取单点的网格数据信息。XML 是由万维网联盟（World Wide Web Consortium，W3C）定义的一种语言，其设计初衷是克服 HTML 中的不足点，其优点是数据共享简单、便捷的可移植性，适用于任何设备。XML 文件可在一些专门用来编写 XML 文件的编辑器中编写，其扩展名为“. xml”。

4.2 海洋水文要素可视化方法

海洋水文数据按空间特征可分为标量场数据和矢量场数据。标量数据只有大小属性，如温度、盐度等；矢量数据具有大小和方向两个属性，如潮流、风速等。相应地，海洋水文要素可视化可分为标量场数据可视化和矢量场数据可视化。针对不同类型的数据样本，采用不同的可视化方法，有助于清晰展示海洋水文现象的时空特征及演变规律，包括类型、要素、范围、时段等。

4.2.1 标量场数据可视化

按空间维度进行划分，标量场海洋水文数据可视化方法可分为一维、二维与三维可视化方法。一维可视化方法即将数据场表达为一维函数，采用折线图方式进行展示；二维平面可视化方法较为传统，其主要是利用颜色、点、线条表征数据值的大小，如等值线法、热力图、散点图等；三维可视化方法主要是利用空间三维曲面表征海洋水文数据属性的特征，按大类主要包括面绘制与体绘制。

1. 一维线图可视化

一维标量数据（图4.1）可以表示为一维函数，定义域可以为时间或者空间，也可用一幅图表示多种变量，用颜色或者不同图案标志进行区分。

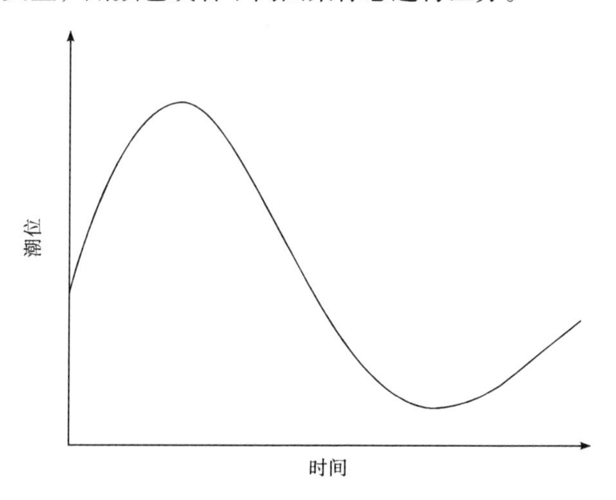

图4.1 潮位变化过程

2. 二维平面可视化

在二维平面可视化方法中，无论采取哪种形式表征数据量值大小，其基本思路是纵横轴代表经纬度或者时间，区域内要素代表数据变量值。在实际绘制过程中，若出现分辨率不满足要求的情况，一般采用空间插值的方法在网格上对数据进行加密处理，从而提高其空间分辨率。下面介绍常用的二维平面可视化方法。

（1）等值线法。等值线法是指将标量场数值相等的点按顺序用直线或曲线连接，常见的等值线包括等温线、等高线、等压线等。具体操作步骤如下：首先，离散数据网格化，对于离散数据点采用规则网格化；然后，确定等值点，规则化的网格数据提供每一格点的坐标和变量值大小；接着，生成等值线，从区域边界开始，跟踪连接所有的等值点；最后，添加标注，可以通过添加数值标记、色彩渲染等方式突出极值或区分各等值线包裹的区域。

（2）彩色剖面法。彩色剖面法用颜色表征标量场数据变化特征，如热力图（图4.2），采用调试对比，选择合适的颜色方案。一般情况下，数值越大对应的颜色越深。标量场中标量数据值与颜色亮度值一一对应，形成数据值与颜色的映射。若存在原始数据空间量小于映射空间时，需进行插值处理，填补或重构缺失数据。彩色剖面法有助于直观展示数据的异常值点，以及分析数据场的空间变化规律等。

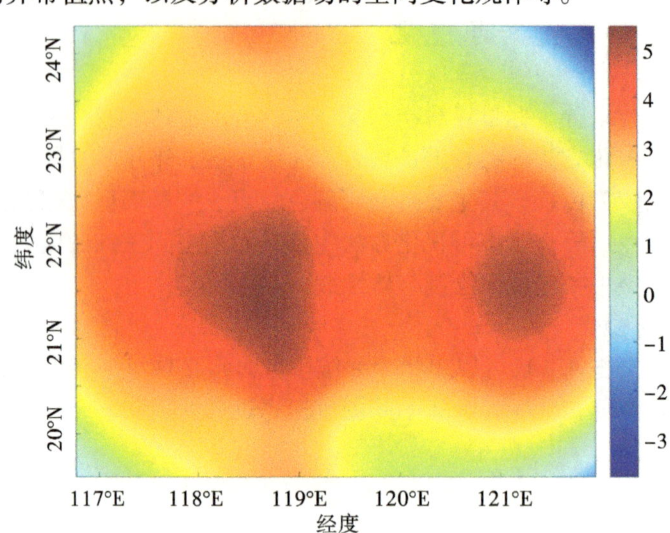

图 4.2　热力图示例

- **热力图的定义**

热力图最初由软件设计师 Cormac Kinney 于 1991 年提出，当时用于实时显示金融市场信息，如今在多个学科领域得到了广泛的应用。热力图是一种通过色块着色深浅来反映数据大小的统计图表。绘图时，颜色确定规则为较大的数值由较深且偏暖的颜色表示，而较小的数值由较浅且偏冷的颜色代表。

热力图的优点在于其不仅可以展现数据随区域地点的变化趋势，加入时间变量后，还能指示数据随时间的变化特征。在数据量庞大的情况下，热力图不仅能直观展示数据的整体特性，用于探究数据间的关联性，识别区域变量的极值，还可用于对比分析整体和区域数据间的特征差异。因此，热力图在海洋水文气象分析中被广泛应用。

- **热力图的绘制**

可使用 Excel、Matlab、Python 等软件绘制热力图。热力图一般是基于三维数据，其中两个维度的数据映射到 x 轴和 y 轴，第三个维度的数据用颜色来表示。若存在离散数据，则需对缺失值进行颜色插值。图 4.3 是利用 Python 软件绘制的风热力图示例，表征 1 天内风速和风向的变化过程。图 4.3 的上部用箭头表示风向，圆点代表静风，中间数字表示的是风速大小，用颜色突出风速的极端值，下部为对应的时间。由图 4.3 可知风速矢量随时间的变化特征，简单易懂。

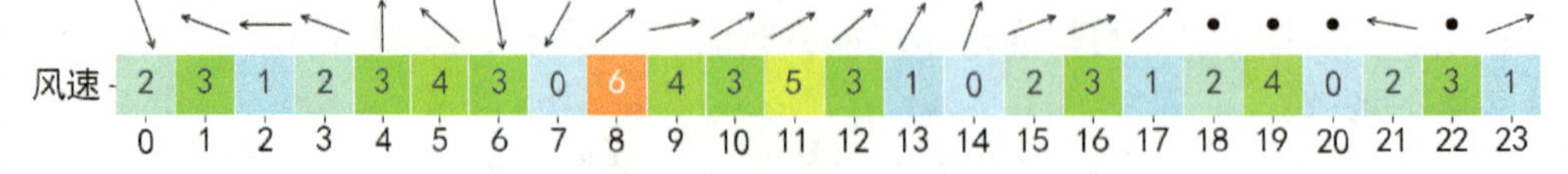

图 4.3　风热力图示例

3. **三维空间可视化**

在三维空间可视化方法中，面绘制方法主要指将分析数据集绘制成曲面，用曲面表达其特征，如等值面法；而体绘制方法则根据视点及三维数据生成的对应图像，通过对不透明度的调节，表征数据值的分布情况。

（1）等值面法。等值面法的主要原理为对于三维标量场中具有相等量值的曲面进行提取，展示出三维数据标量场的轮廓信息。常用的等值面方法包括移动立方体（marching cubes，MC）提取方法、移动四面体（marching tetrahedra，MT）算法、直接绘制模型、SC（skeleton climbing，SC）算法等。其中，MC作为最为经典的一种算法，其算法逻辑较为简洁，实现容易，因此被广泛使用。其基本思路如下：首先，将空间分成以小立方体为单位的六面体网格；然后，对于每一个小立方体单位8个顶点的函数值与给定的等值面值进行比较；最后，通过线性插值的方式以三角面形态得到单位体内近似等值面。

（2）体绘制法。体绘制法是指根据三维数据样本，将信息展现在二维图像上，通过对不透明度的控制，使二维图像能在屏幕上展现出三维空间立体感。体绘制方法主要包括光线投射法（ray casting，RC）、抛雪球法（splatting）、错切－变形算法（shear-warp）等。其中，光线投射算法是基于射线扫描过程，简单且容易理解，是目前使用较为广泛的算法。光线投射算法的基本原理为从图像上每一个像素点沿视线方向投出光线，对穿过体数据的光线进行等间距采样，并利用空间插值计算出每一个采样点的颜色值和不透明度，最后采用一定的顺序，对光线上的采样点进行颜色合成，即可得到各条光线所对应的像素颜色值。

4.2.2　矢量场数据可视化

海流、风速等矢量数据不仅有大小，而且有方向，因此此类矢量数据的可视化相比于标量数据较为复杂。矢量场可视化可简单分为以下三个步骤：①对数据进行预处理；②矢量数据的映射；③绘制和显示图像。矢量场可视化技术分类有多种方式，按数据集的维度来区分，可分为二维和三维可视化方法；按表现形式，可分为直接可视化（direct visualization）、几何可视化（geometric visualization）、基于纹理的可视化（texture based visualization）等。在此，按其表现形式介绍矢量场的可视化。

（1）直接可视化指用图标或颜色的方式将矢量场进行可视化展示（图4.4），其中，应用较为广泛的是点图标方法。点图标方法相对简单且直观。其基本思路为对于每一个采样点，采用可以表现大小和方向的图标显示出矢量数据的数值大小和方向，其中最常用的图标为箭头。例如，对海流矢量场数据进行可视化处理时，可以用箭头大小表示海流速度大小，箭头的方向表示海流的流向。但点图标方法也存在一定的不足：若数据量过于密集，则会造成图标的重叠，影响数据的显示；若数据量过于稀疏，则会影响海流矢量场数据展示的连续性等。

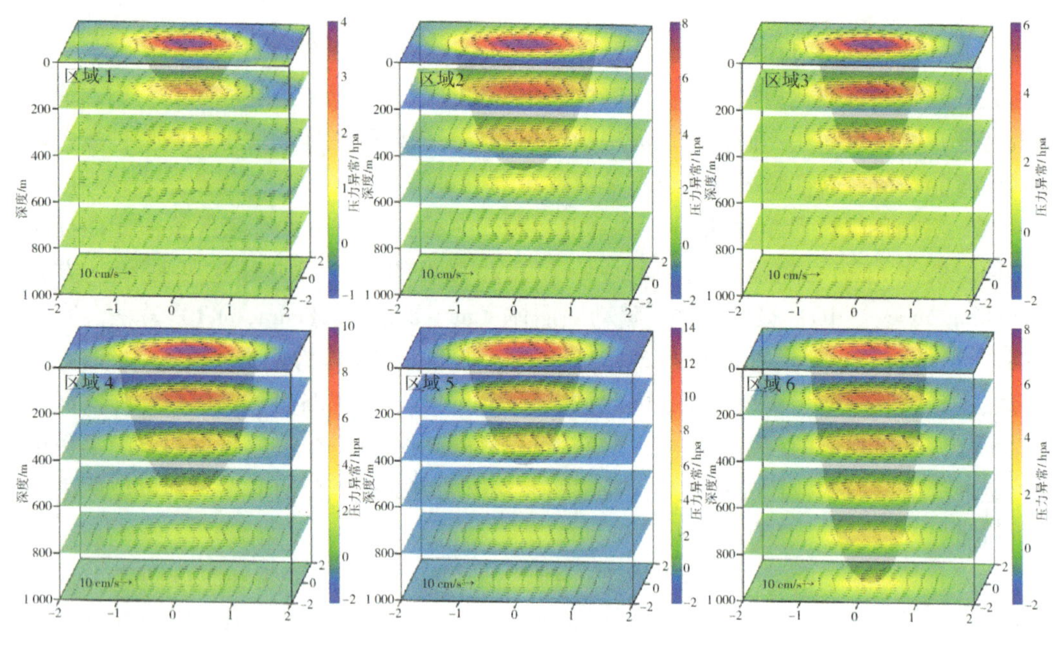

图 4.4　涡旋三维结构示意［改自 Wang 等（2021）］

（2）几何可视化主要采用的是流线（streamline）、时线（timeline）、脉线（steakline）、迹线（pathline）等几何形态表示矢量场数据。该方法更为直观且精确，其影响因素主要包含两个方面：①矢量线起点位置的选择问题；②矢量线的数量问题，数量太多或太少均会影响数据的特征分析。对于流线来说，其构造方式主要有两种，分别为基于数值积分和基于流函数的流线生成方法。前者需要通过每步积分的方式得到，计算成本较大，有多种积分方式；而后者虽不需要积分，但需要细化网格并且进行线条拟合，计算量较大。

（3）基于纹理的可视化是指采用形状和颜色两种方式结合来表示矢量数据特征，其兼具直接可视化与几何可视化的优点，常用的方法包括点噪声算法（spot noise）、线积分卷积（line integral convolution，LIC）、基于图像的流可视化方法（image based flow visualization）。不同于直接可视化，基于纹理的可视化方法可以将矢量场数据的全部特征进行显示，避免了种子点选取对数据特征分析结果的影响，再通过一定的滤波算法，可以将颜色有序地排列，从而展示出数据的方向属性。此外，也有学者采用动画效果突出数据场的特征变化。

随着互联网的飞速发展及普及，结合多媒体、网络及镜像的三维可视化技术让数据更具有现实直观的展示效果，一些气象数据网站可为用户提供实时的全球化气象数据，除提供风、温度、气压等气象参数外，还可进行空气质量、灾害等的预警预报。

不同海洋三维数据可视化展示系统的目标不同，但其都具有相同的结构，包括数据层、基础设施层、平台层、功能应用层和展示层。数据层的功能是为系统持续提供所需的数据，包括对数据进行获取、存储管理等。基础设施层的主要功能是为平台提供所需的计算与存储资源，并对系统进行有效的管理和监督，主要由支持计算机信息系统运行的硬件、系统软件和网络组成。平台层的功能是为系统提供技术支持，其位于基础设施层与应用层之间，利用基础设施层所提供的计算资源，面向上层应用提供技术支持与服务。功能应用层作为三维可视化系统的核心架构，可实现平台系统的功能展示。面向用户的展示层为用户提供可交互的气象数据三维展示界面。平台系统对于海洋的研究具有推动作用，有效提升海洋数据的应用服务效能。

下面以风为例，介绍海洋要素矢量场制图中常用的玫瑰图。风玫瑰图多用于统计某时段内某地区风向、风速发生的频率与分布，可为气象分析与预报服务。风玫瑰图可直观展示多个空间方位上风的分布特征及演化规律，是风能评估、海岸海洋结构物稳定性与安全性分析、海洋水文气象预测预报等的基础。基于此，掌握玫瑰图的绘制原理、步骤和分析思路是风要素分析的重要内容。

1. 玫瑰图概述

将某地区或站点一定时间内各种风向、风速资料绘制在方位图上的图形，称为风玫瑰图。风玫瑰图包括风向玫瑰图、最大或平均风速玫瑰图。风向玫瑰图（又称为风向频率图）中的风向是指风吹来的方向。在一定时间内（月、季、年、多年等）各种风向（包括静风）出现的次数占所有观测总次数的百分比称为风向频率。风向玫瑰图是将风向按照 8 个或 16 个方位划分，根据各方向上出现的频率以相应的比例长度绘制在图中，再将各相邻方向的点用直线连接起来，即成为一个闭合折线图。同样地，若用此统计方法表示各方向的最大或平均风速，则可绘制最大或平均风速玫瑰图，其中最大或平均风速用极坐标中的半径表示。

2. 玫瑰图的绘制

按照定义，风玫瑰图中包含风速、风向、风向频率三个要素的定量值。下面介绍风玫瑰图的计算与绘制步骤。

1）风向玫瑰图。

首先，将分析时段内的风向按照 16 个方向进行统计；然后，采用以下公式计算风向频率：

$$f_n = \frac{p_n}{C + \sum_{n=1}^{16} p_n} \tag{4.1}$$

式中，f_n 为第 n 个方向上风向的频率；p_n 表示在所统计时间段内第 n 个方向观测到的次数；C 为所统计时间段内观测到的静风次数。

根据各个方向上风向频率，以相应的比例长度按方位绘制在坐标纸上。将各相邻方向的端点用直线连接，绘成宛如玫瑰形的闭合折线，即为风向玫瑰图，如图 4.5 所示。

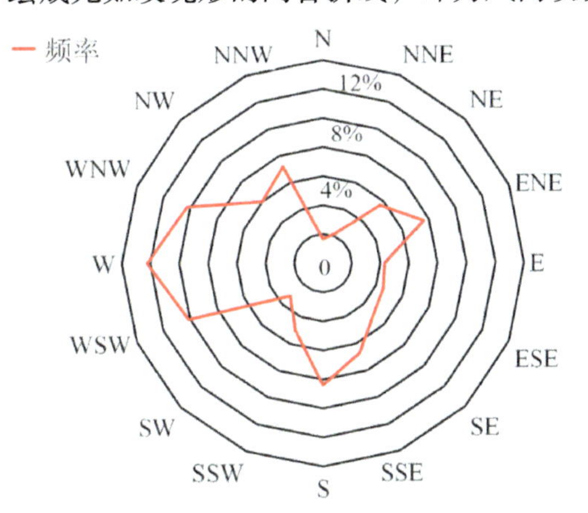

图 4.5　风向玫瑰图

2）风速玫瑰图。

对于风速玫瑰图，可参照风向玫瑰图绘制步骤，各个方向上的平均风速（除静风以外）按以下公式计算：

$$\overline{v_n} = \sum_{i=1}^{p_n} \frac{v_{ni}}{p_n} \tag{4.2}$$

$$\overline{v_c} = \sum_{i=1}^{C} \frac{v_{ci}}{C} \tag{4.3}$$

式中，$\overline{v_n}$表示第 n 个方向上的平均风速，$n=1$，…，16；v_{ni}表示在所统计时间段内，第 n 个方向上观测的第 i 次的静风风速；$\overline{v_c}$表示在所统计时间内静风平均风速；v_{ci}表示在所统计时间段内在第 n 个方向上观测的第 i 次的风速；C 为所统计时间段内观测到静风的次数。

根据各个方向的风速，以相应的比例长度绘制在坐标纸上。将各相邻方向的端点用直线连接，绘成宛如玫瑰的闭合折线，得到如图 4.6 所示的风速玫瑰图。

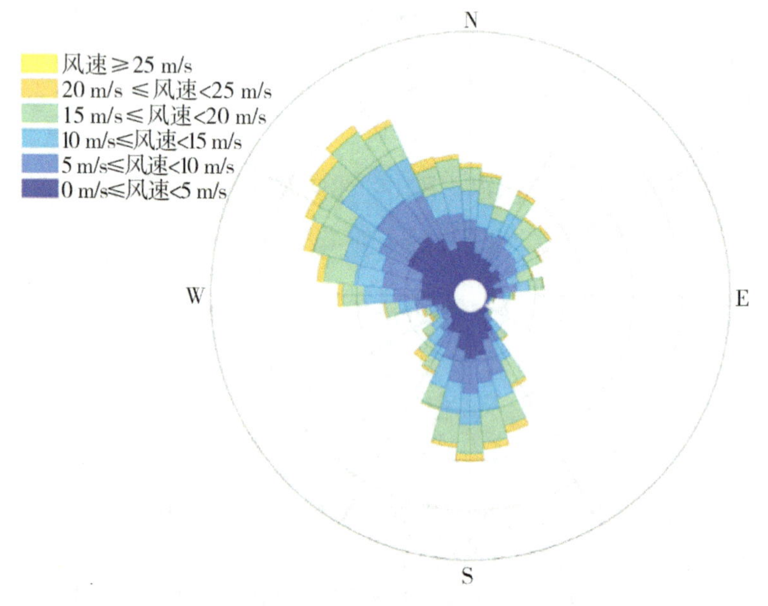

图 4.6　风速玫瑰图

3）玫瑰图绘制的步骤。

现有多种工具或程序可绘制风玫瑰图，下面以 Matlab 与 Excel 为例进行详细的步骤介绍。

（1）基于 Matlab 的玫瑰图绘制方法。Matlab 中自带有可用于玫瑰图绘制的相关函数，如 rose 函数，命令为 rose(thera，nbin)，其中，thera 为弧度制的风向，nbins 表示区间［0，2π］的划分数量，绘制出的图中玫瑰花瓣长度表示该区间内风的发生次数。但是，此函数只能绘制风向的频率分布，坐标系与常规表示不同。

（2）基于 Excel 的玫瑰图绘制方法。除了采用 Matlab 等绘图工具，也可利用 Excel 表格绘制玫瑰图，简单且方便。具体绘制步骤如下：

首先，将风速数据进行整理，按时间和方向编制成表格（表 4.1）。

表 4.1 风速数据

单位：m/s

季节	方向							
	N	NE	E	SE	S	SW	W	NW
春	3.41	2.00	3.97	4.41	3.48	2.30	2.90	2.75
夏	2.89	2.61	4.23	4.35	4.01	2.43	3.21	3.50
秋	2.36	3.43	4.60	3.56	3.84	2.38	2.76	4.52
冬	3.65	2.67	6.34	4.33	2.90	1.58	2.06	—

然后，全选表格中的数据，点击"插入"→"图表"→"雷达图"，在 Excel 中自动生成风玫瑰图，如图 4.7 所示。

最后，根据实际任务需要对风玫瑰图进行修改，若只需显示其中一个时段或者某个方位的风玫瑰图，可以选择生成的图，右侧点击图表筛选器，根据需要点击选框并应用即可，如图 4.8 所示。

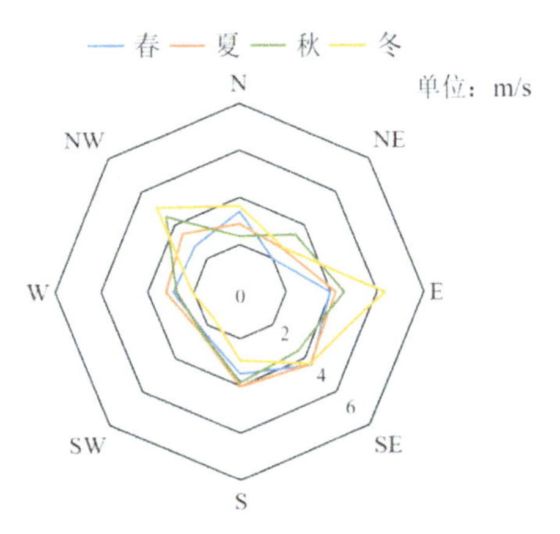

图 4.7 风玫瑰图（在 Excel 中绘制）

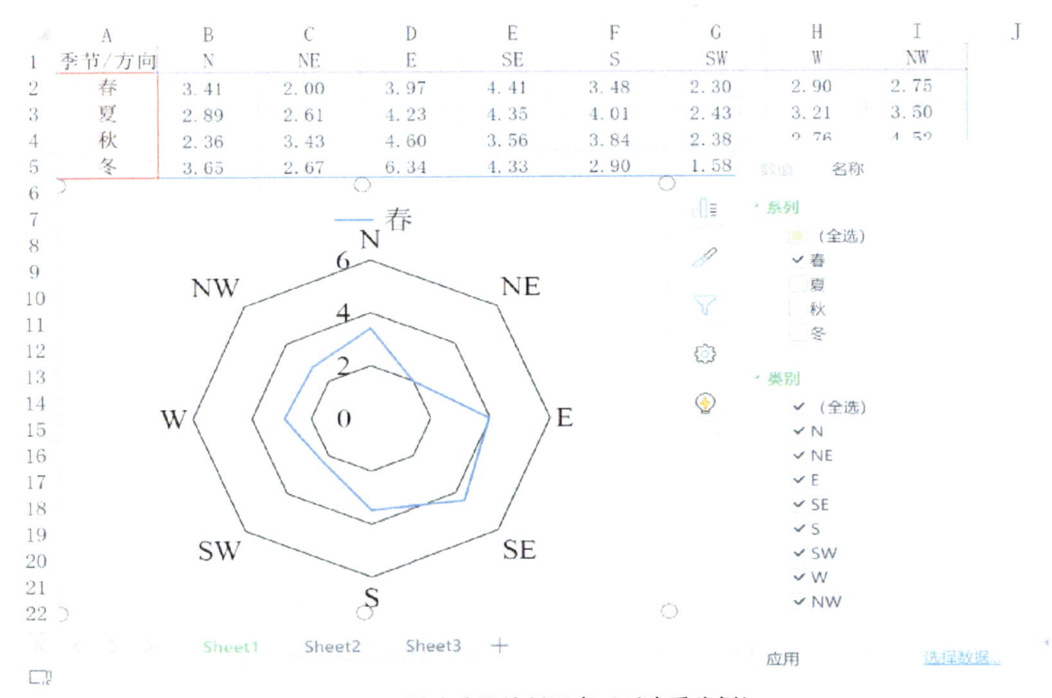

图 4.8 风玫瑰图绘制示意（以春季为例）

3. **玫瑰图的应用**

风玫瑰图在海洋水文气象分析和海岸海洋工程规划、设计、施工与运维等阶段被广泛地应用，在此重点总结其在风场时空特征分析、风能资源及海岸海洋工程建筑的安全评估等方面的应用。

（1）风场时空特征分析。风玫瑰图在海洋水文气象研究中有很重要的作用，其能直观地展示研究区域的强风向与常风向，以及多方位的风速大小，并且可进行多时间尺度（日、周、月、季节、季度、年）和多站位对比分析，进而结合地形和其他影响要素进行影响机制的探讨。例如，可基于研究区域的气候因素进一步绘制出各月份风能玫瑰图，以帮助短期预测近海区域的风能；也可基于城市所在陆域区风玫瑰图所反映的风速和风向信息，探究该城市区域大气臭氧污染的影响因素。

（2）风能资源评估。在风能资源评估中，尽管风向在较长时间内是不定常的，但考虑长时间尺度内盛行风向有助于预测未来时段的风向。例如，风电场的选址及风电机组的布局，可根据当地盛行风向进行判断，同时电机组排列方式又决定各台机组的工作分配。基于此，如图 4.7 所示的玫瑰图，主风向为 NW（西北），因此，在对风电机进行布局时，需着重考虑在该方位上进行布设。此外，还可将风速和风向相结合绘制风能玫瑰图，每个方向的长度代表风向频率和相对应的平均风速立方值乘积，用以指示具有风能优势的风向，可方便工程师或研究人员参考。基于此，风能评估中也常采用数值模拟的方法，例如，利用 WAsP、WindPro 及 Meteodyn WT 等风资源评估软件，输入区域气象站或测风塔的风速、风向、地形等历史资料，可得到该区域的风向玫瑰图及风速频率分布曲线，并计算出区域的理论发电量。

（3）海岸海洋工程建筑的稳定性与安全性评估。由极端风速引起的灾害在自然灾害中所占的比例不容小觑，而此类灾害所造成的损失与破坏主要是工程建筑物的损坏与倒塌。强风作用是其中重要的致灾因子之一，如龙卷风、台风、热带低压等，抗风设计是海岸海洋工程设计中的重要内容，其主要涉及风载荷。风载荷是指当空气的流动受到建筑物的阻碍时在建筑物表面形成的压力或吸力。这些压力或吸力即为建筑物所受的风荷载，其作用幅度虽不大，但是频度比其他荷载（如地震）高，特别是在如今建筑物向体型高大且轻柔的方向发展，风荷载是海岸海洋工程建筑物设计中不可忽视的控制荷载。基于风荷载的重要性，各国都详细地规定了风载荷的计算方法及取值要求，以我国为例，据《建筑结构荷载规范》（GB 50009—2012）的规定，垂直于结构表面的设计风荷载标准如下：

$$w_k = \beta_z \mu_s \mu_z w_0 \tag{4.4}$$

式中，w_k 为风荷载标准值（单位为 kN/m^2）；β_z 为高度 z 处的风振系数；μ_s 为风载荷的体型系数；μ_z 为风压高度变化系数；w_0 为基本风压，取值应采用 50 年重现期的风压，但不得小于 $0.3\ kN/m^2$，对于高层建筑、高耸结构及对风荷载比较敏感的其他结构，基本风压的取值应适当提高，并应符合有关结构设计规范。

基于此，风载荷的计算与风速风向关系密切，特别是主导风向，其对建筑物的影响最为显著，通过风玫瑰图可直观展示。但由于理论上风玫瑰图与工程建筑的实际方向存在差异，除某些特殊参数计算时需考虑风向外，其他情况下一般假定最大风出现在各个方位上的概率相等。

4.3　时空特征分析

海洋水文要素同时具有时间和空间维度的属性特征。在多数情况下，研究对象的空间属性会随着时间变化而变化；当研究对象的空间位置变化时，相应的信息属性也会发生改变。时空数据具有多尺度、多维度、多类型、动态性等特点，因此，如何有效地分析时空数据及得到其特征与规律是海洋水文气象分析的重要内容。

4.3.1　时空结构与特征分离

水温数据通常由多个观测数据站点构成，其给数据分析工作带来挑战。为此，常将原变量场分解成多个不同正交函数的线性组合，对每一个典型变量场进行分析，简化其分析过程。下面，将介绍水文要素时空结构分离中常用的三种方法：经验正交函数（empirical orthogonal function，EOF）方法、旋转经验正交函数方法（rotated empirical orthogonal function，REOF）和扩展经验正交函数（extension empirical orthogonal function，EEOF）方法。

4.3.1.1　经验正交函数方法

经验正交函数方法是一种常见的数据降维方法，可用于分析数据矩阵结构和提取主要信息特征量。该方法于20世纪50年代被引入气象学研究中，是常用于处理大量时空数据的多元分析方法，在大气与海洋学等领域得到了广泛的应用。

经验正交函数方法又称为特征向量分析（eigenvector analysis）法。EOF能将随时间变化的数据变量场分解为两部分，包括不随时间变化的空间函数部分与只依赖时间变化的时间函数部分，其中，空间函数部分表征变量场的空间分布特性，时间函数部分表征变量场随时间变化的趋势特性。时间函数部分为主要分量，前几个代表性模态通常占所有变量总解释方差的绝大部分。换而言之，EOF方法是将多变量的复杂信息最大限度地集中到少数独立主分量上。该方法具有以下优点：

（1）无须人为事先设定函数分解形式，由研究函数自身确定。

（2）不受站点地理位置、分布特征的影响，适用于各种尺度的有限区域。

（3）数据处理速度快，可有效地将信息浓缩到主分量上。

（4）分解出的空间函数部分具有一定的物理意义。

下面以海流流场数据为例，介绍EOF方法的主要原理

首先，将海流流速场变成 $i \times j$ 的矩阵形式，其中 j 为时间格点数，即实测数据时间长度，i 为空间格点数，即观测点数：

$$\boldsymbol{X}=\begin{pmatrix} x_{11} & x_{12} & \cdots & x_{1j} \\ x_{21} & x_{22} & \cdots & x_{2j} \\ \vdots & \vdots & \vdots & \vdots \\ x_{i1} & x_{i2} & \cdots & x_{ij} \end{pmatrix} \tag{4.5}$$

EOF 展开可以分解为空间函数和时间函数两部分的乘积之和，即

$$x_{mn}=\sum_{k=1}^{i} v_{mk}z_{kn}=v_{m1}z_{1n}+v_{m2}z_{2n}+\cdots+v_{mi}z_{in} \tag{4.6}$$

式中，$m=1, 2, \cdots, i$，$n=1, 2, \cdots, j$，x_{mn}表示场中第 m 个网格上的第 n 个观测值，矩阵形式为

$$\boldsymbol{X}=\boldsymbol{VZ} \tag{4.7}$$

式中，$\boldsymbol{V}$ 和 $\boldsymbol{Z}$ 分别为

$$\boldsymbol{V}=\begin{pmatrix} v_{11} & v_{12} & \cdots & v_{1i} \\ v_{21} & v_{22} & \cdots & v_{2i} \\ \vdots & \vdots & \vdots & \vdots \\ v_{i1} & v_{i2} & \cdots & v_{ii} \end{pmatrix} \tag{4.8}$$

$$\boldsymbol{Z}=\begin{pmatrix} z_{11} & z_{12} & \cdots & z_{1j} \\ z_{21} & z_{22} & \cdots & z_{2j} \\ \vdots & \vdots & \vdots & \vdots \\ z_{i1} & z_{i2} & \cdots & z_{ij} \end{pmatrix} \tag{4.9}$$

第 m 个典型空间场为 $\boldsymbol{v}_m=(v_{m1}, v_{m2}, \cdots, v_{mi})^{\mathrm{T}}$，其仅为空间的函数，而 $\boldsymbol{Z}$ 为关于时间的函数，由 $\boldsymbol{V}$ 和 $\boldsymbol{X}$ 唯一确定。

EOF 方法求得的模态都是相互独立的，将各个模态的方差贡献率排序，方差贡献率越大，表明该模态代表性越显著，通常选用累积方差贡献率 90% 以上的代表性模态用于表征海流场的时空演变特征。空间模态与时间系数是一一对应的，空间模态反映分析场的空间分布情况，而时间系数反映对应模态在时间上的强弱变化，进而表征该模态的周期性变化规律。通常利用代表性空间模态与相应时间系数的线性组合对原始流场进行分析。具体而言，对应用 EOF 方法得到的空间模态和时间系数进行分析时可依据以下条件：

（1）反映变量典型分布特征的模态需满足两个条件，即特征值贡献率和累计方差贡献率的值较大，以及特征值的误差上下限需通过显著性检验。

（2）各空间模态的特征向量反映了研究区域变量场的分布特征，贡献率较大的模态反映了研究区域的主要空间分布特征。数值绝对值最大的区域为正值（负值）中心，该中心为变化率最大区域。此外，若区域内特征值符号一致，则表明分析期间区域研究变量的变化趋势一致；反之，若区域内特征值的符号呈现正负相间分布形式，则表明该区域存在多种分布形式。

（3）特征向量的时间系数可以标注对应空间模态的时间变化特征，同理，正值表示其变化与空间模态变化方向相同，负值则相反，且时间系数绝对值越大，代表该时刻模态的分布越典型。

4.3.1.2 旋转经验正交函数方法

尽管 EOF 方法可从变量场中分离出主成分，但其仍然具有一定的局限性，尤其是难以精确地描述不同地理区域的特征。例如，对于区域的不同分割方法及子区域大小的不同，都会造成特征向量分布形态存在差异，致使难以对分析结果进行合理的物理解释。为解决该问题，研究人员提出了旋转经验正交函数方法。

REOF 方法是基于 EOF 方法的原理，取累计贡献方差符合要求的前 n 个主成分作为特征向量，再进行处理分析。其具体原理如下：所选取的主成分通过各因子轴旋转到某个位置，尽管前 n 个主成分的累计解释方差不变，但是可使每个典型的空间形态更能反映出变量场的局部变化特征。在这种新的旋转因子矩阵中，少数变量具有高荷载，其余值接近 0 的新算法中，空间结构特征更加简单明了。REOF 中旋转特征向量个数的确定方法如下：

（1）根据 EOF 的累计方差贡献率值确定，可将累计贡献率 85% 作为标准，确定特征向量个数。

（2）基于 EOF 所得的特征值，按大小顺序排列，针对最后一个具有典型转折点之前的主成分进行旋转变化。

（3）采用 North 等提出的特征值范围来确定主成分的个数。

4.3.1.3 扩展经验正交函数方法

EEOF 是 EOF 的拓展形式。传统 EOF 方法得到的模态是在固定时间上不同空间区域的变量分布，而针对移动时间上不同空间区域结构，EEOF 方法可以解决此类问题。EEOF 方法的基本原理与 EOF 方法类似，区别在于 EEOF 方法分析的数据矩阵中包含连续时间观测值，这在一定程度上增加了计算成本。

EEOF 方法的具体算法如下：

假设存在一个有 m 个空间点，n 个时间点的变量场，t，$t+1$，$t+2$ 三个时刻的数据矩阵为

$$\boldsymbol{X}=\begin{bmatrix} x_{11} & x_{12} & \cdots & x_{1(n-2j)} \\ \vdots & \vdots & & \vdots \\ x_{1(j+1)} & x_{1(j+2)} & \cdots & x_{1(n-j)} \\ \vdots & \vdots & & \vdots \\ x_{m(j+1)} & x_{m(j+2)} & \cdots & x_{m(n-j)} \\ x_{1(2j+1)} & x_{1(2j+2)} & \cdots & x_{1n} \\ \vdots & \vdots & & \vdots \\ x_{m(2j+1)} & x_{m(2j+2)} & \cdots & x_{mn} \end{bmatrix} \tag{4.10}$$

数据矩阵中，第 1 行到第 m 行为 t 时刻的观测资料，第 $m+1$ 行到第 $2m$ 行为 $t+1$ 时刻的观测资料，第 $2m+1$ 行到第 $3m$ 行为 $t+2$ 时刻的观测资料，其中，j 为滞后时间长度，根据实际分析问题或任务而定。

$$\boldsymbol{A}=\boldsymbol{X}\cdot\boldsymbol{X}^{\mathrm{T}} \tag{4.11}$$

式中，$\boldsymbol{A}$ 包含 t，$t+1$，$t+2$ 时刻元素值相乘的和，包含 $3m$ 个特征值 λ_1，λ_2，λ_3，…，λ_{3m}，$3m$ 个特征向量 $\boldsymbol{v}_1$，$\boldsymbol{v}_2$，$\boldsymbol{v}_3$，…，$\boldsymbol{v}_{3m}$。每一个特征向量都是 $3m$ 维列向量，由此可得

$$\boldsymbol{V}=(\boldsymbol{v}_1,\ \boldsymbol{v}_2,\ \cdots,\ \boldsymbol{v}_{3m}) \tag{4.12}$$

式中，$\boldsymbol{v}_1$ 到 $\boldsymbol{v}_m$ 对应 t 时刻，$\boldsymbol{v}_{m+1}$ 到 $\boldsymbol{v}_{2m}$ 对应 $t+1$ 时刻，$\boldsymbol{v}_{2m+1}$ 到 $\boldsymbol{v}_{3m}$ 对应 $t+2$ 时刻。

$$\boldsymbol{T}=\boldsymbol{V}^{\mathrm{T}}\boldsymbol{X} \tag{4.13}$$

分解为

$$\boldsymbol{X}=\boldsymbol{V}\cdot\boldsymbol{Z} \tag{4.14}$$

式中，$\boldsymbol{V}$ 为 $\boldsymbol{X}$ 分解的空间函数；$\boldsymbol{Z}$ 为 $\boldsymbol{X}$ 分解的时间函数。

4.3.2 谱分析

谱分析是将时间序列用正弦和余弦函数形式进行组合来表示其变化的周期性和规律性。从周期图、方差分析再到谱分析，对于时间序列振荡周期的处理方法发展迅速，但前两者存在较大的局限性，如周期图无法处理周期的位相突变及振幅变化，且谱分辨率也相对比较低；方差分析对于基于原序列寻找一个隐含的周期效果好，但对于其他周期效果不佳。因此，谱分析方法被广泛地应用在各个领域，并且该方法的种类也在不断拓展。在海洋水文气象领域，自 20 世纪 70 年代初，国外就已经广泛将矢量谱分析方法应用于海流和内波分析中，而国内对于海流谱的应用研究实际是从 20 世纪 80 年代开始的。例如，Fu（1981）通过研究深海动能谱中惯性峰的结构，发现内波中的近惯性能量，为海洋现象机制的探索提供了新的思路与方法。本小节将以海流矢量序列为例，介绍以傅里叶变换为基础的功率谱、旋转谱和交叉谱。

4.3.2.1 功率谱

功率谱分析是广泛应用于海洋学与气象学中的周期特征分析方法，其通过傅里叶变换，将时间信号总能量分解到不同的频率上，将时域信号转化为频域信号，得到横坐标为频率，纵坐标为功率的功率谱，进而提取信号在不同频率上的强弱关系。频率与周期具有相关性，通过功率谱分析可反映出数据信号中隐藏的周期信号。

设海洋水文要素时间序列为 x_1，x_2，x_3，…，x_n，将其进行傅里叶展开，可得

$$x_t = a_0 + \sum_{k=1}^{\infty}(a_k\cos\omega kt + b_k\sin\omega k_t) \tag{4.15}$$

式中，a_0，a_k，b_k 为傅里叶级数，计算方法如下：

$$\begin{cases} a_0 = \dfrac{1}{n}\sum\limits_{i=1}^{n} x_i \\ a_k = \dfrac{2}{n}\sum\limits_{i=1}^{n} x_i\cos\dfrac{2\pi k}{n}(t-1) \\ b_k = \dfrac{2}{n}\sum\limits_{i=1}^{n} x_i\sin\dfrac{2\pi k}{n}(t-1) \end{cases} \tag{4.16}$$

式中，k 为波数，$k=1, 2, \cdots, \left[\frac{2}{n}\right]$，[ ] 表示取整。

不同波数 k 对应的功率谱值为

$$\hat{S}_k^2 = \frac{1}{2}(a_k^2 + b_k^2) \tag{4.17}$$

设最大滞后时间长度为 m，则第 j 个时间间隔上的相关系数 $r(j)$ 为

$$r(j) = \frac{1}{n-j}\sum_{i=1}^{n-j}\frac{x_i - \bar{x}}{s}\cdot\frac{x_{i+j} - \bar{x}}{s} \tag{4.18}$$

式中，$\bar{x}$为时间系数的平均值；s 为时间系数的标准差；不同波数 k 的粗谱估计值如下：

$$\hat{S}_k = \frac{1}{m}\left[r(0) + 2\sum_{j=1}^{m-1} r(j)\cos\frac{knj}{m} + r(m)\cos k\pi\right], k = 0, 1, \cdots, m \tag{4.19}$$

4.3.2.2 旋转谱

旋转谱是一种能有效反映不同周期信号谱能密度的分析方法，可用于度量海洋中各分潮的重要程度。以海流为例，传统方法将海流矢量分为纬向分量 u 和经向分量 v，分别计算两个分量的功率谱。虽然实际海流的运动方向由这两个分量决定，但受到科氏力作用的影响，海流运动具有旋转特性。传统方法通常分别分析海流在纬向分量或经向分量上的功率谱，未将海流运动看作一个整体，难以准确描述海流运动的旋转特征，具有一定的局限性，因此，旋转谱方法被广泛地应用于海流能量谱的研究中。

旋转谱以复数形式描述海流矢量，具体如下：

$$W(t) = u(t) + \mathrm{i}\cdot v(t) \tag{4.20}$$

逆时针谱表示为

$$S_+(f) = S_{uu}(f) + S_{vv}(f) + 2\mathrm{Im}(S_{uv}(f)) \tag{4.21}$$

顺时针谱表示为

$$S_-(f) = S_{uu}(f) + S_{vv}(f) - 2\mathrm{Im}(S_{uv}(f)) \tag{4.22}$$

总谱能 S 表示为

$$S = S_-(f) + S_+(f) \tag{4.23}$$

式中，$W(t)$ 表示海流矢量在时间序列上运动的功率谱；f 为频率；$u(t)$ 表示纬向海流矢量的运动过程；$v(t)$ 表示经向海流矢量的运动过程；$S_{uu}(f)$ 和 $S_{vv}(f)$ 分别表示 $u(t)$ 和$v(t)$的自功率谱；$S_{uv}(f)$ 表示 $u(t)$ 或 $v(t)$ 的交叉谱；Im(·) 为交叉谱的虚部；$S_+(f)$ 与 $S_-(f)$ 分别表示逆时针谱和顺时针谱的能量密度。

图 4.9 为某海域海流旋转谱谱能分析图，由图 4.9(a) 可知，逆时针密度谱在总能量密度谱中占主导地位，并且逆时针密度谱的频率分布相较顺时针谱更加集中。结合图 4.9(b) 可得 M_2分潮潮流的谱能对总能量谱谱能的贡献最大，表示研究区域海流运动主要受 M_2半日分潮影响。全日潮以 K_1分潮为主，全日分潮中，K_1对应的能谱较其他全日分潮谱能更强。

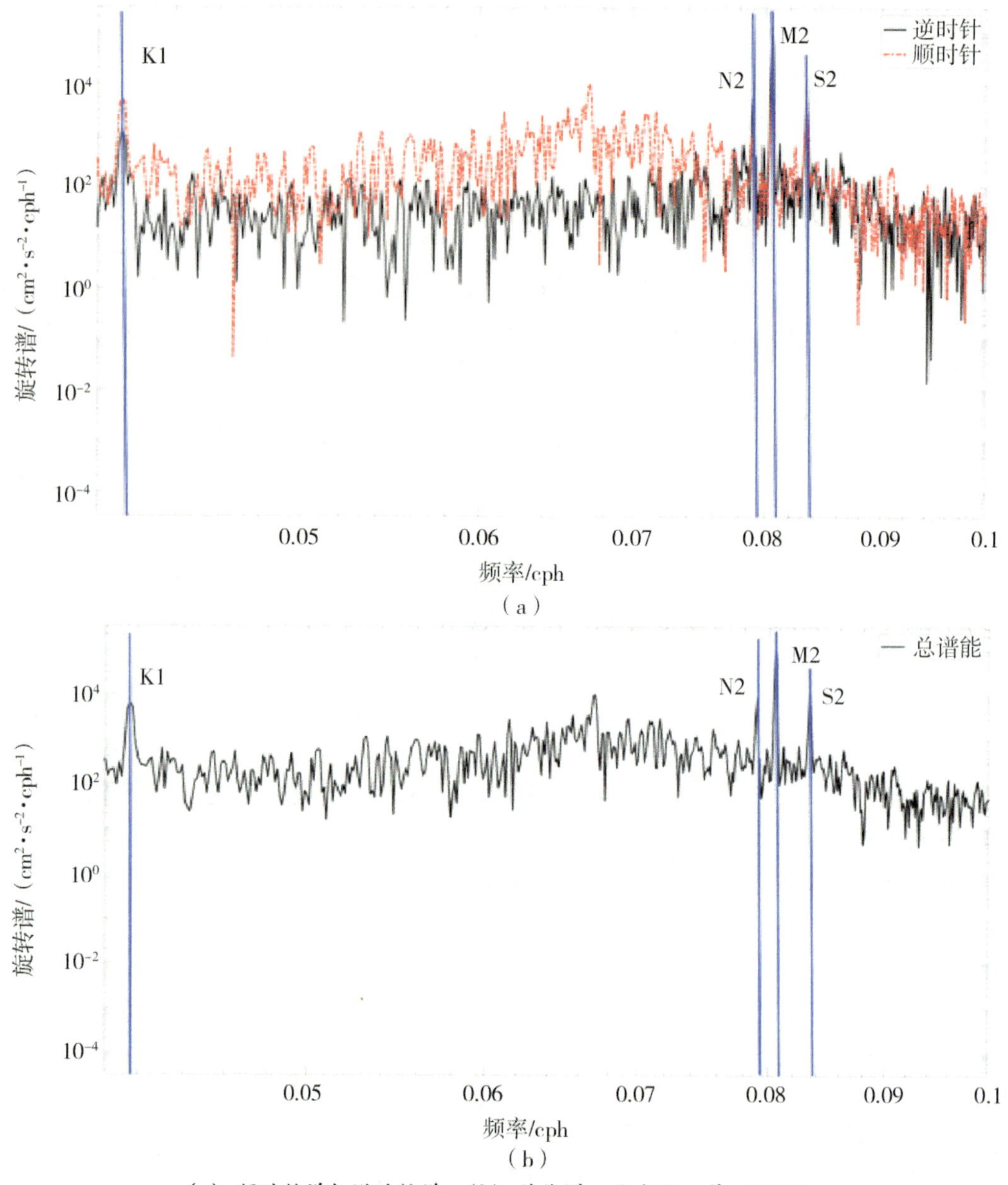

（a）顺时针谱与逆时针谱；（b）总能谱，改自 Ren 等（2023）。

图 4.9 海流旋转谱分析示例

4.3.2.3 交叉谱

在实际海洋水文要素分析中，不仅需要研究单个时间序列的频域特性，还需要分析不同序列之间的差别与联系，交叉谱是常用于多序列的谱分析方法。在物理海洋、海洋气象、海岸海洋工程等领域，交叉谱常被用于海浪谱的反演，以判断海浪的传播方向。

基于合成孔径雷达（synthetic aperture radar，SAR）观测是目前全球范围内持续获取海浪谱的重要途径。在此，主要介绍有关海浪 SAR 图像中的交叉谱应用。交叉谱的主要原理是先计算 SAR 多视图像间的交叉谱，再利用海浪谱与交叉谱之间的非线性变换，迭代计算得到海浪谱，最后利用交叉谱虚部谱去除海浪传播180°模糊问题。

交叉谱为复谱，包含实部和虚部，实部关于波数呈现对称分布特征，而虚部关于波数呈现反对称分布，其包含相位信息，可反映一段时间内海浪的传播方向。

海浪谱到SAR图像谱的闭合非线性积分变换由Hasselmann（1991）给出，Engen等（1995）将其推广到交叉谱的应用中。

4.3.3　熵分析

水系统作为一个复杂的巨型动态系统，其演化与发展受诸多因素的影响，具有强非线性和不确定性，因此，如何探究水文现象的不确定性是水文分析中需要解决的重要问题之一，而信息熵是一种有效的分析方法与手段。

4.3.3.1　熵的基本概念

熵的概念起源于1865年，由德国物理学家克劳修斯（R. E. Clausius）引入，用以定量阐明热力学第二定律，指“一个系统不受外部干扰时往内部最稳定状态发展的特性”。此后，熵的概念逐渐从热力学领域演化并得到进一步的发展，在自然和社会科学领域中得到了广泛的运用，先后出现玻尔兹曼（Boltzman）熵、Schrodinger（1944）提出的负熵及Shannon（1948）提出的信息熵等。不同学科对熵意义的阐释有所不同，例如，从物理的角度，熵指物质分子的混乱程度，程度越大代表熵值也越大；从信息论的角度，熵表示信息不确定的程度，熵越高代表信息的不确定性越大；从社会学角度，熵指代自然和社会的进化程度，社会的发展都是熵增加的过程，最终走向退化和衰亡。

熵是一种状态函数，其变化称为熵变。在热力学定理中，熵的变化是一个熵增不可逆的过程，即在孤立体系中发生的任何变化或化学反应，总是向着熵值增大的方向进行。既然有熵增反应，则存在对应的熵减反应。1967年普里高津（I. S. Prigogine）在理论物理学和生物学国际会议上提出“当外界条件或系统某个参变量变化到一定临界值时，通过涨落起伏发生突变，就可能从原来混沌无序状态变为一种时间、空间或功能有序的新状态”，这种非平衡状态下产生的新的有序结构称为耗散结构。这种新产生的有序结构所消耗的来自外界的能量为负熵流。正如爱因斯坦将熵定律誉为科学定理之最，熵概括了物质演化的特征。熵增加原理促进了对物质演化规律的了解，进而把发展进程引入其他学科领域。

4.3.3.2　熵的类型

熵作为度量信息不确定程度的指标，不确定程度越低，熵值越小。在实际的研究应用中，多采用熵的衍生类型，包括自信息、信息熵、条件熵、交叉熵、相对熵、互信息等，下面进行详细介绍。

1. 自信息

自信息表示某一事件发生时所带来信息量，表现为若某一事件发生的概率非常小，但是实际上却发生了（观察结果），则此时的自信息非常大；若某一事件发生的概率非常大，并且实际上也发生了，则此时的自信息较小。某事件信息量大小与概率的关系为

$$I(p_i) = -\log_b p_i \tag{4.24}$$

式中，p_i 表示随机变量的第 i 个事件发生的概率；b 的取值取决于自信息单位，如当自信息量单位为比特（bit）时，$b=2$。

由上述公式可知，自信息的计算和随机变量本身数值没有关系，只与其概率有关，同时可知上述定义满足自信息的3个条件：

（1）事件发生的概率越大，自信息越小。

（2）自信息不能是负值，最小是0。

（3）自信息应该满足可加性，即 $I\left(\frac{1}{p_1}\right)+I\left(\frac{1}{p_2}\right)=I\left(\frac{1}{p_1p_2}\right)$，并且两个独立事件的自信息同时发生的信息量应等于两个事件单独发生的信息量之和。

2. **信息熵**

信息熵（entropy of information）由 C. E. Shannon 于1948年提出。熵原是热力学上用来度量体系混乱程度的量，借用其概念，信息熵用来度量信息不确定性的量，指所有可能发生事件信息量的期望。自信息描述的是随机变量某个事件发生所带来的信息量，而信息熵通常用来描述整个随机分布所带来的信息量平均值，更具统计特性。信息熵的计算公式如下：

$$H(x) = -\sum_{i=1}^{n}p(x_i)\log_b p(x_i), i = 1,2,\cdots,n \tag{4.25}$$

多维随机变量的联合分布，其联合信息熵为

$$H(X,Y) = -\sum_{i=1}^{n}\sum_{j=1}^{m}p(x_i,y_i)\log_b p(x_i,y_i) \tag{4.26}$$

式中，x 表示随机变量；$p(x_i)$ 表示输出概率函数；b 的取值取决于自信息单位。

根据信息熵的定义和公式，可得以下规律：

（1）信息量的不确定性越大，信息熵就越大；信息量的不确定性越小，信息熵就越小。因此，要得到一个确定的指向，所需要的信息量也就越大。

（2）一个系统越是有序，信息熵就越低；反之，一个系统越是混乱，信息熵就越高。因此，也可将信息熵作为系统有序化程度的一种度量指标。

3. **条件熵**

条件熵（conditional entropy）表示在已知随机条件 X 时随机变量 Y 的不确定性。基于 X 条件下 Y 的信息熵，用 $H(Y|X)$ 表示：

$$H(Y|X) = \sum_{i=1}^{n}p(x)H(Y|X=x) - \sum_{i=1}^{n}\sum_{j=1}^{m}p(x,y)\log_b p(y|x) \tag{4.27}$$

式中，(X,Y) 为随机变量，$x\in X$，$y\in Y$；$H(Y|X)$ 为 Y 在 X 条件下的信息熵；$p(x)$ 为 x 的概率密度函数；$p(x,y)$ 为 x，y 的联合概率密度函数；b 的取值取决于自信息单位。

在信息论中，依照贝叶斯法则 $p(x,y)=p(x)p(y|x)$，可得到条件熵的链式法则，即

$$H(Y|X) = H(X,Y) - H(X) \tag{4.28}$$

4. **交叉熵**

在信息论中，基于相同事件测度的两个概率分布 p 和 q 的交叉熵（cross-entropy）是指，当基于一个“非自然”（相对于“真实”分布而言）的概率分布 q 进行编码时，

在事件集合中唯一标识一个事件所需要的平均比特数。交叉熵概念由 Rubinstein 于 1997 年提出，用于表征预测结果与真实结果的差异。

假定 p 为真实分布，q 为非真实分布，则对于真实分布 p，该事件的编码长度期望为

$$H(p) = -\sum_{i=1}^{n} p(x_i)\log_2 p(x_i) \tag{4.29}$$

而若采用非真实分布 q 表示真实分布 p，则交叉熵 $H(p,\ q)$ 的表达式为

$$H(p,q) = -\sum_{i=1}^{n} p(x_i)\log_2 q(x_i) \tag{4.30}$$

同理，对于连续分布，若假设 p 和 q 在测度 γ 上是绝对连续的，设 P 和 Q 分别为 p 和 q 在测度 γ 上的概率密度函数，则

$$H(p,q) = E_p(-\log Q) = -\int_x p(x)\log Q(x)\,\mathrm{d}r(x) \tag{4.31}$$

在大多数情况下，需在分布未知的情况下计算交叉熵。但由于真实分布 p 是未知的，难以直接计算交叉熵，只能对交叉熵进行估算。假设基于训练集建立了一个语言模型，则交叉熵估计值为

$$H(Y,q) = -\sum_{i=1}^{N} \frac{1}{N}\log_2 q(x_i) \tag{4.32}$$

式中，N 是测试集大小；$q(x)$ 是在训练集上估计的事件发生的概率。假设训练集 Y 是从 $p(x)$ 的真实采样，则此方法获得的是真实交叉熵的蒙特卡洛估计。

在逻辑回归的 Sigmoid 和 Softmax 函数中，交叉熵被广泛用作损失函数。交叉熵值越小，模型的拟合度越好。

5. 相对熵

相对熵（relative entropy）又称为 KL 散度（kullback-leibler divergence，KLD）、信息散度（information divergence）或信息增益（information gain）。假定概率分布 P 为数据的真实分布，概率分布 Q 为数据的理论分布、模型分布等非真实分布情形，相对熵是表示两个概率分布之差的非对称性度量，用来度量基于 Q 的编码来编码样本所需的额外增加的位元数。

对于离散随机变，有

$$D_{\mathrm{KL}}(p \parallel q) = -\sum p(x)\log_2 \frac{q(x)}{p(x)} \tag{4.33}$$

对于连续随机变量，其概率分布 P 和 Q 可按积分方式定义为

$$D_{\mathrm{KL}}(P \parallel Q) = \int_{-\infty}^{\infty} p(x)\log_2 \frac{p(x)}{q(x)}\mathrm{d}x \tag{4.34}$$

式中，$p(x)$ 和 $q(x)$ 分别表示分布 P 和 Q 的密度。

更一般的情形，若 P 和 Q 为集合 X 的概率测度，且 P 关于 Q 绝对连续，则从 P 到 Q 的 KL 散度定义为

$$D_{\mathrm{KL}}(P \parallel Q) = \int_X \log_2 \frac{\mathrm{d}P}{\mathrm{d}Q}\mathrm{d}P \tag{4.35}$$

式中，假定右侧的表达形式存在，则 $\frac{\mathrm{d}P}{\mathrm{d}Q}$ 为 Q 关于 P 的拉东－尼科迪姆导数。

相对熵有以下特征：

（1）相对熵的值为非负数，即

$$D_{KL}(P \parallel Q) \geqslant 0 \tag{4.36}$$

由吉布斯不等式可知，当且仅当 $P = Q$ 时，$D_{KL}(P \parallel Q)$ 为零。

（2）相对熵具有不对称性。尽管 KL 散度可视为度量或距离函数，但实际上，其并不是一个真正的度量或距离。因为 KL 散度不具有对称性，从分布 P 到 Q 的相对熵值通常并不等于从 Q 到 P 的值，即

$$D_{KL}(P \parallel Q) \neq D_{KL}(Q \parallel P) \tag{4.37}$$

相对熵和交叉熵的区别在于相差一个真实概率分布 P 的信息熵。在最优分布的情况下，$H(P)$ 的值趋近为 0，可忽略，此时交叉熵和相对熵的值近似相等。

在实际应用与研究中，交叉熵和相对熵在什么条件下适用呢？这取决于研究的目的：若是采用算法对样本数据进行概率分布建模，可考虑采用相对熵，因为需要明确生成和实际样本分布之间的差距；若是判别模型，则只需要评估损失函数的下降值，可采用计算量较小的交叉熵。

6. 互信息

在信息论中，衡量两个随机变量间的相互依赖性称为互信息（mutual information，MI）。假定 $p(x_i)$ 和 $p(y_k)$ 分别为变量 x_i 和 y_k 的边缘分布函数，$p(x_i, y_k)$ 是变量 x_i 和 y_i 的联合概率分布函数，则互信息 $I(x;y)$ 可表示为

$$I(x;y) = -\sum_{i=1}^{n}\sum_{k=1}^{m} p(x_i, y_k)\log \frac{p(x_i, y_k)}{p(x_i)p(y_k)} \tag{4.38}$$

式(4.38）是以概率的形式表示，若是以熵的形式表示，则为

$$I(X;Y) = H(X) + H(X \mid Y) = H(Y) + H(Y \mid X) \tag{4.39}$$

4.3.3.3 熵的应用

熵分析作为一种重要的系统科学理论，适用于地学、天文、化学、生物等各个领域。下面以信息熵为例，探讨熵分析在多学科领域中的应用与发展。在早期，研究人员主要利用信息理论解决部分学科领域（如生理学、心理学等）中的研究难题，在 20 世纪 60 年代，其应用逐渐推广到生物学和神经生物学，20 世纪 70 年代后此方法的理论得到了进一步的发展。

在地学领域，熵最重要的应用为地貌信息熵。地貌信息熵可用来量化地貌面受侵蚀的程度，从而判断地貌发育演化阶段的程度。艾南山（1987）基于 Strahler 曲线，建立了侵蚀流域信息熵。设某流域（在此必须限定是侵蚀流域）的 Strahler 曲线为 $f(x)$，则其地貌信息熵表达式为

$$H = S - 1 - \ln S = \int_0^1 f(x)\,dx - 1 - \ln \int_0^1 f(x)\,dx \tag{4.40}$$

式中，H 为地貌信息熵；S 为 Strahler 面积 - 高程积分值。

Strahler 曲线是流域坡面形状的一种描述方程，是流域发育阶段的形态表现形式。艾南山（1988）基于信息熵的表达式和函数，以及 Strahler 曲线和积分，将侵蚀流域演化阶段和信息熵分为三个阶段：幼年期，信息熵 $H < 0.111$；壮年期，信息熵 $0.111 \leqslant H$

≤0.400；老年期，信息熵 $H>0.400$。三个阶段表示在地貌演化的过程中遵循的是熵增原理。在幼年期向老年期发展的过程中，流域地貌起伏变小，系统的无序性增加，侵蚀能力变低，水系的发育逐渐趋于稳定。

近几十年地貌信息熵在国内的研究范围越来越广泛，如黄河、珠江流域等地有广泛应用。以珠江口为例，已有研究表明，基于对伶仃洋不同地貌单元信息熵发展趋势的分析，100多年以来人类活动对伶仃洋的影响使该系统更趋于无序发展，动态稳定的趋势减弱，人工采砂活动扰动了中滩结构，表现为信息熵从熵减到熵增的过程，对应为有序的冲刷效应。

针对重点关注的海洋水文分析与预测研究，熵的运用十分广泛，具体包括分析、预报和评估三个方面，从研究对象而言，具体包含对水文序列的分析、水文情况的预测、站网布设、水质和水资源及水文模型的评估等。针对水文序列而言，水文时间序列是指观测获取的水文特征值按时间顺序形成的序列，由确定性组分和随机组分构成。确定组分是基于一定的物理机制所形成，可用数学公式表示，包含周期和非周期性两类，分为趋势、跳跃、周期；而随机组分是指那些难以用物理机制解译，由不规则振荡和随机因素所产生的成分。受水文自然变化及人类活动等的影响，水文序列在时间和空间上均可能发生变异现象。而熵可从信息论的角度度量水文要素中的不确定性。水文分析中较多采用最大熵原理（principle of maximum entropy，POME）进行处理，即当满足一定条件时，选取可行解中熵最大的情况。例如，孔祥铭等（2016）利用最大熵原理方法，根据香溪河流域兴山水文站1969—2008年的径流量进行月变化特征分析，结果表明最大熵方法可以有效模拟区域的流量概率分布，该区域具有明显的丰枯季变化，且平均月径流量最高点存在变异现象。

基于熵分析的水文预报模型包含三类：第一类是最大熵原理与贝叶斯预报处理器相结合的贝叶斯熵模型；第二类是基于熵极小极大方法生成的模型；第三类是基于谱分析的熵模型。例如，Eilbert 和 Christensen（1983）对加州中部的水文状况进行了熵极值的分析预测，结果表明该模型有效，对验证集的准确度为67%。

随着社会经济的不断发展与日益增长的水资源需求，水资源短缺严重制约了社会的可持续发展，已成为社会关注的热点问题之一，对水资源进行质量评估和优化配置已经成为一种必然趋势。采用信息熵方法可以对影响水资源评价的各种因素进行评判估计，张先起和梁川（2005）指出水质评价中各指标存在不确定性和模糊性，利用信息熵可以反映指标重要性的特性，可有效地对指标权重进行分配。

4.3.4　水文要素异变检验

了解水文数据序列的异变规律对于水文分析、模拟和预测具有重要意义。在水文要素分析中，关于突变的研究大致分为两类：第一类是定性识别，该方法简单便捷，对序列是否发生突变进行定性识别判断；第二类是定量判别，对数据进行处理后再判别是否存在突变情况，如曼－肯德尔（Mann-Kendall，MK）检验方法、Pettitt 方法、滑动 t 检验法等。由于定量判别方法有完整的理论基础，以下重点介绍常用的三种定量突变检验方法。

4.3.4.1　MK 检验方法

MK 检验方法是由 Mann 于1945年提出并发展的方法，最初仅用于检测序列的变化趋势，后来不断得到发展和完善，形成了如今较为成熟的异变检验方法。其是一种使用广泛的非参数统计检验方法。该方法的优点是用于检测的样本序列不需遵从一定的分布，且对少数异常值的干扰不敏感，更适用于顺序变量。下面介绍其计算步骤。

对时间序列 x_1，x_2，…，x_n 构造一个如下秩序列：

$$S_k = \sum_{i=1}^{n} \sum_{j=i+1}^{n} \operatorname{sgn}(x_j - x_i) \tag{4.41}$$

式中，$i=1$，2，…，n，$j=i+1$；n 是数据集的长度。

$$\operatorname{sgn}(x_j - x_i) = \begin{cases} 1, & x_j > x_i \\ 0, & x_j = x_i \\ -1, & x_j < x_i \end{cases} \tag{4.42}$$

当样本长度大于 10 时，随机序列 S_i（$i=1$，2，…，n）近似服从正态分布，其方差为

$$\operatorname{Var}(S) = \frac{n(n-1)(2n+5)\sum_{c=1}^{m} t_c(t_c-1)(2t_c+5)}{18} \tag{4.43}$$

秩序列 S_k 的正负代表其具有增加或者减少的趋势。标准化 MK 检验统计量 UF_k 可由下式得到：

$$UF_k = \begin{cases} \dfrac{S-1}{\operatorname{Var}(S)}, & S>0 \\ 0, & S=0 \\ \dfrac{S+1}{\operatorname{Var}(S)}, & S<0 \end{cases} \tag{4.44}$$

UF_k 遵循标准的正态分布，其是按时间序列 x_1，x_2，…，x_n 计算出的统计量序列，针对特定的显著性水平 α，查正态分布表获得对应值，若 $|UF_k| > |U_\alpha|$，则表明序列存在明显的趋势变化。若其为正值，则表示上升趋势；若为负值，则表示下降趋势。

对于具有 n 个样本量的时间序列，构造一次序列：

$$S_k = \sum_{i=1}^{k} r_i, k = 2,3,\cdots,n \tag{4.45}$$

假定时间序列随机独立，则定义：

$$UF_k = \frac{S_k - E(S_k)}{\sqrt{\operatorname{Var}(S_k)}}, \ k=1, 2, \cdots, n \tag{4.46}$$

式中，$UF_1=0$；$E(S_k)$ 和 $\operatorname{Var}(S_k)$ 分别是 S_k 的均值和方差，计算公式为

$$E(S_k) = \frac{n(n+1)}{4} \tag{4.47}$$

$$\operatorname{Var}(S_k) = \frac{n(n-1)(2n+5)}{12} \tag{4.48}$$

基于给定显著性水平 α，若 $|UF| > |U_\alpha|$，表明序列存在明显的趋势变化，同样，若 $UF>0$，则序列呈现上升趋势，反之为下降趋势。按时间序列 x_n，x_{n-1}，…，x_1 逆序计算，重复上述过程，可分别绘制出 UF、UB 曲线（图 4.12），若两条曲线出现交点，交点则为突变点。

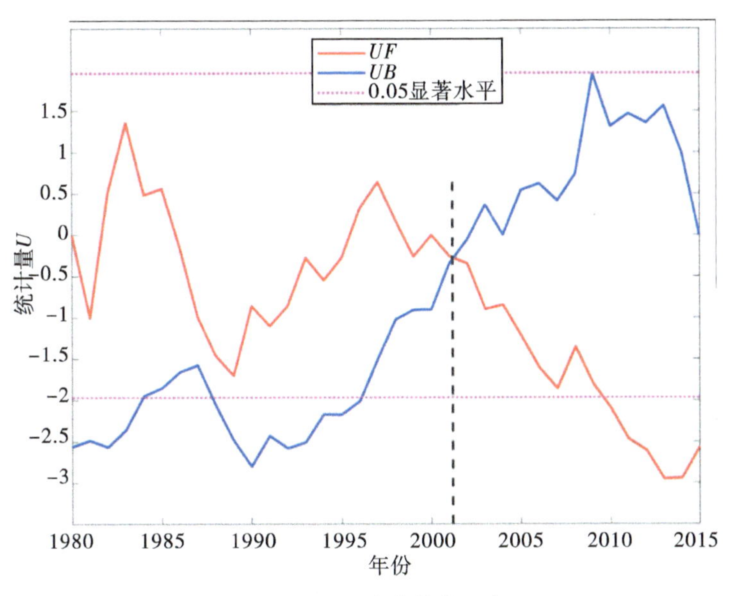

图4.12　MK突变趋势示意

4.3.4.2　Pettitt检验方法

Pettitt突变分析法最初由A. N. Pettitt提出，与MK方法同属于非参数检验方法，已有应用研究表明，该方法是探测水文气象时间序列数据突变最方便的统计方法之一。其基本原理是假设随机变量序列 x 在时间 t 有一个变化点，以 t 为分割点，将时间序列分为 $F_1(x)=(x_1, x_2, \cdots, x_t)$ 和 $F_2(x)=(x_{t+1}, x_{t+2}, \cdots, x_n)$ 两部分，并定义参数：

$$U_t = \sum_{i=1}^{t} \sum_{j=t+1}^{n} \operatorname{sgn}(x_i - x_j) \tag{4.49}$$

式中，

$$\operatorname{sgn}(x_i - x_j) = \begin{cases} 1, & x_i > x_j \\ 0, & x_i = x_j \\ -1, & x_i < x_j \end{cases} \tag{4.50}$$

取 $t=1, 2, \cdots, n$，突变点统计量 K_{t_0}，若 t_0 时刻 K_{t_0} 取得最大值，即

$$K_{t_0} = \max |U_t| \tag{4.51}$$

则判定点 t_0 是突变点。

$$P = 2\exp[-6K_{t_0}^2(n^2 + n^3)] \tag{4.52}$$

通常，当 $P \leqslant 0.5$ 时认为 t 时刻的突变点在统计意义上是显著的。

4.3.4.3　滑动 t 检验方法

以上两种突变检验方法均是非参数方法，其特点为无须假设数据符合某种分布规律。还有参数方法，在此重点介绍滑动 t 检验方法（moving t-test，MTT）。

滑动 t 检验方法的基本原理是将样本序列分割成两端子序列，通过比较两端序列的均值是否存在显著性差异来进行突变判定。对于样本量为 n 的数据序列 X，选择某一点

作为基准点，定义基准点前后的两段子序列分别为 X_1 和 X_2，样本量分别为 n_1 和 n_2，均值分别为$\overline{X_1}$和$\overline{X_2}$，方差为 s_1^2 和 s_2^2，则统计量 t 可以表示为

$$t = \frac{\overline{X_1} - \overline{X_2}}{s\sqrt{\frac{1}{X_1} + \frac{1}{X_2}}} \tag{4.53}$$

式中，

$$s = \sqrt{\frac{X_1 s_1^2 + X_2 s_2^2}{X_1 - X_2 - 2}} \tag{4.54}$$

式（4.53）符合自由度 $\gamma = n_1 + n_2 - 2$ 的 t 分布。

给定显性水平 α，从而得到临界值 t_α，若在给定的统计量下基准点存在 $|t| > t_\alpha$，则认为假设的两子序列均值存在显著差异，并且在基准点时刻出现了突变。

滑动 t 检验方法的局限性在于基准点前后子序列的长度是人为设定，缺少客观的准则约束，易造成突变点的漂移。因此，在实际应用中，可以通过不断改变子序列长度确定最佳长度进行对比，进而提高结果的准确性。

4.4 小结

海洋水文要素数据同时具有时间和空间特征，仅仅考虑给定时间的空间特征或者给定空间位置的时间特征是不全面、不完整的，通常须结合两者特征综合分析。时空数据分析方法的多样性为其提供了客观、完备的思路。此外，各类可视化方法的运用使原本海量复杂水文要素数据矩阵有序且利于分析，提高了数据分析与应用的效率。此外，随着数字孪生、增强现实等技术的发展及应用，可视化分析技术将得到不断的发展与改进，未来海洋水文要素的分析方法与可视化将更具多元化、新型化的特征。

思考题

（1）请简述海洋水文要素时空结构（模态）分析的常用方法及不同方法间的区别。

（2）请解释 MK 检验的基本原理，并举例说明在海洋水文要素分析中如何使用其进行突变检验。

（3）请简述 Pettitt 检验方法的具体步骤。

（4）请举例说明熵分析在海洋水文要素分析中有哪些应用。

（5）请简述熵分析中自信息的定义。

（6）海洋水文信息三维可视化是展现复杂海洋水文环境的有效手段，如何利用现代三维渲染技术和虚拟现实技术实现对海洋水文要素的立体、动态和沉浸式的呈现？请阐述其优势及发展前景。

第 5 章

机器学习算法

机器学习是目前国内外热门的前沿研究领域，其已被广泛地应用到海洋水文气象、生物信息学、土木工程、交通等领域。随着机器学习算法的不断发展，机器学习模型种类不断增加。按照机器学习算法特点，通常将机器学习分为监督式、非监督式与半监督式三类（表5.1），本章将对应用于海洋水文气象分析与预测的三类机器学习方法进行介绍。

表5.1　机器学习方法类型

类型	特点	任务	经典算法
监督式	训练数据有标签	分类、回归、序列标注	支持向量机、决策树、朴素贝叶斯等
非监督式	训练数据无标签，仅靠数据自身特征	聚类、降维	*K*均值聚类、自组织映射网络、主成分分析等
半监督式	同时使用有标签和无标签数据训练，能过对抗噪音复杂的环境	分类、回归、聚类、降维	流形学习、图神经网络等

5.1　监督式机器学习

监督式机器学习是机器学习方法中最基础的一类，监督式机器学习的过程可以看作对示例的学习，如同导师监督学生的过程，因此称为监督式。其利用合适的模型对一组特征或标签对应的示例进行学习，通过比较模型估计值和实际值来计算模型损失，逐渐减小与真值的误差，进而优化监督式机器学习模型，向目标函数逼近。最终得到的目标函数可对未经标记的数据进行分类或预测。本节主要介绍在海洋水文气象领域广泛应用的监督式机器学习算法，包括决策树、神经网络、随机森林、支持向量机、宽度学习与联邦学习等。

5.1.1　决策树

决策树的结构是类似多级二分叉的树状结构。决策树通常包含三个元素：根节点、内部节点和叶节点（图5.1）。内部节点表示在一个属性上的测试，而叶节点代表最终的类别结果。

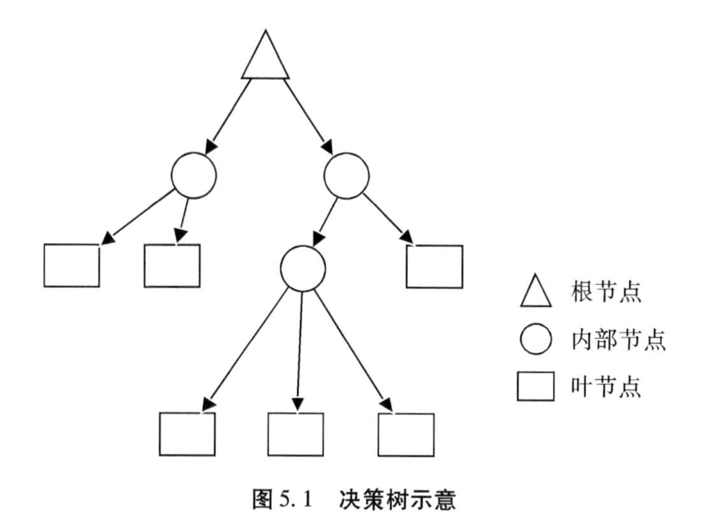

图5.1 决策树示意

决策树的决策过程基于"分而治之"思想。形成决策树的决策规则较多，如信息增益、信息增益比、基尼指数等。下面重点介绍三种代表性的决策树分类算法：ID3算法、C4.5算法和分类与回归树（classification and regression tree，CART）算法。

1. ID3算法

首先在决策树各级结点上选择信息增益最大的属性作为分类结点，根据该属性的不同取值分裂出各个叶节点，然后采用递归的方法建立决策树的分支，直到样本集中只含有一种类别时，分裂停止，得到最终的决策树。

假设有一个数据集合S，假定样本属性数量为n。设类别F_i（$i=1, 2, 3, \cdots, n$）的个数为$|F_i|$，S中的样本个数为$|S|$。那么S的熵定义为

$$Entropy(S) = -\sum_{i=1}^{m} P_i \log_2 P_i \tag{5.1}$$

式中，P_i是任意样本属于F_i的概率，记为$P_i = \frac{|F_i|}{|S|}$。

假设S中的元素依照特征属性X划分，特征属性X有m个不同的值，那么可以将S划分为m个子集$\{S_1, S_2, \cdots, S_m\}$，用该属性对样本集进行划分后，需要对子集$S_i$的熵进行加权计算：

$$Entropy_x(S) = -\sum_{j=1}^{m} \frac{|S_i|}{|S|} \times Entropy(S_i) \tag{5.2}$$

信息增益是指样本集合划分前后信息熵的变化，是样本集合的分裂度量标准。在特征属性X下所获得的信息增益定义为

$$Gain(S,X) = Entropy(S) - Entropy_x(S) \tag{5.3}$$

根据以上计算公式可知，当特征属性X的信息熵越小时，所得的信息增益越大，对样本集的分类能力也越强。ID3算法是一种自上而下的"贪心"算法，其有效地减少了样本集的分类次数，尽可能得到一棵深度较小的决策树。

2. C4.5算法

C4.5算法是一种基于ID3算法改进后的决策树，其具有ID3算法的优点，如分类规则易于理解、算法复杂度较低等。C4.5算法用信息增益比来选择特征，通过递归方

式对变量进行特征选择，然后用最优特征分割数据集，此过程持续至所有实例中的子集都落在同一个类中。

3. CART **算法**

CART 是一种二分类回归树。CART 是一种在给定输入随机变量 X 条件下，输出随机变量 Y 的条件概率分布的机器学习方法，其构造过程与 ID3、C4.5 大致相同，区别在于 CART 在属性选择过程中并未使用信息增益或信息增益率，而是使用基尼指数（Gini index）最小化准则进行特征选择。

在分类问题中，对于一个样本集合 D，假设有 K 个类，若属于第 k 类的样本子集为 C_k，则其基尼指数为

$$Gini(D) = 1 - \sum_{k=1}^{K} \left(\frac{|C_k|}{|D|} \right)^2 \tag{5.4}$$

若集合 D 根据特征 A 是否取某一可能值 a，将之分割为 D_1 和 D_2 两部分，即

$$D_2 = D - D_1 \tag{5.5}$$

则以特征 A 作为判别条件时，基尼指数定义为

$$Gini(D,A) = \frac{|D_1|}{|D|} Gini(D_1) + \frac{|D_2|}{|D|} Gini(D_2) \tag{5.6}$$

基尼指数与熵有着类似的性质。基尼指数值越大，样本集合的不确定性越大。

以上三种代表性决策树算法的特性各不相同，其结构、属性选择依据及测试样本特性见表 5.2。

表 5.2　三种典型决策树算法特性

名称	结构	属性选择依据	连续属性处理方式	是否独立测试样本集
ID3	多叉树	信息增益	离散化	是
C4.5	多叉树	信息增益比	预排序	否
CART	二叉树	基尼指数	预排序	否

骆黎明等（2020）利用决策树、随机森林、梯度提升决策树等算法构建了基于 GNSS-R 数据集的机器学习模型，并使用欧洲中期气象预测数据（European Centre for Medium-Range Weather Forecasts，ECMWF）作为验证集，实现了对海面风速的有效预测。预测误差分析表明，使用决策树进行海面风速预测的预测误差最小，为 0.6 m/s。丁莹莹（2021）采用了决策树算法对 SAR 数据集进行分析，对台风条件下海浪有效波高进行反演，并将反演结果同 WaveWatch Ⅲ（WW3）模拟和 Jason-2 实测有效波高进行对比，结果表明反演的有效波高均方根误差为 0.04 m。

5.1.2　神经网络

人工神经网络（artificial neural networks，ANN）又称为人工神经元连接单元的集合，是多种机器学习算法衍生的基础。通常，一个最基础的 ANN 结构包含三个组成部分：输入层、隐藏层与输出层，并且一般为全连接神经网络（full connected neural networks，FCNN）。全连接的含义是当前层的每个神经元都与前一层中所有神经元相连，

即前一层神经元的输出作为当前层神经元的输入，每个连接都有一个权值，位于同一层的神经元间没有连接。全连接神经网络结构如5.2所示。

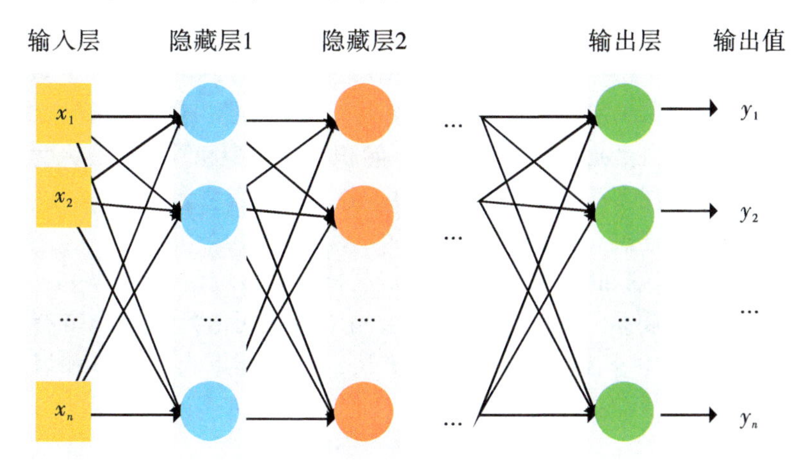

图5.2 全连接神经网络结构示意

深度神经网络（deep neural networks，DNN）是指具有多个隐藏层的神经网络，层与层之间采用全连接，每层神经元之间的连接都具有一定的权重。多层神经网络的优势在于可以使用相对较少的参数来模拟较复杂的函数，但是在学习过程中可能会出现梯度消失的问题，导致学习过程陷入局部最优。

机器学习的应用属于交叉学科，其聚焦于研究如何让计算机模拟人类的学习模式，自主地学习新知识，并且自动进行更新。而神经网络技术只是帮助计算机实现该目标的一种方法，因此，其仍然属于机器学习的范畴；深度学习技术是神经网络的进一步发展与优化，其包含于神经网络内。三者间的关系如图5.3所示。

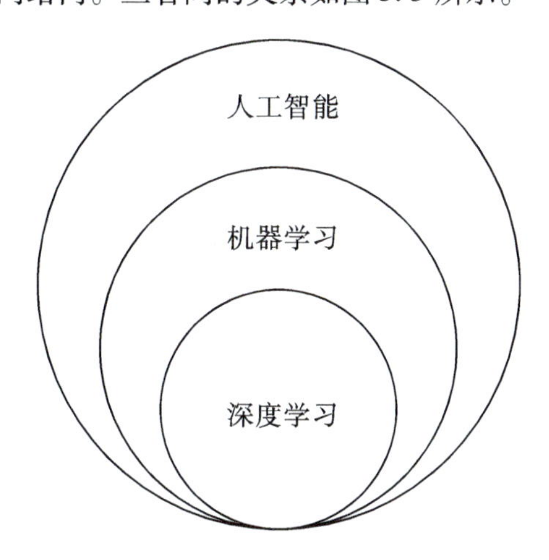

图5.3 人工智能、机器学习和深度学习间的关系

海洋水文气象分析与预测中常用的深度学习模型包括卷积神经网络（convolutional neural networks，CNN）、循环神经网络（recurrent neural network，RNN）等。

1. 卷积神经网络

卷积神经网络（CNN）是一种具有卷积结构的多层前馈神经网络，常用于海洋目标的识别与检测。与 FCNN 相比，CNN 的每层神经网络由多个二维平面组成，在每个平面中拥有多个独立神经元，层与层之间的神经元仅部分相连，从而减少了参数数量，使模型训练速度得到了提高。CNN 由输入层、卷积层、池化层、全连接层及输出层构成。卷积层利用卷积核对输入数据进行特征学习，卷积核的大小和数量通过人为设定，卷积核内权重共享。经过多层卷积和下采样，数据量被压缩，参数量减少。全连接层的主要作用是将数据特征进行连接，将数据以需要的维度形式输出。

由于 CNN 在图像识别和特征提取方面的优越性，其被应用于海洋涡旋探测研究中。传统的涡旋检测方法主要基于人工检测，其检测结果和阈值判断标准带有一定的主观性，影响检测效果。相比于传统的人工检测方法，CNN 能够自动学习和识别图像中的涡旋模式，使海洋涡旋探测更加直观和准确，同时避免了人工阈值设定带来的主观性影响及偏差。

谢鹏飞等（2020）在 YOLOv3 目标检测模型的基础上构建了专门针对中尺度涡进行图像识别的 EddyYOLO 模型，该模型对海洋涡旋的探测流程如图 5.4 所示。将模型应用于中尺度涡遥感影像数据集，实现了中尺度涡涡旋中心及水平尺度的识别，且准确率达到了 94%。Duo 等（2019）构建了一个基于目标检测网络的中尺度涡旋自动识别定位网络（ocean eddy detection net，OEDNet），模型的框架如图 5.5 所示。其利用了二维图像处理技术对海洋专家标注的少量精确涡旋样本数据进行增强，进而生成训练集。此外，针对海洋中尺度涡旋的小样本和复杂区域，设计并优化了以深度残差网络和特征金字塔网络为主体结构的目标检测模型。张盟等（2020）针对图像中出现多涡旋的情况，提出了一种新的海洋涡旋探测模型，模型包含编码、解码模块。通过编码模块进行卷积和下采样操作，进而提取出涡旋图像的特征信息，通过解码模块进行上采样和涡旋识别，模型结构如图 5.6 所示，模型训练及性能评估采用了最新公开的 SCSE-Eddy 多涡旋数据集。结果表明，其能够准确提取海洋涡旋的特征信息，且更好地区分相距较近的涡旋。

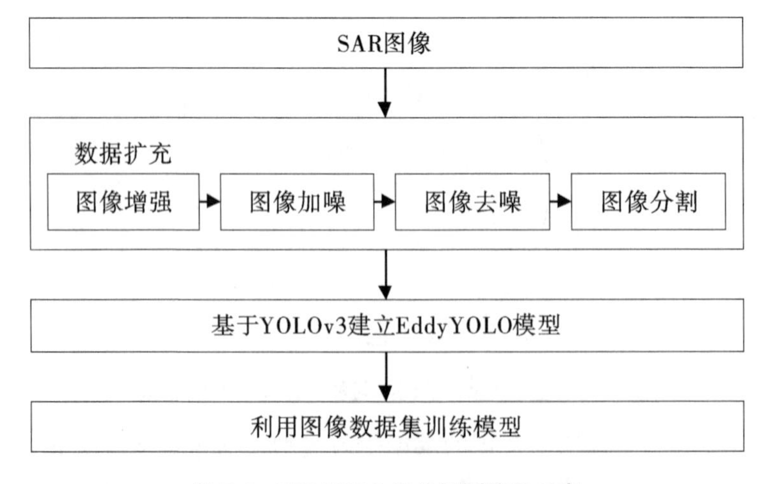

图 5.4　EddyYOLO 涡旋探测流程示意

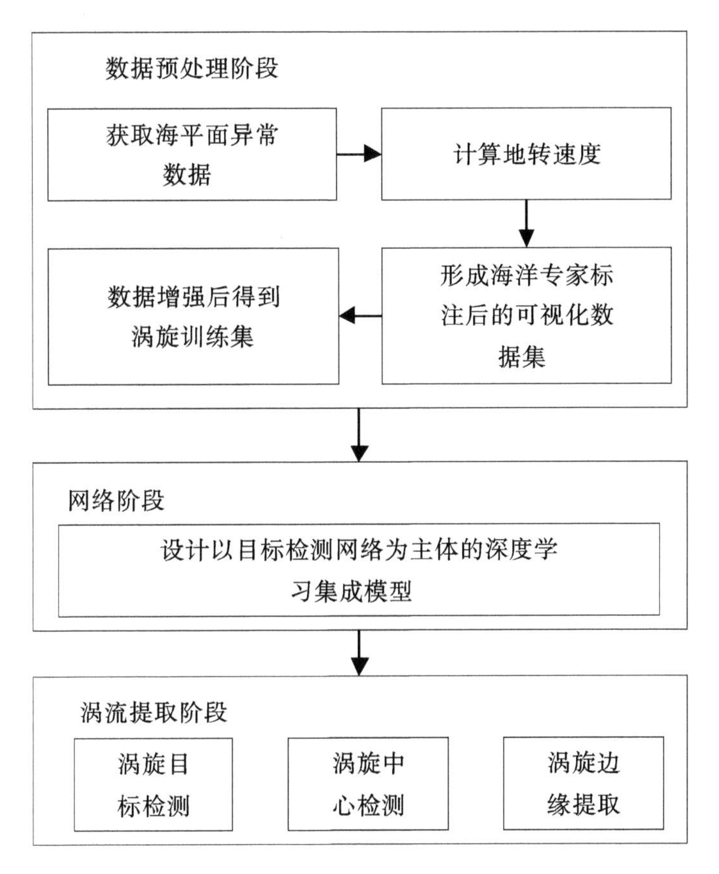

图 5.5　OEDNet 模型总体流程框

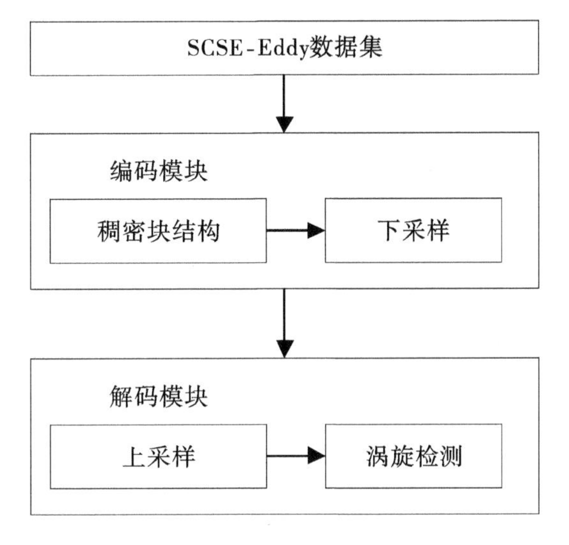

图 5.6　海洋涡旋探测模型结构示意

利用监督式机器学习方法可有效提高海洋涡旋的探测效率与精度，但是基于机器学习的显著性目标识别和检测仍存在一些局限性，如复杂背景下显著性目标识别和检测性能有待进一步提升，识别和检测的实时性有待提高，模型复杂度有待进一步降低，等等。此外，提高数据集的质量是提高海洋涡旋识别和探测精准度的关键所在，其直接影响机器学习模型应用的有效性。

目前，利用 CNN 进行目标检测的算法可以分为 Two-Stage 和 One-Stage 两大类别。Two-Stage 类别下的经典主流算法有 R-CNN、Fast R-CNN、Faster R-CNN 等。相比于 Two-Stage 类算法，随后提出的 One-Stage 算法在目标检测效率上得到了大幅提升，使 CNN 可以应用于实时目标检测当中。经典的 One-Stage 类算法有 YOLO（you only look once）系列和 SSD（single shot multi box detector）系列。

YOLO 系列算法是 Redmon 等（2016）提出的一种基于回归思想的一阶段实时目标检测算法。相比于 R-CNN、Faster-RCNN 等两阶段目标检测算法，YOLO 将目标位置识别与目标类别判断两个步骤合二为一，大幅缩减了目标检测所需的时间，使其满足实时检测的要求。其目标检测策略与基于滑动窗口和区域预选策略的方法有所不同，直接利用神经网络对整张图片的检测目标进行评估，即可得到待检测目标的位置和类别信息以及相应的概率。

YOLO 的目标检测思路如下：首先，将输入的图片统一标准化为 448 × 448 像素；接着，将图片划分为 $S \times S$ 个网格区域；然后，使用 CNN 对整个图像进行特征提取，得到图像特征。对于每个网格，CNN 将预测出多个边界框，每个边界框包含目标的位置和尺寸信息，以及类别概率；最后，每个网格会输出多个边界框和相应的类别概率。通过非极大值抑制，选择最具可能的物象进行预测，去除重叠的冗余边界框。

初期 YOLO 的目标检测速率虽能满足实时性要求，但准确性上存在不足，易出现局部性错误。之后，Redmon 等（2017，2018）对 YOLO 的方法做了改进，提出了 YOLOv3 算法，提高了算法精度及检测速率。随后，Bochkovskiy 等（2020）在 YOLOv3 基础上做出进一步的优化，提出了 YOLOv4 模型，后续版本更迭的 YOLOv5 及 YOLO X 模型均使 YOLO 模型更加适合高效探测的实际需求，相比于初代 YOLO 模型，精度及检测速率均得到了大幅提升，优于两阶段检测算法。YOLOv6 是 YOLOv5 的改进版本，其主要对模型大小和速度进行了优化。YOLOv6 采用了新的骨干网络 YOLO-FastestV2，使用了轻量化的卷积模块和注意力机制，提高了特征提取能力和计算效率。此外，YOLOv6 还使用了新的检测头和损失函数，增加了目标框的多尺度预测和分类置信度的正则化。YOLOv7 主要是针对模型结构重参化和动态标签分配问题进行了优化。YOLO 系列算法概况见表 5.3。

表 5.3 YOLO 系列算法概况

版本	骨干网	优点及缺点
v1	VGG-16	结构简单，速度快，但检测小目标时容易出现错误
v2	DarkNet-19	提升了定位精确度，但准确度较低
v3	DarkNet-53	定位精度相比 v2 进一步提高，但检测速度下降

续表5.3

版本	骨干网	优点及缺点
v4	CSPDarknet-53	小目标检测定位及分类准确度提高，但模型复杂度提高
v5	CSPDarknet + SPP	输入数据采用 Mosaic 增强，采用自适应图片压缩
v6	YOLO-FastestV2	对模型大小和速度优化，使用轻量化卷积模块和注意力机制
v7	CSPDarknet-53	提出了计划的模型结构重参化和动态标签分配

2. **循环神经网络**

循环神经网络（RNN）是海洋水文气象分析与预测中常用的深度学习神经网络模型，RNN 通过事件发生的前后关系对时间维度特征进行挖掘，是一类可用于处理和预测序列数据的神经网络模型。最初的 RNN 是由 Hopfield（1982）提出的 Hopfield 网络模型，其拥有较强的计算能力与联想记忆功能，但因其实现较困难而被后来的其他人工神经网络和传统机器学习算法所取代。RNN 的网络结构如图 5.7 所示，其通过隐藏层上的定向循环使得隐藏层中的节点连接成环，使前一步长的计算参数能够传递给当前步长，而当前步长的计算参数也可以传递到下个步长，从而更有利于信息的传递。

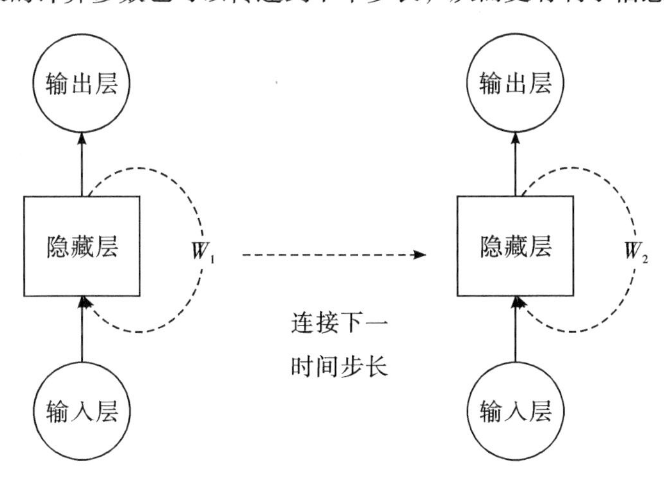

图5.7 RNN 网络结构

RNN 可视为对 FCNN 所有层的权值进行共享，通过连接多个时间步长来扩展共享权值。将向量序列作为 RNN 的输入，同时输出也为向量序列，以表示数据的时间关系。输入数据经运算后连接包含权重项的隐藏层，计算公式如下：

$$\boldsymbol{h}_k = f_{\mathrm{h}}(\boldsymbol{W}_{\mathrm{ih}} x_k + \boldsymbol{W}_{\mathrm{hh}} \boldsymbol{h}_{k-1} + \boldsymbol{b}_h) \tag{5.7}$$

式中，$\boldsymbol{W}_{\mathrm{ih}}$为从输入层到隐藏层的连接矩阵；$x_k$ 为 k 时刻的输入值；$\boldsymbol{W}_{\mathrm{hh}}$为隐藏层相邻时刻之间的连接矩阵；$\boldsymbol{h}_k$ 为 k 时刻，RNN 隐层的状态向量；$\boldsymbol{b}_h$ 为偏置向量；f_h 为非线性激活函数，在 RNN 中，f_h 通常为 sigmoid 或 tanh 函数。

通过 $\boldsymbol{h}_k$ 计算输出层在 k 时刻的值：

$$o_k = f_{\mathrm{o}}(\boldsymbol{W}_{\mathrm{ho}} \boldsymbol{h}_k + \boldsymbol{b}_{\mathrm{o}}) \tag{5.8}$$

其中，$\boldsymbol{W}_{\mathrm{ho}}$为隐层到输出层的连接矩阵；$\boldsymbol{b}_{\mathrm{o}}$ 为输出层的偏置向量；f_{o} 为非线性激活函数。

RNN 中门控算法又可以分为长短期记忆网络（long short-term memory network,

LSTM）和门控循环神经网络（gated recurrent neural network，GRU）两类。LSTM 在 RNN 基础上增加门结构和记忆细胞，实现了更加细化的内部处理单元，解决了 RNN 在训练过程中的梯度消失问题，可以对长短期依赖数据进行高精度的预测。

卷积长短期记忆网络（convolutional long short-term，ConvLSTM）本质上和全连接长短期记忆网络（fully connected LSTM，FC-LSTM）类似。ConvLSTM 与 FC-LSTM 间的区别主要在于输入数据的维度。FC-LSTM 输入数据是一维的，可以对连续性的时间序列进行分析。但是，在分析图像及空间数据时，这类数据有明显的局部特征，而 FC-LSTM 忽略了空间的相互作用，没有对局部特征进行分析，因此会造成一定的冗余问题。ConvLSTM将 LSTM 中每个门处原本的矩阵乘法用卷积运算代替，使其可以通过对多维数据进行卷积操作，进而提取其中的空间特征。

Cho 等（2014）提出了门控循环神经单元网络（gated recurrent unit，GRU），GRU 有 2 个门结构：更新门与重置门。与 LSTM 的 3 个门相比，GRU 所需的参数少且简单，但其能保持与 LSTM 相当的性能，且训练收敛时间更快。

ConvGRU（convolutional gate recurrent unit network，ConvGRU）是 GRU 的一种扩展算法。通过在矩阵运算的基础上增加卷积运算，使 ConvGRU 不仅能够计算时序特征，还可以提取空间特征。

目前，海洋水文气象要素预测模型主要是基于 LSTM 和 GRU 及两者的卷积模型，以浪场、风场、海表流场、温度、盐度等海洋水文气象要素作为研究对象，结合相关数据进行分析预测，其结构如图 5.8 所示。

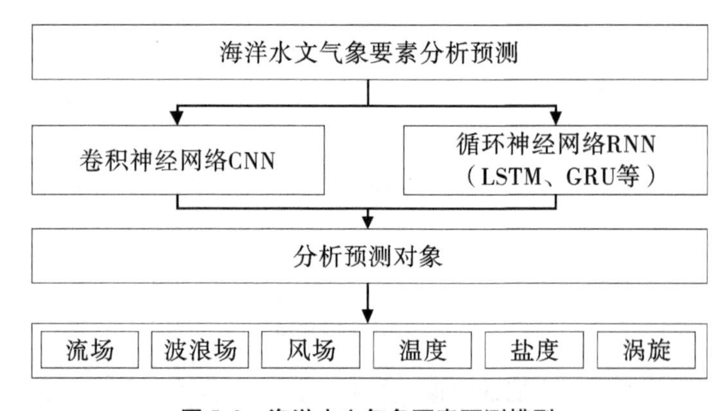

图 5.8 海洋水文气象要素预测模型

Zhang 等（2017）将海表温度（sea surface temperature，SST）预测视为时间序列回归问题，并设计了基于 LSTM 网络的中国沿海海表温度预测模型，最后利用全连接层将 LSTM 神经网络的输出映射作为预测结果，得到了 1 ～ 3 天的海表温短期预测值，以及周平均与月平均值的长期预测结果。Zhang 等（2020）使用 ConvLSTM 对三维海洋温度进行预测，ConvLSTM 模型由卷积神经网络和长短期记忆网络多层叠加得到，其学习预测过程如图 5.9 所示。首先，利用 CNNs 卷积核提取图像局部特征；接着，利用 LSTM 对长时间序列特征进行学习。模型使用 Argo 全球月平均数据集进行训练与预测，预测结果和 Argo 数据总体上吻合度较高。Wei 等（2020）利用自组织神经网络（self-organizing map，SOM）对 2015—2018 年 0.05°空间分辨率的海表温数据进行分类，将得到的类别标签作为LSTM模型训练和验证的辅助输入，预测结果表明，应用该方法获取的中国海域东南部SST预测精度较高。

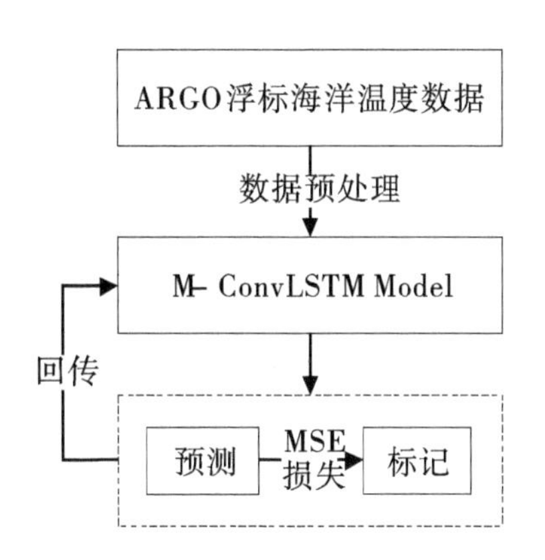

图5.9 基于Argo浮标数据的海温预测模型示意

深度神经网络通过多层堆叠，可以对各种非线性目标函数进行学习。但是，随着深度神经网络的发展，网络层数逐渐增多，深层网络在带来更好的预测结果和提升模型性能的同时，也产生了梯度爆炸、梯度消失及网络退化等问题，导致了神经网络模型在训练时难以收敛。针对这些问题，He等（2016）提出了深度残差网络（deep residual network，ResNet）方法，有效解决了上述问题，使深度神经网络在增加层数后训练错误率降低。ResNet算法的核心是其残差单元，如图5.10所示。

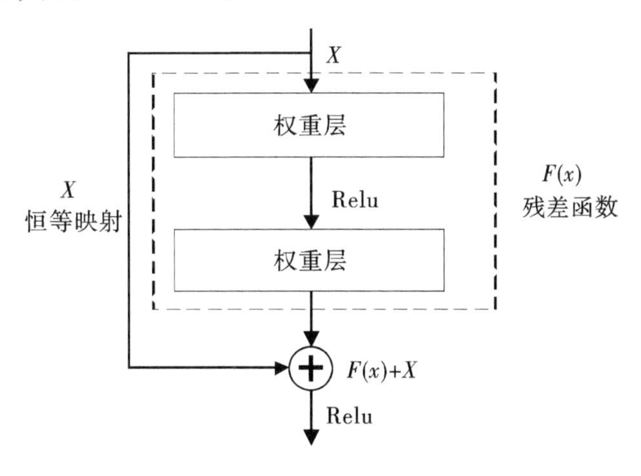

图5.10 残差单元结构

通过增加残差单元，使新增加的网络层不是之前网络层的简单复制，而是通过残差来拟合新的模型。数学形式上，将残差单元预期映射函数表示为$H(x)$，模型所拟合的目标函数，即残差函数表示为$F(x)=H(x)-X$，则可将预期映射函数重新表示为$H(x)=F(x)+X$。残差网络改变了原始参数层层传递的模式，通过增加参数恒等映射的快捷传递路径，使深度神经网络层中浅层特征信息可以直接越过一些中间层，进而直接向下传递至更深层网络中。这种方式既不会直接增加参数量和计算复杂度，又能够有效屏蔽训练过程中一些“负优化”层，使数据信息在深度神经网络传递过程中保持完整，有效地避免了梯度爆炸和梯度消失的问题。

5.1.3 随机森林

Breiman（2001）提出了一种集成学习方法——随机森林算法，其基本单位是决策树。随机森林是一种高度灵活的机器学习算法，“随机”是指两次随机过程。首先，利用Bootstrap重抽样方法从原始样本中抽取多个样本；然后，通过随机抽样从M个特征值集中抽取m个，并为每个Bootstrap样本建立一个回归树模型。“森林”即集成了多个不相关决策树的预测，对于回归问题，来自每棵树的预测平均值作为最终输出。随机森林算法概化流程及分类如图5.11和图5.12所示。

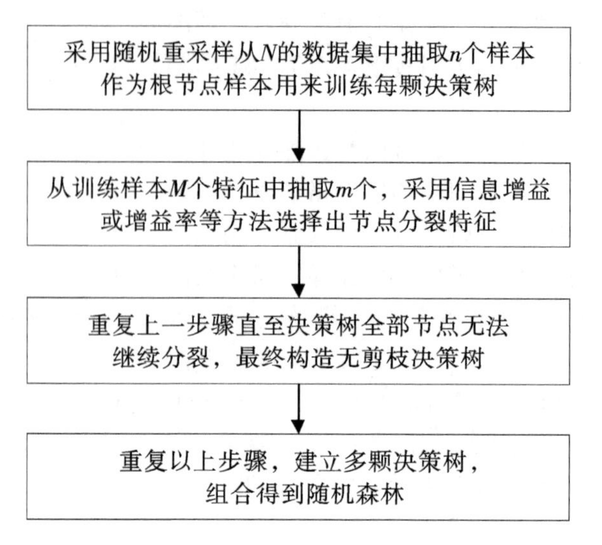

图 5.11 随机森林算法流程示意

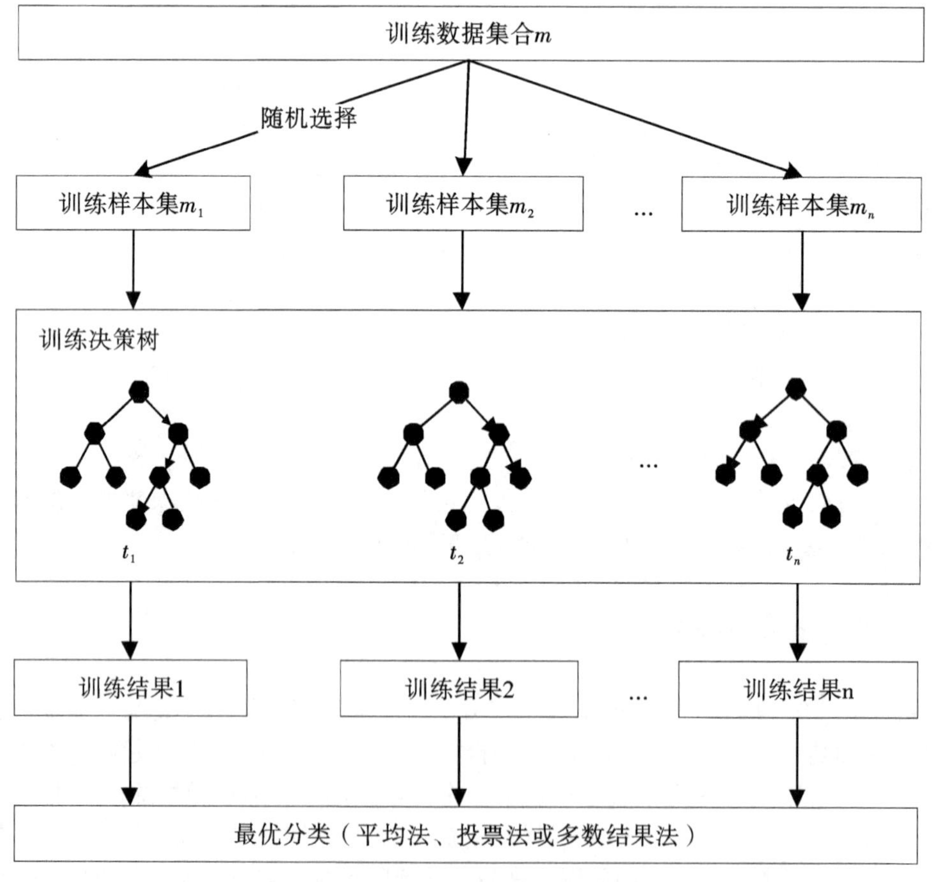

图 5.12 随机森林分类过程示意

与已有研究所用的机器学习方法相比，随机森林作为一种集成式机器学习算法，两次随机抽样降低了数据集维数，使其能够处理高维数据集，可直接计算无偏误差率。此外，其对数据集的适应能力强，既能处理离散型数据，也能处理连续型数据，且数据集无须规范化。在海洋水文气象要素预测方面，随机森林算法已被用于水深、风暴潮和波浪能等参数的预测，并具有较高的预测精度。

无须进行交叉验证或用独立测试集即可获得误差的无偏估计是随机森林的一个典型特征。对 Bootstrap 样本生长的树，以未在训练中使用的袋外（out of bag，OOB）数据进行预测并聚合，最终用损失函数（mean-square error，MSE）对随机森林模型进行误差率评估，公式如下：

$$MSE = \frac{1}{m}\sum_{i=1}^{m}(\hat{y}_i - y_i)^2 \tag{5.9}$$

式中，m 为实测序列长度；y 为实测数据；$\hat{y}$ 为模型预测结果。

可定量评估变量重要性是随机森林的另一个典型特征，其通过计算特征的平均信息增益大小得出，公式如下：

$$VI(X_k) = \frac{1}{N}\sum_{i=1}^{N}(errOOB_i' - errOOB_i) \tag{5.10}$$

式中，$VI(X_k)$ 是变量 X_k 的重要度；N 是随机森林的决策树数；$errOOB_i$ 是第 i 棵树袋外估计误差；$errOOB'_i$是第 i 棵树对变量 X_k 加入随机噪声后的袋外估计误差。噪声扰动带来的袋外误差变化越大，即 $VI(X_k)$ 越大，变量 X_k 越重要。

5.1.4 支持向量机

支持向量机（support vector machines，SVM）是一种广泛使用的监督式机器学习模型，支持向量回归（support vector regression，SVR）是 SVM 的一个重要分支。ANN 模型训练是黑匣子过程，具有高度非线性，虽使用广泛，但 ANN 可能陷于局部极小、不易收敛且网络性能不稳定，导致 ANN 预测效果受到限制。与之相比，SVM 模型是基于降低结构性风险的学习统计理论，可以最小化预测误差，减少过拟合问题，从而得到全局最优解。SVM 的目标是在特征空间中寻找一个超平面，使该平面到最近样本点的距离最大；而 SVR 则是在特征空间中寻找距最远样本点最近的超平面（图 5.13）。

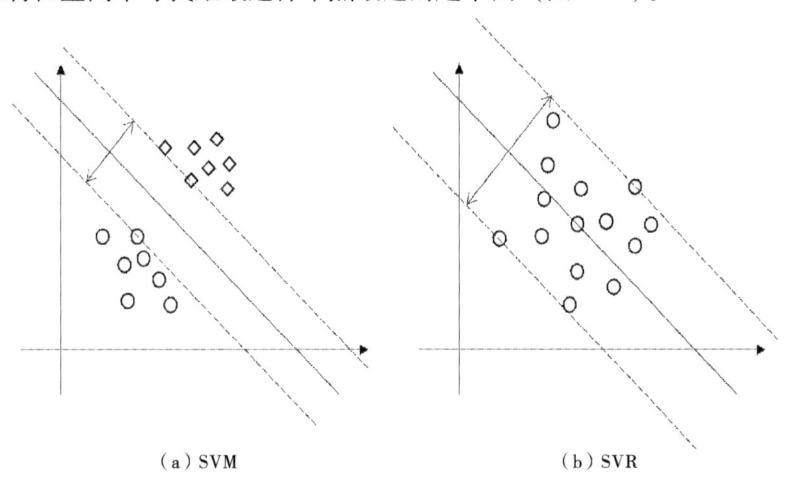

（a）SVM　　（b）SVR

图 5.13　SVM 及 SVR 示意

SVM 模型是定义在特征空间上间隔最大的线性分类器，运用核函数处理非线性问题，常用的核函数有线性核函数、多项式核函数、高斯核函数、拉普拉斯核函数和 Sigmoid 核函数等，在 SVM 模型中使用高斯核函数［也称为径向基函数（radial basis function，RBF）］，通常取得较好的训练效果。RBF 计算公式如下：

$$k(x_i,x_j)=\exp\left(-\frac{\|x_i-x_j\|^2}{2\sigma^2}\right) \tag{5.11}$$

式中，x_i 和 x_j 分别表示两种特征向量；σ 为高斯核的带宽。

LIBSVM 是 Chang 等开发的 SVM 模式识别与回归软件包，通过该软件包可以快速建立 SVR 模型，其 SVR 模型训练步骤如下：①将训练数据处理成 SVM 格式；②将数据进行归一化处理；③运用交叉检验法确定最优参数；④运用确定的最优函数训练模型。

SVR 模型构建中需要考虑三个主要参数：①惩罚因子（C），其值越大对误差的容忍度就越低，进而导致过拟合，取值太小则会欠拟合；②Gamma 值，决定支持向量数量，越大则支持向量越少，越小则支持向量越多，决定了数据映射到新的特征空间后的分布；③Epsilon 值，用于设置 ε-SVR 中损失函数的值。

LIBSVM 用于回归运算的算法有两种：ε-SVR 和 ν-SVR。二者区别在于，ε-SVR 需要额外确定参数 Epsilon 的值，在无法确定该参数的情况下，可以使用 ν-SVR 进行回归运算。

James 等（2018）利用 SVM 与多层感知机（multilayer perceptron，MLP）分别进行波高回归分析和波周期特征分析，并实现了运用机器学习对有效波高和特征波周期的预测。其采用 One-versus-One（OvO）SVM 多分类策略对 SWAN 模型模拟的离散化波周期进行分类。SVM 属于二进制分类器，但是 OvO 方法可以同时对多个类别进行处理。金权（2019）使用 SVM 分类模型预测有效波高，并使用数模运算结果进行对比验证，结果表明，使用前一时刻风场、波浪场和预测时刻的风速、风向作为特征向量输入的模型，其计算效率高，模型预测精度较高。其实现方法采用了集成学习的思想，通过设置多个 SVM 分类器对位置数据进行分类，然后采用投票方式获得未知样本的最终分类结果。SVM 模型算法流程如图 5.14 所示。

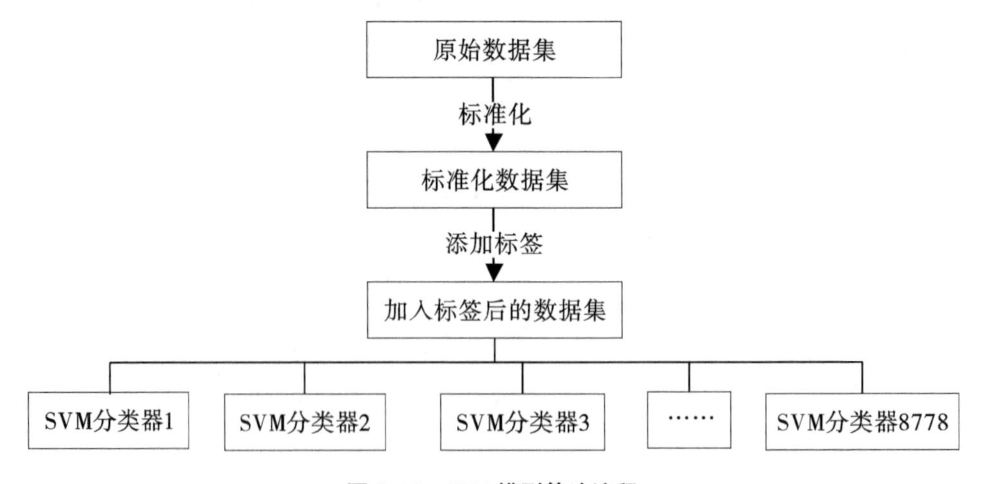

图 5.14　SVM 模型算法流程

Ma 等（2018）采用最小二乘支持向量机（least square support vector machine，LSS-VM）方法对两列典型波周期为 8.7 s 和 11.8 s 的真实海浪进行模拟和预测，实现了对实际波浪的迭代预测。刘强等（2022）利用 LSSVM 方法，并结合 JONSWAP 谱的波浪水池实验数据构建机器学习模型，提出了一种新的波浪频谱分析方法，对训练数据进行优选后，建立了短期波浪预测模型，形成了一套基于 SVM 的波浪预测方法。

5.1.5 宽度学习

虽然深度神经网络功能强大，但其隐藏层数多、神经网络结构复杂且在训练过程中涉及多个超参数的率定，导致模型训练过程费时较长。另外，复杂的网络结构也使模型在理论层面的分析存在难点。因此，为了提高模型预测精度，只能不断增加深度神经网络中隐藏层层数和超参数个数，进而致使上述问题更加难以解决。在深度神经网络发展逐渐遇到瓶颈时，Chen 等（2017，2018）提出了一种宽度学习系统（broad learning system，BLS），并利用 MNIST（modified national institute of standards and technology database）数据集和 NORB（NYU object recognition benchmark）数据集对 BLS 进行了测试。与其他神经网络的对比分析表明，BLS 在分类准确性和学习速度上有着明显的优势。相比于传统的深度神经网络倾向于深度方向的结构，BLS 网络更侧重于宽度方向的结构，BLS 的设计流程如图 5.15 所示。

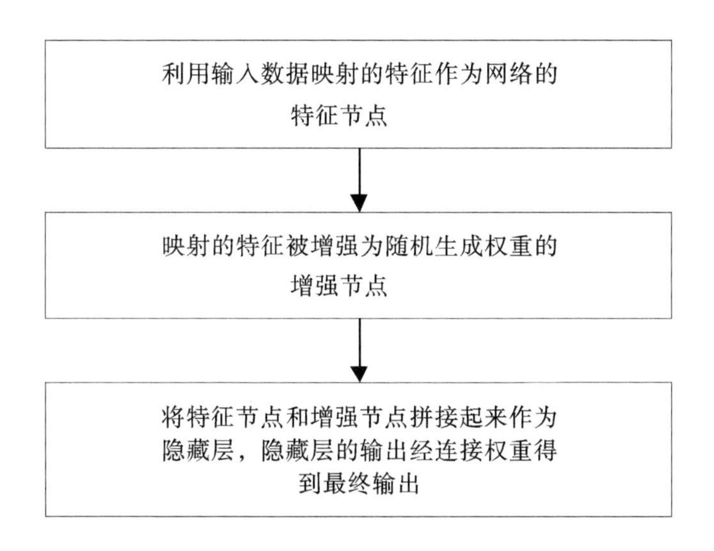

图 5.15 BLS 设计流程

BLS 是在随机向量函数链接神经网络（random vector functional link neural network，RVFLNN）的基础之上提出的，其网络结构如图 5.16 所示。

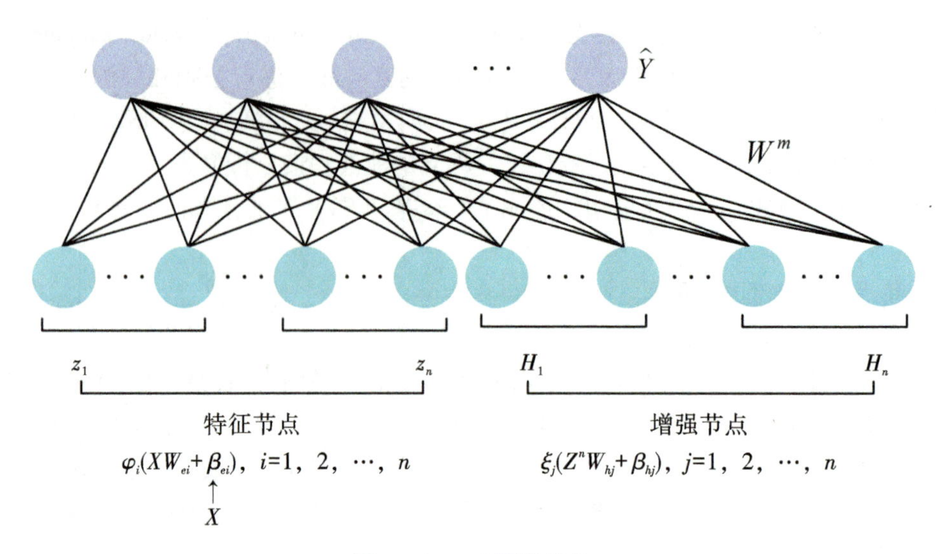

图 5.16 BLS 网络结构

图 5.16 中，X 为输入数据，Z_i 表示全部特征节点中的第 i 组；H_j 表示全部增强节点中的第 j 组，则有

$$Z_i=\varphi_i(XW_{ei}+\beta_{ei}),\ i=1,\ 2,\ \cdots,\ n \tag{5.12}$$

$$H_j=\xi_j(Z^nW_{hj}+\beta_{hj}),\ j=1,\ 2,\ \cdots,\ n \tag{5.13}$$

式中，φ_i 为特征节点激活函数（可选线性或非线性函数）；W_{ei}是具有一定维度的随机权重系数；β_{ei}为偏置项；ξ_j 为非线性激活函数；W_{hj}和 β_{hj}分别为增强节点的随机权重系数和偏置。

首先，通过式（5.12）将输入数据 X 映射到特征节点 Z_i；接着，将全部 n 组特征节点组合进而得到 $Z^n=[Z_1,\ Z_2,\ \cdots,\ Z_n]$；然后，将全部 m 组增强节点拼接得到 $H^m=[H_1,\ H_2,\ \cdots,\ H_m]$；最后，BLS 的输出即为$\hat{Y}=[Z^n\mid H^m]W^m$，其中，$W^m$ 为隐藏层至输出层之间的权重。

BLS 网络训练过程中仅有 W^m 是未知的，W_{ei}、β_{ei}、W_{hj}、β_{hj}均为初始随机生成，并在训练过程中保持不变。最终 BLS 的目标函数为

$$\operatorname{argmin}W_m\left(\|Y-\hat{Y}\|_2^2+\frac{\lambda}{2}\|W^m\|_2^2\right) \tag{5.14}$$

式中，Y 表示样本 X 对应的标签；$\|Y-\hat{Y}\|_2^2$ 为 l_2 范数，代表样本标签与预测值之间的误差，用于控制训练误差；$\frac{\lambda}{2}\|W^m\|_2^2$ 的加入用于防止模型过拟合，增加模型的优化能力。

5.1.6 联邦学习

2016 年，谷歌研究院为了能在不泄露用户隐私的情况下，利用用户数据优化键盘输入法，首次提出了联邦学习方案。联邦学习技术可以帮助用户联合建模且不需要共享

本地数据，使用户数据留存于本地，进而保护用户的隐私。联邦学习通过下载全局模型框架到本地，利用本地数据训练模型得到相应参数并上传，最后聚合多方训练得到的参数，对全局模型进行更新，并重复上述步骤。由此，参与联邦学习的各方可以共同建立并优化一个全局模型，并且仅为本地用户服务。联邦学习与分布式机器学习存在一定的相似性，都属于模型分散训练，最终进行参数聚合。但联邦学习在系统架构、聚合算法、应用领域等方面有着独特的优势，相比于传统的分布式机器学习，其模型训练、参数聚合过程中存在大量加密、解密等操作。基于现有的机器学习算法进行改进，得到联邦学习算法，其按照算法类型进行的分类如图 5. 17 所示。

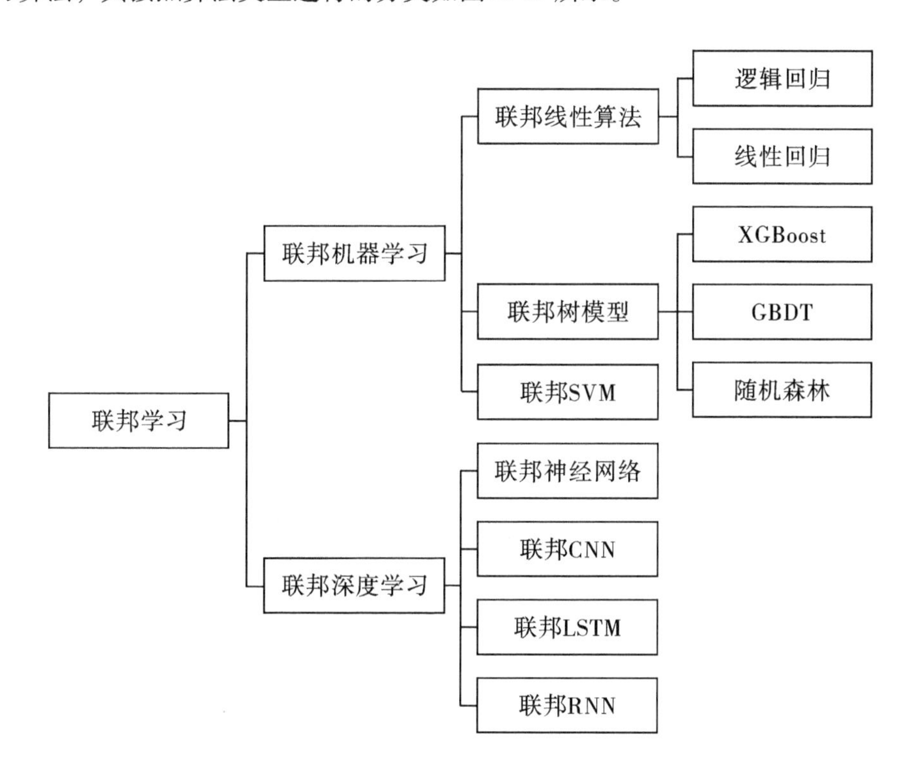

图 5. 17 联邦学习算法分类

联邦学习通常具有以下特征：①学习过程中数据不上传共享，仅存于本地；②参与者利用自身拥有的数据训练全局模型；③每个参与方都参与到学习过程中；④模型损失可控；⑤训练过程中考虑隐私和安全。同时，相比于传统的分布式计算，在联邦学习系统中引入了加密机制，这使联邦学习模型具有了安全合规、涉密数据无须迁移、不泄露隐私信息的优点。此外，联邦学习系统所涉及的多个参与方具有同等地位，无差别化对待，共同参与贡献并分享结果。根据联邦学习中联邦数据类型的差异，可将联邦学习分类为横向联邦学习、纵向联邦学习及迁移联邦学习。

随着“海洋强国”和“一带一路”倡议的实施与推进，对海洋资源开放的重视度逐步提升，海洋观测能力也得到了大幅提升，通过不同观测平台或设备可获取海量的海洋水文气象数据。同时，随着人工智能技术的发展，越来越多的机器学习模型被广泛地应用到海洋大数据分析中。因此，如何更有效地将机器学习模型应用于海洋大数据中成为当下新的研究命题。传统的集中式数据中心难以满足快速高效且安全的海洋数据共享需求。一方面是机器学习模型对海量数据的需求；另一方面是各部门、机构形成数据孤岛，难以实现数据的有效互通与共享。将联邦学习技术应用于目前的海洋数据平台，有助于实现数据的高效利用，能更好地解决海洋数据分散、统一协调性差等问题。利用联邦学习的加密及数据本地保存的特性，可保障各参与方的权益，调动多方的积极性，加强海洋数据共享融合。利用联邦学习参数融合技术，保证参与各方的贡献度与模型的适配性相吻合，保证了多方学习下的公平性，将极大促进机器学习技术在海洋水文气象领域的进一步应用与拓展，符合未来海洋数据共享与应用的实际需求。

5.2 非监督式机器学习

非监督式机器学习是指在模型训练过程当中，使用的训练样本不带有标签。由于在实际应用中不带标签的样本占大多数，因此非监督式学习的实际应用相较于监督式学习更为广泛，K 均值聚类、自组织映射（self-organizing map，SOM）和流形学习等是较为常见的非监督式算法。非监督式机器学习算法在数据聚类、降维和特征提取等应用中发挥着重要作用。通过从无标签数据中挖掘出有价值的信息，有助于深入理解数据结构特征，并发现隐藏的模式。因此，非监督式机器学习成为海洋大数据分析和处理的一种重要工具。

5.2.1 K 均值聚类

通过测量或感知待分类对象的内在规律或相似性，进而对分类对象进行分组或聚类是聚类分析的主要任务。聚类分析并不使用有标签数据，即待分类数据类别标签缺失，属于非监督学习方法。进行聚类的目的是发现一组模式、点或对象当中的结构特征，进而对其进行分组。

代表性的聚类算法为 K 均值聚类，由贝尔实验室于 1982 年提出。聚类定义如下：给定 n 个对象，根据相似度的度量找到 K 个组，使同一组中对象间的相似度高，而不同组中对象间的相似度低。具体而言，假设 $X=\{x_i\}$，$i=1, 2, \cdots, n$ 是一组 n 维的点，待分类为 K 个类别，$C=[c_k]$，$k=1, 2, \cdots, K$。

K 均值聚类通过找到一种合适的分区，使分区的均值与分区内所有点的平方误差最小。设 μ_k 是分区 c_k 的均值，则定义聚类 c_k 中点与均值 μ_k 之间的平方误差为

$$J(c_k) = \sum_{x_i \in c_k} \| x_i - \mu_k \|^2 \tag{5.15}$$

K 均值聚类的目标是使所有 K 个分类的平方误差之和达到最小，即下式结果最小：

$$J(C) = \sum_{k=1}^{K} \sum_{x_i \in c_k} \| x_i - \mu_k \|^2 \tag{5.16}$$

K 均值聚类实现的基本思路如下：首先，在所有的数据样本中随机选择 k 个聚类中心，计算每一个数据样本点到每一个聚类中心 k_i 的距离，将样本点根据距离划分到与聚类中心最近的数据集合中，形成 k 个数据集合；然后，逐个计算数据集合的质心，将求得的质心作为新的聚类中心；接着，重复上述步骤，迭代直至聚类中心不再改变（图5.18）。

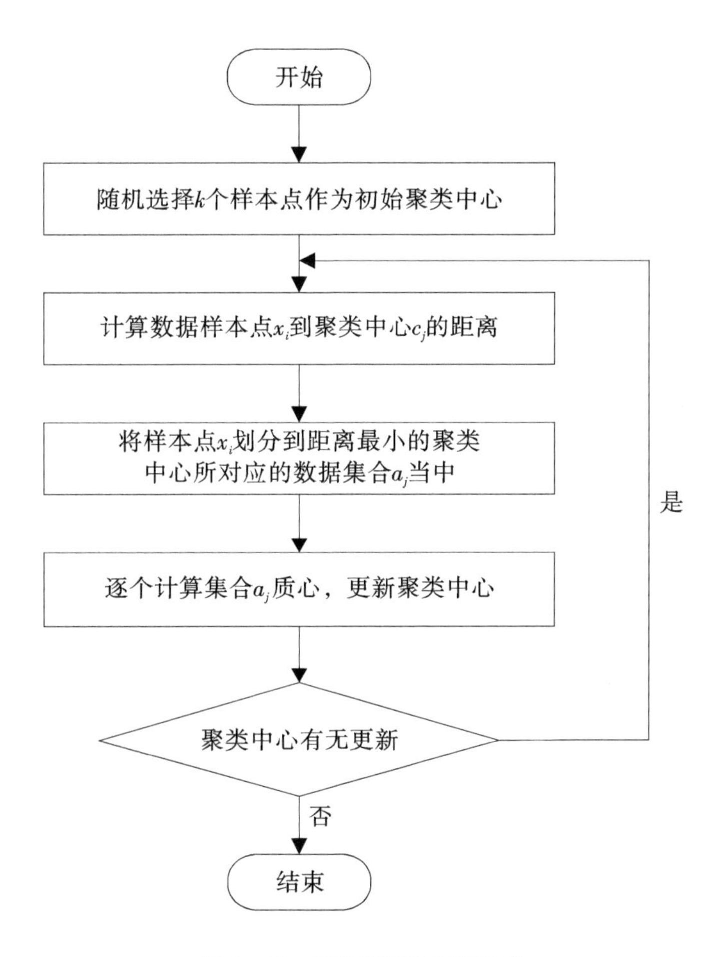

图5.18 *K* 均值聚类流程示意

K 均值聚类具体实现流程如下：

（1）从数据样本中随机选择 k 个样本点作为初始聚类中心 $C = \{c_1, c_2, \cdots, c_k\}$。

（2）根据数据样本点 x_i 到聚类中心 c_j 的距离，将其划分到距离最小的聚类中心所对应的数据集合 a_j 中。

（3）对每个数据集合 a_j，重新计算其聚类中心 $c_j = \sum_{x \in c_j} \frac{x}{\| c_j \|}$。

（4）重复步骤（2）、步骤（3），直至聚类中心 C 不再变化。

K 均值聚类的优点在于其算法复杂度较低，因此，其聚类结果有较好的解释性。然

而，其在处理大量数据时，每一个样本点都需要计算其与聚类中心的距离，这将导致时间复杂度较高，且结果易陷入局部最优解。K 均值聚类初始需要给定聚类中心的数量 K 值，不同 K 值对分类结果影响显著，且初始聚类中心位置的选定也将影响结果。因此，在经典 K 均值聚类的运用中，需选择不同的 K 值，然后通过多组实验，取其平均值作为最终结果。

5.2.2 自组织映射

自组织映射（SOM）作为一种代表性的非监督式机器学习方法，其本质上是一个两层神经网络，包括输入层和输出层。由于 SOM 采用竞争学习算法来更新神经元间的权重，其输出层又称为竞争层。SOM 网络结构如图 5.19 所示。

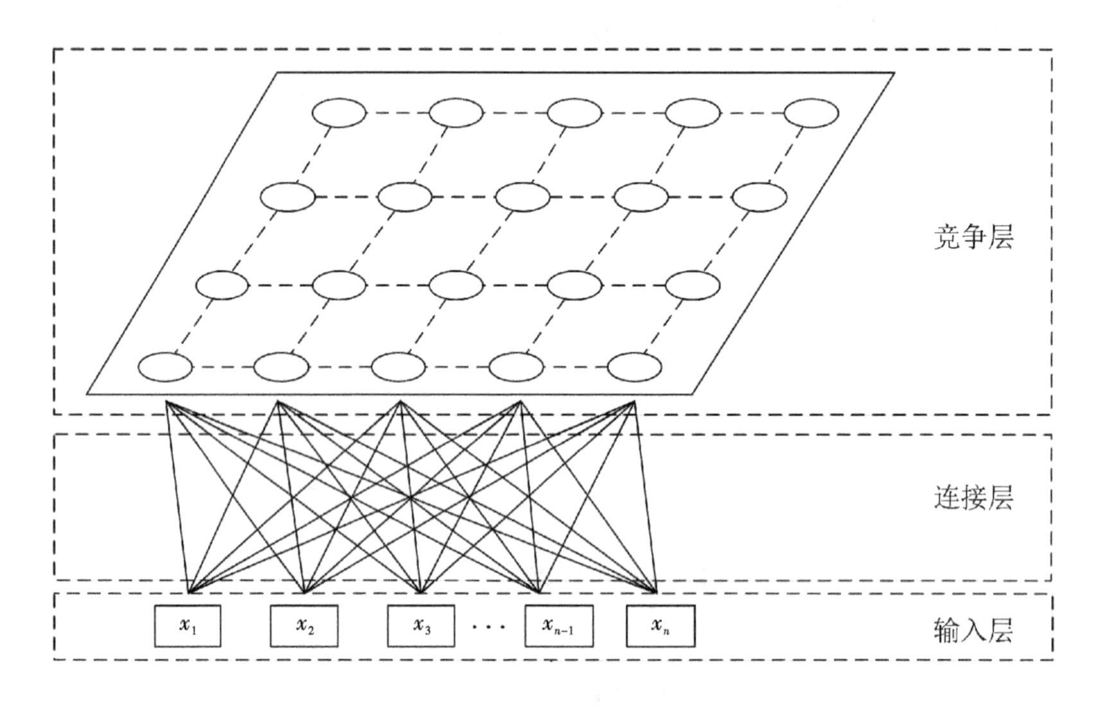

图 5.19 SOM 网络结构示意

SOM 中输入层神经元数量取决于输入向量的维度，每个神经元对应着输入数据的一个特征，竞争层是由 m 个神经元组成的一维或二维平面阵列，网络采用全连接，每个输入层神经元都与竞争层神经元相连接。通常，竞争层神经元数量决定模型的精度和泛化能力。竞争学习算法原理是基于神经细胞的侧向抑制，又称为“胜者为王”原则，即被激活的神经细胞将抑制其周围的神经细胞。在神经网络中则表现为每一个输入值都能在竞争层中寻找到一个与其最匹配的神经元，称为激活节点。靠近激活点的其他节点将根据其到激活节点的距离而优先更新与激活节点距离更近节点的权重，使相似性大的数据趋向一致，相似性小的数据趋向差异化。

SOM 算法实现过程如图 5.20 所示，具体步骤如下：

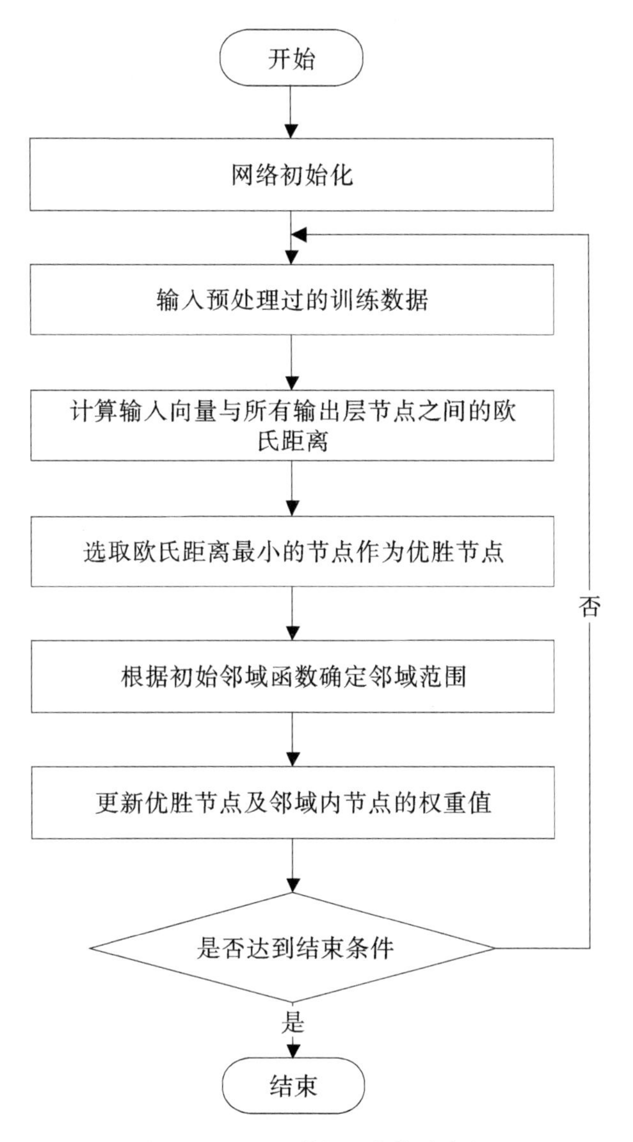

图 5.20 SOM 神经网络算法流程

（1）将输入层与输出层神经元间的连接赋予［0，1］之间的随机权重值，以及初始学习率、初始邻域函数和网络循环次数。

（2）将经过预处理、归一化的训练数据，即输入向量 $\boldsymbol{X}_k=(x_1, x_2, \cdots, x_n)$ 输入 SOM 网络的输入层当中。

（3）计算每一个输入向量 $\boldsymbol{X}_k$ 到输出层每一个神经元间的欧氏距离 d_{jk}，并选择 d_{jk} 最小的节点作为优胜节点，其公式为

$$d_{jk}=\sqrt{\sum_{i=1}^{n}[x_i-\omega_{ij}(t)]^2} \tag{5.17}$$

（4）由初始邻域函数确定邻域范围。

（5）利用式(5.18) 更新优胜节点及邻域范围内节点的权重值 $\omega_{ij}(t+1)$：

$$\omega_i(t+1)=\omega_i(t)+\boldsymbol{\eta}(t)h_{ij}[x_i(t)-\omega_{ij}(t)] \tag{5.18}$$

式中，$\eta(t)$ 是 t 时刻的学习率。

（6）更新学习率和邻域函数，学习率随着模型更新逐渐减小。

（7）返回步骤（2），重复上述步骤，直至对所有的训练数据学习完成。

Liu 等（2016）利用经验正交函数（empirical orthogonal function，EOF）和 SOM 提取了西佛罗里达大陆架海域洋流的特征模式，结果表明，SOM 提取的流场模式比 EOF 分析的主导模态更准确、直观。其原因在于 EOF 是线性模态提取方法，而 SOM 是非线性模态特征提取方法，SOM 的非线性提取特性可以更好地刻画非线性海洋动力过程。Reusch 等（2005）比较了 SOM 和主成分分析（PCA）提取北大西洋海平面压力场变率模式，结果表明 SOM 比 PCA 更稳定。此外，Lobo（2009）、Lin 和 Chen（2006）、Solidoro 等（2007）对 SOM 与 K 均值聚类进行了比较，结果表明 SOM 获取的模式比 K 均值聚类更准确。

此外，SOM 作为一种复杂数据集的数据挖掘和可视化方法，已广泛应用于气象学（海平面气压、气温、湿度、蒸发、降水、云、风数据）和海洋学（叶绿素数据、生物和地球化学数据、海表温度、海面高度和洋流）等不同学科领域。已有应用研究结果表明，SOM 是一种稳健、高效和简洁的非监督式机器学习方法，可将高维数据投影到低维（通常是二维）信息图上。研究人员已开始应用 SOM 技术从现场观测和模型结果中提取海洋水文要素的特征模式。Liu 等（2006）运用 EOF 和 SOM 分析了锚泊 ADCP 流速数据时间序列，探究了洋流变化模式，提取了 3 种典型空间模式：空间相干东南流模式、强流的西北流模式和弱流的过渡模式。Liu 等（2006）基于高频地波雷达和 ADCP 数据集，运用 SOM 分析了洋流变率模式，研究了西佛罗里达大陆架不同物理过程的空间结构和时间演变，并用 SOM 分别研究了半日、日和潮下的频带变化特征，结果表明 SOM 是一种有效的分析工具，可用于识别由高频地波雷达和 ADCP 观测到的调制的、非均匀的、各向异性的三维洋流变化特征。

5.2.3 流形学习

流形学习是一种非线性降维方法，旨在通过对数据进行降维，进而挖掘高维数据集的内在分布规律。其基本思想如下：将高维数据映射到低维，使低维数据能反映原高维数据的某些本质结构特征。流形学习的观点认为，可观察到的数据实际上是由一个低维流形映射到高维空间上。流形学习能够从采样数据训练获取低维流形的内在几何结构或内在规律，其比传统的维数约简方法更能体现现象或变化过程的本质，更利于对数据的理解和进一步处理，进而更好地解决机器学习领域中的相关难题。

J. B. Tenenbaum 等（2000）和 S. T. Roweis 等（2000）分别提出了流形学习的两大代表性算法，即等距映射（isomeitric mapping，Isomap）和局部线形嵌入（locally linear embedding，LLE）。Isomap 算法建立在多维尺度变换（multidimensional scaling，MDS）的基础之上，力求保持数据点的内在几何性质，即保持两点间的测地距离，其用流形上点 x_i 和 x_j 的测地距离取代经典 MDS 中的欧氏距离 $d(x_i, x_j)$。测地距离的近似计算方法如下：样本点 x_i 和其邻域点间的测地距离用两者间的欧氏距离来代替；样本点 x_i 和其邻域外的点用流形上两者间的最短路径来代替。Isomap 是一种全局优化算法，对于等距流形，能输出等距低维投影。由于测地距离的整体性，Isomap的降维效果在整体性上更优，即使流形不完全是等距的。Isomap算法的流程如图5.21所示。

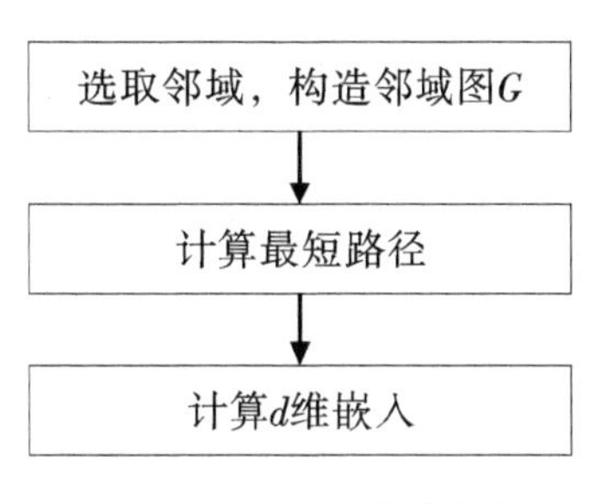

图5.21 Isomap算法流程

Isomap是一种非线性的学习方法，适用于学习内部平坦的低维流形，但不适用于学习有较大内在曲率的流形。该算法中需确定两个参数：一个是邻域的大小，另一个是降维的维数。在噪声干扰下，Isomap用于可视化会出现不稳定现象，取较大的邻域会产生短路现象，即低维流形中不同邻域部分的点投影后出现明显的混杂现象。选取较小的邻域，虽然能够保证整体结构的稳定性，但低维投影结果会产生大量“空洞”，或使最短路径算法重构的图不连通。

LLE算法则是考虑在局部意义下，数据结构为线性，或者说局部意义下的点在一个超平面上，因此，任取一点，可以使用其邻近点的线性组合来表示。LLE算法的流程如图5.22所示。

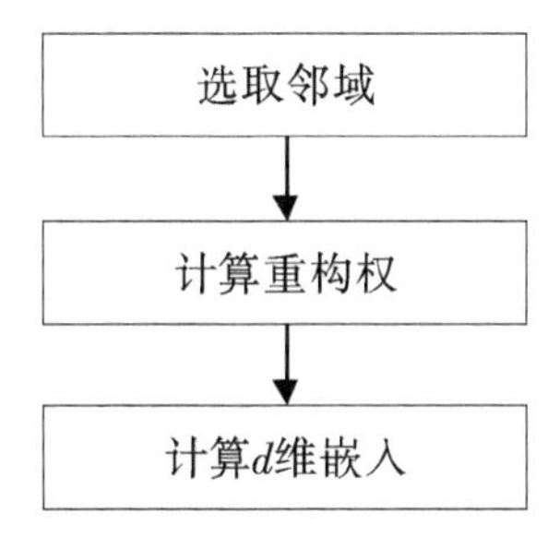

图5.22 LLE算法流程

LLE算法可以学习任意维的局部线性低维流形，和Isomap方法一样，LLE算法中有两个待定系数：k和d。该算法中由重构成本函数最小化得到的最优权值遵循对称特性，每个点的近邻权值在平移、旋转、伸缩变换下是保持不变的。LLE算法有解析的全局最优解，不需要迭代，低维嵌入的计算归结为稀疏矩阵特征值的计算，使其计算复杂度相对较小。然而，LLE算法要求所学习的流形只能是不闭合的且在局部是线性的，并要求样本在流形上是稠密采样的。另外，该算法的参数选择具有不确定性，对样本中的噪音具有高敏感度。

5.3 半监督式机器学习

半监督学习（semi-supervised learning，SSL）在监督学习过程中集成无标签数据，同时利用有标签数据及无标签数据，进而改进预测性能，节省样本人工标记成本。通过扩展监督和非监督学习算法，可以得到一系列的半监督学习方法。根据系统的关键目标函数，可将之细分为半监督分类、半监督聚类或半监督回归，代表性的半监督式机器学习方法包括半监督SVM、半监督式图神经网络等。

传统的神经网络通常只能用于处理常规的欧式结构数据，如图5.23(a)所示，即数据间的组织结构是固定的，节点与节点间的连接顺序及规则是不变的。然而，实际中较多问题所涉及的数据结构，必须要考虑图5.23(b)中的非欧式数据结构类型，如海洋数值模拟当中所使用的非规则网格数据、利用点云形式存储的海底地形地貌数据等。

在这类数据结构当中，节点与节点间的连接类型和顺序并不是固定的，对于数据中的某个点，难以定义出其相邻节点，或者不同节点的邻居节点数量是不同的。

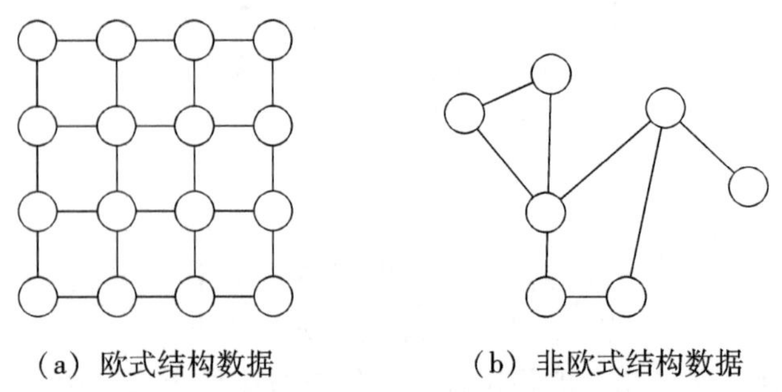

（a）欧式结构数据　　（b）非欧式结构数据

图 5.23　两种代表性数据结构类型

传统的深度神经网络，如 CNN 在处理图像这类二维网格化的欧式结构数据时，利用其平移不变性、组合性和局部性，可以对数据进行卷积操作。然而，若直接将 CNN 应用于非欧式数据的处理，由于其中心节点的邻居节点数量和排列顺序不固定，无法满足平移不变性，导致难以确定卷积核。于是，研究人员提出了图神经网络（graph neural networks，GNN）的概念，将 CNN、LSTM、注意力机制等应用于非欧式数据结构。GNN 以图数据结构作为输入，输出预测结果。常见的预测任务有节点分类、边预测、节点簇分类、网络相似性判断等。目前常用的 GNN 模型有图卷积神经网络、图注意力网络、GraphSAGE 及门控图神经网络。

图卷积神经网络（graph convolutional network，GCN）是 GNN 中一类重要的模型。2014 年，Bruna 等首次将 CNN 应用于图数据结构，称为“第一代 GCN”，其计算公式如下：

$$X_{k+1,j} = L_k h\left(\sum_{i=1}^{f_{k-1}} F_{k,i,j} x_{k,i}\right), j = 1, \cdots, f_k \tag{5.19}$$

式中，$x_{k,i}$相当于第 k 层的第 i 个节点的特征；$F_{k,i,j}$代表第 k 层的第 j 个卷积核对第$k-1$ 层的第 i 个 $x_{k-1,i}$进行卷积；h 代表非线性激活函数；L_k 代表对卷积的结果进行池化操作来降低节点的维度，相当于聚类的结果。

GCN 方法实现了图数据结构上的卷积操作，利用相邻节点特征表示中心节点特征，实现了 GCN 的突破，为基于频域的 GCN 发展奠定了基础。相较于 GCN，Defferrard 等（2016）将切比雪夫多项式应用于卷积核的近似，设计出一种全新的卷积核，从而提出了切比雪夫网络（Chebyshev network，ChebNet）。ChebNet 的提出使算法复杂度大幅下降，计算效率得到了提高。第三代 GCN 由 Kipf 等（2016）提出，考虑将基于谱域的 GCN 应用于半监督实际情境中，如引文网络这类图结构数据中，存在未知标签的节点，需要对这些节点进行分类的任务。常见的 GCN 网络总结见表 5.4。

表 5.4　图卷积神经网络模型汇总

代别	提出时间	训练集	处理任务
第一代 GCN	2014 年	MNIST	子图匹配
ChebNet	2016 年	MNIST/20ENWS	节点分类
第三代 GCN	2017 年	Citeseer/Cora/Pubmea/NELL	节点分类

图注意力网络是基于注意力机制对卷积运算进行改进，从而得到更强大的图神经网络。Velikovi 等（2017）提出了图注意力网络（graph attention network，GAT）模型，其在邻居节点的聚合过程中加入了注意力机制，从而使模型相较于传统的 GNN 能进一步地学习每个邻居节点的权重，根据权重值有选择性地聚合作用更大的节点，忽略作用小的节点，这使模型性能进一步得到了提升。GAT 的核心思想如下：首先，利用神经网络计算邻居节点的权重值；接着，将权重不同的邻居节点更新为中心节点，其注意层结构如图 5.24 所示。

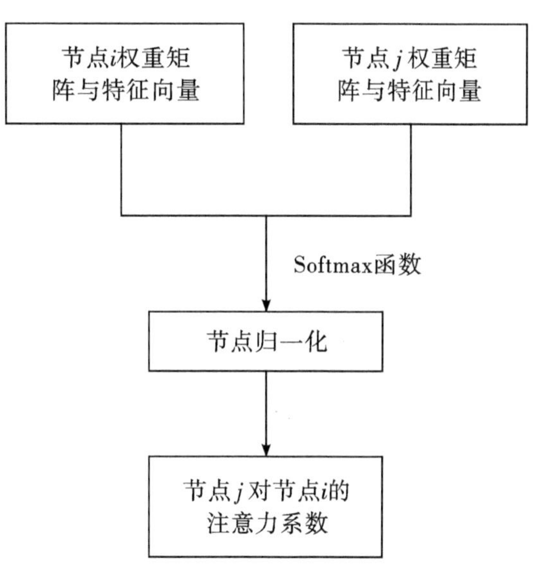

图 5.24 GAT 注意力层结构示意

Shi 等（2022）提出了一种基于图神经网络的代理模型，用于探究海洋气候模拟的参数空间。参数空间探索对于了解输入参数（如风应力）对模拟输出（如温度）的影响至关重要。GNN 代理是一种能够根据输入参数快速估算输出场的模型，通过指定的视觉映射实现模拟参数空间的可视化。同时，基于图的技术是为非结构网格设计的，使其在不规则网格上的模拟输出更高效。

Chen 等（2021）将 GNN 应用于有效波高（significant wave height，SWH）的预测，其提出了一种小波图神经网络（wavelet graph neural network，WGNN）方法，将小波变换和图神经网络相结合。在小波分解数据上分别训练多个并行图神经网络，每个模型的预测重构形成最终的有效波高预测值。结果表明，所提出的 WGNN 模型优于其他模型，包括数值模型、机器学习模型和代表性的深度学习模型。

5.4 机器学习的挑战与应用前景

5.4.1 样本容量

样本容量是指样本个体的数量，从本质上讲，模型拟合实际情况的能力与样本容量密切相关。样本容量大小可能会导致模型拟合结果的差异，从而出现过拟合和欠拟合的情形。只有针对不同的模型选择合适的样本容量，才能使构建的机器学习模型更加符合真实情况。当样本容量过小时，模型缺少足够的数据进行训练，导致模型可能在训练集上难以对目标函数进行拟合，从而产生欠拟合。而当样本容量过大时，模型能在训练集上较好地拟合目标函数，但过多样本量会导致模型的泛化能力下降，从而导致过拟合。模型欠拟合、拟合良好及过拟合情况的示意如图 5. 25 所示。

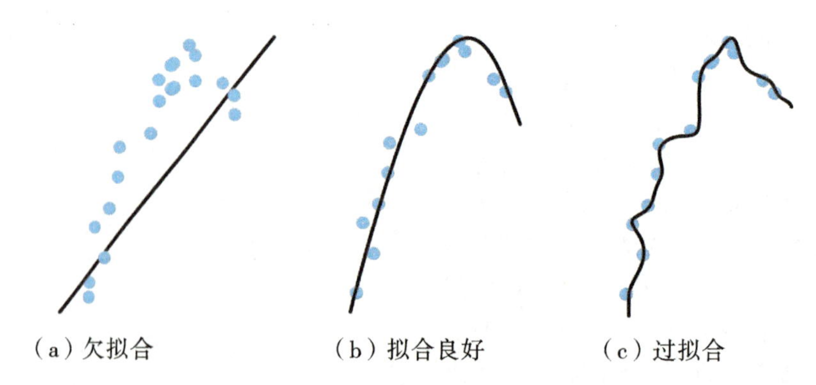

图 5. 25　不同样本容量下的模型学习效果示意

由图 5. 25(b) 可知，因变量与自变量之间存在近似二次方的映射关系。但是，在模型训练前，两者间的关系并不清楚。若基于有限样本将其估计为线性关系，此时，实际情况与模型估计关系间存在较大差异，实际值与估计值间的差别称之为偏差，此时模型处于欠拟合情况；若将自变量与因变量的关系估计为更高阶的关系，结果就出现了高方差情况，即模型过拟合。

5. 4. 2　模型选择

机器学习模型选择是指在给定的数据集和任务上，选择合适的机器学习算法或模型的过程。模型选择的目的是找到一个能够在未知数据上表现良好的模型，即该模型具有良好的泛化能力与拟合精度。模型选择的重要性在于不同机器学习算法或模型对不同的数据特征或分布有不同的假设或适应性，因此，需要根据具体的问题和数据进行模型的选择。目前，机器学习种类繁多，可以根据其学习方式和目标来进行分类。

监督式机器学习是指利用已知标签的数据来训练模型，然后用模型来预测未知标签的数据。监督式机器学习的任务可分为回归和分类两种。线性回归是其中最为简单的一类算法，在需要计算一些连续值，而不是将输出分类时，可选用此类算法。例如，当对一个连续变化过程进行预测时，使用线性回归算法可以对未来某时刻的值进行估计。但是，当样本特征较多，出现冗余时，即如果存在多重共线性时，使用线性回归算法所得到的结果将呈现不稳定情形。支持向量机常应用于模式识别及分类问题。当所采用的数据只有两种类别时，支持向量机准确率较高。该模型从理论上便具有较低的过拟合可能性。假如用于训练的数据在低维特征空间中线性不可分，选择合适的核函数可以将其映射至高维空间，从而获得较好的训练效果。支持向量机在文本分类问题中应用广泛，在该类问题中，输入通常为高维度空间数据集。但是，支持向量机是一种内存密集型算法，其难以被解释，导致模型的调参优化变得困难。神经网络中包含着神经元间连接的权重，权重间是平衡的，逐次对数据点进行学习。所有的权重训练完成后，如需对新给定的数据点进行回归，神经网络可以被用于预测分类结果或一个具体数值。利用神经网络可以对较为复杂的模型进行训练，并且将其作为一种黑盒方法加以利用，而在训练模型之前，无须进行不可预测的复杂特征工程。

决策树模型较少被单独使用，通常将不同的决策树组合，进而得到更加高效的算法，如随机森林或梯度提升树算法。决策树在处理特征交互时具有高效性，而且其不属于参数模型，因此在训练过程中无须考虑异常值或采用的数据是否线性可分的问题。决策树的局限性在于其并不支持实时学习，当对训练后的决策树进行更新时，将不得不重新构建决策树。此外，单个决策树模型易出现过拟合，但当多个决策树组合成随机森林或提升树等集成学习模型时，该问题会得到改善。同时，决策树的训练过程需要占用大量内存，这取决于样本所具有的特征数量。

非监督式机器学习是指利用没有标签的数据训练模型，然后用模型挖掘数据中隐藏的结构或规律。非监督式机器学习主要包括聚类和降维两种任务。*K* 均值聚类算法试图将数据分为给定数量的簇，使每个簇内数据尽可能相似，而不同簇间则尽可能区别开。该算法易于理解和实现，但需要预先指定簇的个数，且对噪声及异常值敏感。层次聚类算法根据数据间的相似度进行归类，不需要预先指定簇的个数，但是其时间复杂度较高，无法处理大数据集。总体而言，聚类可用于发现数据集内在的分布，但结果依赖于参数调整及距离度量的选择。

主成分分析可用于降维，其思想是将高维数据投影到低维空间，尽可能保留数据变化的信息。其可用于去除冗余特征，实现数据可视化，提升其他算法的性能。但是，降维也可能会导致信息损失，需要平衡保留信息量与降低维度之间的权衡。自组织映射是一种非监督的神经网络，可以将高维数据投影到低维的离散映射上，同时保留数据的拓扑结构，适用于数据可视化和聚类。流形学习假设数据分布在低维流形上，目标是发现数据的内在流形结构，其可用于非线性降维。总体而言，非监督学习可在无标签数据上提取有用的模式，但结果的可解释性及有效性需进行人工判别，通常通过调整算法参数及设置来优化模型。

在实际应用中可根据任务与机器学习方法的特点进行算法筛选，但是通常在模型构建初期难以明确哪种方法最优，需要通过多次迭代，并通过定性与定量的对比分析，评估不同算法的性能与优劣，从而选择适用于具体问题的算法。

5.4.3 耦联模型

不同模型间通过将输入与输出相连接，使一个模型的输出作为另一个模型的输入，从而同时利用两个模型来更好地完成相应任务，即为耦联模型。耦联模型的构建思想为各取所长，强强联合。常见的耦联模型类型有以下三种：不同机器学习算法耦合的级联模型、机器学习与数值模型耦合的模型，以及融合资料同化技术与机器学习的耦合模型。

阚光远等（2018）为对流域洪水进行预报，提出了一种将 ANN 与 *K* 均值聚类耦合的建模方法，利用多目标遗传算法和 Levenberg-Marquardt 算法进行全局最优训练，从而改善了单个 ANN 模型预测能力不佳的问题。其建模方式如下：

$$Q_{\mathrm{est}}(t)=F_{\mathrm{ANN}}\begin{bmatrix}P(t),\cdots,P(t-n_P)\\Q_{\mathrm{ant}}(t-1),\cdots,Q_{\mathrm{ant}}(t-n_Q)\end{bmatrix} \tag{5.20}$$

$$E_{\mathrm{est}}(t)=F_{\mathrm{KNN}}\begin{bmatrix}Q_{\mathrm{est}}(t)\\P(t),\cdots,P(t-n_P)\\Q_{\mathrm{ant}}(t-1),\cdots,Q_{\mathrm{ant}}(t-n_Q)\end{bmatrix} \tag{5.21}$$

$$Q(t)=Q_{\mathrm{est}}(t)+E_{\mathrm{est}}(t) \tag{5.22}$$

式中，Q_{est}和E_{est}分别为径流量和径流量误差的估计值；F_{ANN}和F_{KNN}分别为基于 ANN 和 KNN 的径流量和径流量误差估计方法；P 和 Q_{ant}分别为降雨和前期径流；n_p 和 n_Q 分别为降雨和前期径流的阶数；Q 为预报的径流量。

沈晖华等（2020）运用 Stacking 集成机器学习进行波浪预报（图 5.26），集成多个不同的方法，构建多个映射关系，以充分学习波浪数据集的特征。训练样本 D 包括有效波高 $y_i^{(t)}$ 及与其有关的特征数据 $x_i^{(t)}$，上标（t）表示模型当前层数。第一层模型学习训练集之后，输出各个体学习器所预报的有效波高。此时直接采用第一层模型的训练数据集训练第二层模型，可能产生过拟合。为避免过拟合风险，需要生成新的训练集 D'。在新的训练集中，第一层模型的输出结果 $h_t^{(j)}(x_i)$ 被当作新一层模型的样本输入，下标 t 表示第一层模型中个体学习器的编号，j 表示样本编号。有效波高样本 y_i 保持不变，形成新的训练集 D'，D'用于训练第二层模型。以上两层机器学习模型组成了基于 Stacking 集成机器学习的波浪预报算法。

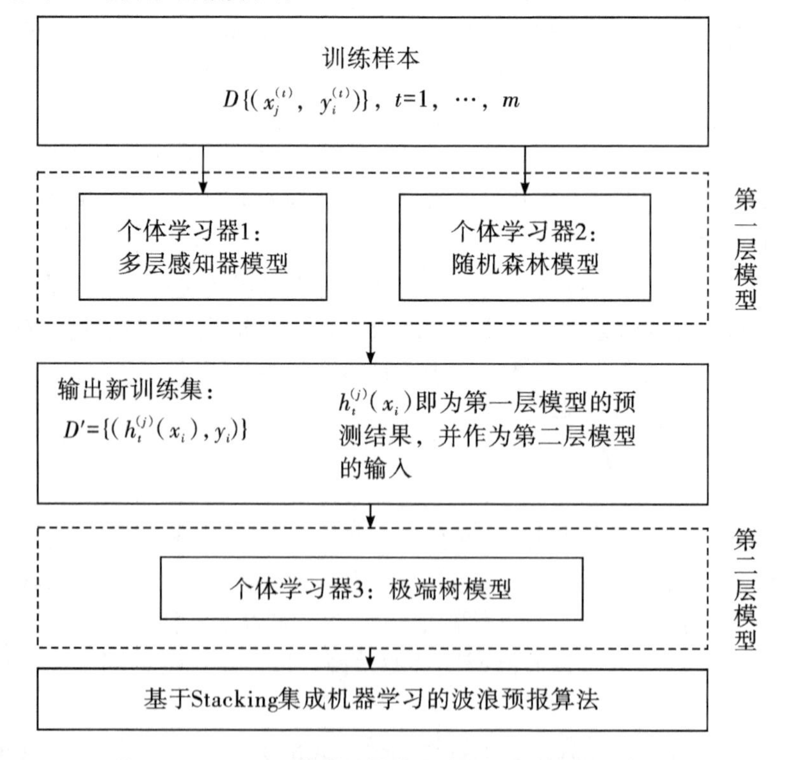

图 5.26 Stacking 集成机器学习波浪预报算法模型架构

将多层感知器、随机森林两种拟合度较好的学习器作为第一层集成机器学习算法，针对波浪数据进行训练。假设空间是指机器学习模型可以表示的所有可能映射函数的集合，即模型可选择的候选函数范围。不同模型在假设空间和原理上有所差异，一些模型的假设空间较为简单，如线性回归，另一些模型的假设空间较复杂，如神经网络。通常而言，假设空间越大，模型越能拟合复杂数据，但也越容易过拟合，即在训练数据上预测效果很好，但在未知数据上效果难以保障。为了提高预报的准确率和稳定性，可以采用两层机器学习算法的结构。第一层算法可以使用一些复杂的非线性变换提取数据特征，从而扩大假设空间，增加模型的表达能力。第二层算法可以使用一些集成学习方法，如极端树模型，从而降低在第一层算法中累积的过拟合风险，并从第一层扩大的假设空间中寻找更好的近似，综合多个模型的预测结果。如此，即可得到优于单一模型的预测结果。

5.5 小结

机器学习是基于海量数据信息，利用计算机系统完成相应的分类或预测任务。在海洋水文气象领域，机器学习可被用于缺失值填补、异常值检验、数据挖掘、图像处理、分析预测等。机器学习的突出优势是其通过训练、测验等过程完成模型构建后，模型可以自动地完成相应后续任务，并且可循环重复使用。在海洋水文气象领域的实际应用中，基于具体任务的要求，可选择监督式、非监督式或半监督式中的某一种机器学习方法或者采用耦联方式构建预测模型。

思考题

（1）按算法特点，机器学习算法可分为哪几类？各有什么特点？

（2）请简述 ID3、C4.5 和 CART 三种决策树算法的主要特征。

（3）请简述宽度学习系统相对于传统深度学习方法的优势和局限性。

（4）请简述监督式机器学习与非监督式机器学习的异同。

第6章

海洋水文要素预测

海洋水文要素是表征海洋物理量或物理现象的统称，主要包括温度、盐度、海流、海浪、潮汐等。海洋水文要素预测是对未来时刻海洋状态信息的预估，其对海洋资源开发、海洋生态环境保护、海洋权益保护等有重要意义。

6.1 水文预测概述

预测是对变量未来时刻数值的估算，在海洋水文气象领域，最初的水文气象要素预测多采用经验性估算方法，后来，随着观测手段的增多与观测能力的提升，通过对水文气象要素变化规律的归纳总结，半经验性公式逐步得到应用。自 20 世纪中期起，随着计算机的推广与普及，基于海洋水文气象理论的数值模拟方法在海洋水文气象预测领域得到了广泛的应用。近 20 年，随着遥感观测手段的发展，海洋水文要素的观测逐步从局部区域、单一维度、短时期向全球域、多维度、长周期发展，进而提升了海洋水文数据的完整性与丰富度，使人工智能、数字孪生等技术在海洋水文预测领域的应用具备了资料基础，利用多源异构海洋水文资料进一步推动数据驱动预测模型的发展。海洋水文要素预测中使用的模型根据其原理可大致分为数据驱动模型、机理驱动模型及耦合模型三类，其特点见表 6.1。

表 6.1 海洋水文预测模型

模型类型	模型简介	优势	局限性
数据驱动模型	利用历史数据进行预测，如神经网络模型、决策树模型、随机森林模型、遗传算法模型等	适用于非线性、非稳态、复杂系统的建模；能够快速处理大量数据	对于新问题需要重新训练模型；存在过拟合、欠拟合等问题
机理驱动模型	基于已知物理原理或机理进行预测，如海洋环流模型、波浪模型等	建模精度高，具有良好的物理解释性	对于复杂系统和数据缺失情况下建模较为困难
耦合模型	将数据驱动模型和机理驱动模型相结合，进行耦合预测	综合利用了数据驱动模型和机理驱动模型的优点，提高了预测精度	模型复杂度高，参数选择较为困难

数据驱动模型是基于对样本数据中隐含内在规律的挖掘，较少涉及实际的物理过程或其机理，数据驱动模型是直接根据数据进行统计分析，按照最小误差的原则，总结归纳出该过程中各个参数和变量之间的数学关系。构建模型的一般步骤为系统分析、观测数据抽样、确定目标函数、参数估计、模型预测结果检测及模型评价。数据驱动模型结

构简单、计算精度较高，因此，其成为海洋水文要素预测领域的重要方法之一，但其缺乏相应的物理机制，参数间的关系难以用物理原理解释。

机理驱动模型基于海洋动力学、热力学等原理，通过数值方法求解一系列偏微分方程，进而研究流速、温度、盐度、潮汐、波浪参数的变化过程。机理驱动模型依赖于对物理过程的深入理解。机理驱动模型能够提供对海洋环境变化过程的物理解释，同时也能够提取各个变量之间的关联性，在模型建立后，可根据需要重复使用，具有可控的时空分辨率。

因数据驱动模型与机理驱动模型各自存在一定的局限性，为了充分发挥两类模型的优势，提高对海洋水文要素的预测精度，一种将数据驱动模型和机理驱动模型相结合的耦合模型被应用于海洋水文要素分析与预测中，其将海洋变化过程的物理机制融入数据驱动模型中，以期获得更好的预测结果。与数据驱动预测模型相比，耦合预测模型包含的经验参数较少，一般情况下耦合预测模型出现过拟合的可能性比数据驱动预测模型低，模型的适用性更好。如图6.1所示，根据模型耦合方式的不同可以将耦合模型分为增强机理模型、增强数据模型和全新数据模型三类。

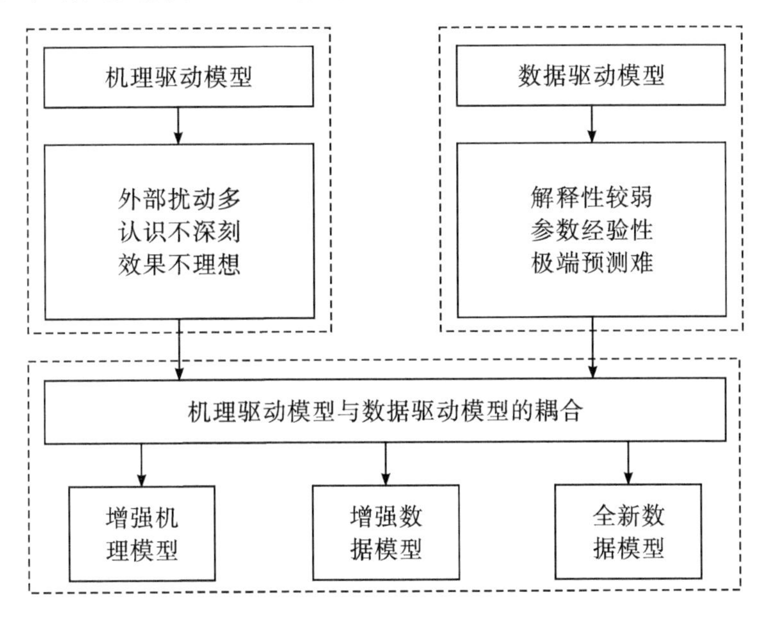

图6.1 耦合预测模型示意

增强机理模型将观测资料融合到机理模型中，通过考虑模型误差及观测误差，对模型背景场重新优化，以提高模型模拟精度；增强数据模型以机理驱动模型的输出结果作为数据驱动模型的输入，从而构建多数据驱动的增强数据模型；全新模型是基于对物理过程新的认知构建的有别于增强数据模型与增强机理模型的新模型。

尽管海洋水文要素信息获取能力有了显著的提升，越来越多的海洋水文要素数据可被获取，但如何有效利用多源异构海洋水文气象数据，特别是在数据选取、数据清洗、特征提取和预测模型评估等方面，仍存在一些挑战。本节将从模型选择、数据选取、数据清洗、特征提取、预测模型、模型优化及预测评估等方面切入，详细介绍四种主要水文预测模型，分别是回归模型、数值模型、资料同化系统，以及机器学习模型。

6.1.1 回归模型

回归模型是对自变量和因变量间统计关系的定量描述，可用于预测分析。回归模型可揭示因变量与自变量间的关联性，可以用于确定多个自变量对某一因变量的影响程度。常见的回归模型如图 6.2 所示。

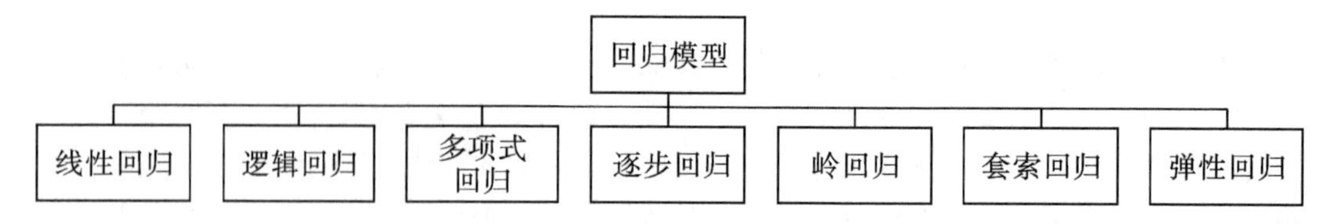

图 6.2 常用回归模型分类

回归模型根据其模型中因变量个数和回归函数类型（线性和非线性），可将其分为一元线性、多元线性和非线性回归三类。常用的回归模型为线性模型，因为其结构简单、理论完善，在海洋水文气象要素预测中应用广泛。线性模型能较好地拟合各要素间的线性关系，从而进行快速预测。非线性回归模型则考虑了影响因素和预测目标之间的非线性关联性，在海洋水文气象要素预测中也有着广泛的应用。一元线性回归、多元线性回归及非线性回归的介绍如下。

1. 一元线性回归模型

一元线性回归模型针对单独两变量间的关系，即一个影响因素和一个预测值之间的关系。选择一组容量为 N 的样本，预测值表示为 y，影响因素表示为 x，则 x 与 y 间的关系用一元线性回归模型可表示为

$$y_t = ax_t + b,\ t = 1,\ 2,\ 3,\ \cdots,\ N \tag{6.1}$$

式中，x_t 表示 t 时刻的影响因素的值；y_t 表示 t 时刻预测量的值；a，b 表示一元线性回归模型的待求参数。

参数 a，b 采用最小二乘法求解：

$$a = \frac{\sum_{i=1}^{n}(x_i - \bar{x})(y_i - \bar{y})}{\sum_{i=1}^{n}(x_i - \bar{x})^2} = \frac{\sum_{i=1}^{n}x_i y_i - n\bar{x}\,\bar{y}}{\sum_{i=1}^{n}x_i^{\,2} - n\bar{x}^2} \tag{6.2}$$

$$b = \bar{y} - a\bar{x} \tag{6.3}$$

2. 多元线性回归模型

单一海洋水文要素的变化可能和多个影响因素有关，可通过建立多元线性回归模型表征其多元关联性，进而对海洋水文要素进行预测。其原理与一元线性回归模型类似，其求解过程如下：

（1）假设待预测要素为 y，共有 m 个影响因素，为了明确其多元线性关系进行 n 次抽样，n 次抽样得到的预测值为 y_1，y_2，y_3，…，y_n。y_1，y_2，y_3，…，y_n 及 m 个影响因素的观测值为 x_{i1}，x_{i2}，x_{i3}，…，x_{in}（$i = 1,\ 2,\ \cdots,\ m$）。

（2）将多元线性回归模型表示为

$$\hat{y}_i = b_0 + b_1 x_{i1} + b_2 x_{i2} + \cdots + b_m x_{im}, \ i = 1, 2, \cdots, n \tag{6.4}$$

其矩阵形式为

$$\boldsymbol{Y} = \boldsymbol{XB} \tag{6.5}$$

（3）多元线性回归模型的求解方法主要有两种，分别为解析法和梯度下降法。解析法通过最小二乘法确定系数矩阵 $\boldsymbol{B}$，从而得到多元线形回归方程：

$$\hat{y} = b_0 + b_1 x_1 + b_2 x_2 + \cdots + b_p x_p \tag{6.6}$$

梯度下降法是迭代法的一种，可用于求解最小二乘问题，常用的两种梯度下降法为随机梯度下降法和批量梯度下降法。

3. 非线性回归模型

海洋水文要素间的关联性多为非线性，对于此类水文要素需利用非线性回归模型进行预测。非线性回归模型以线形回归模型作为基础，主要的求解方法为目标函数线性化法和多项式展开法。

（1）目标函数线性化法。该方法通过将目标函数进行适当的变换，转为线性函数，然后按照线形回归方法进行计算。例如，对于如下函数：

$$\frac{1}{y} = \alpha + \frac{\beta}{x} \tag{6.7}$$

记 $y' = \frac{1}{y}$、$x' = \frac{1}{x}$，将式(6.7）转化为

$$y' = \alpha + \beta x' \tag{6.8}$$

进一步利用线形回归方法即可求解。

（2）多项式展开法。当预测量与影响因素间关系不明确时，可利用 n 阶多项式展开求解：

$$y = b_0 + b_1 x + b_2 x^2 + \cdots + b_n x^n \tag{6.9}$$

通过对影响因素 x 转化，$x_1' = x$，$x_2' = x^2$，$x_3' = x^3$，…，$x_n' = x^n$，将式(6.9）改写为

$$y = b_0 + b_1 x_1' + b_2 x_2' + \cdots + b_n x_n' \tag{6.10}$$

此时，需求解的问题转化为多元线性回归问题。

6.1.2　数值模型

描述海洋运动的基本方程大多为偏微分方程，除一些特殊情况可以求得解析解之外，较多情形只能通过计算机数值求解。20 世纪 60 年代，随着计算能力的提升，研究人员开始使用计算机模拟海洋变化过程，首先是波浪数值模拟与预测模型，接着是潮汐潮汐数值模拟与预测模型，20 世纪 70—80 年代主要为二维及三维潮汐数值模拟技术的研究。在 20 世纪 90 年代开展了试验性的海洋数值预报（包括波浪、潮汐、温盐度等）。之后，随着观测手段的多元化和实测数据的增多，输入数值模型的数据日益多元、丰富、准确，模型初始与边界条件的设置得到不断优化，这使数值模型成为海洋水文要素预测中被广泛使用的重要手段之一，其预测精度得到了不断的提高。

海洋水文要素预测中较为常见的数值模型主要有：①海浪模型，包括海浪模式

（wave model，WAM）、近岸海浪模拟模式（simulating waves nearshore，SWAN）和 WAVEWATCH Ⅲ（WW3）；②海洋环流模型，包括 POM（princeton ocean model）、FVCOM（finite volume community ocean model）、HAMSOM（hamburg shelf ocean model）、HYCOM（hybrid coordinate ocean model）；③风暴潮模型，主要包括 ADCIRC（the advanced circulation model）等。

WAM、SWAN 和 WW3 作为第三代海浪数值模型，直接计算波浪之间的非线性相互作用，通过对各个源函数的计算模拟海浪变化过程。WAM 海浪模型由 WAMDI（Wave Model Development and Implementation Group）提出，是最早的第三代海浪数值模型。SWAN 模型是基于 WAM 模型改进后构建的，进一步考虑了水深变浅导致的波浪破碎。WAM 根据单一源函数建立，而 SWAN 具有多个源函数及可选择的参数。WAM 最初是作为大尺度模型开发的，而 SWAN 专门用于模拟近岸海浪。WW3 模型是在 WAM 模型的基础之上加入了海流对海浪频率影响后构建的，也是 WAM 改进后的一种模式。同时，WAM 和 WW3 中也引入了一些高级的数值计算方法和解决近岸波浪问题的源函数和参数项，以改进其在近岸区域的计算性能与模拟精度。

POM 模型是美国普林斯顿大学于 1997 年建立的三维斜压方程数值海洋模型，经过多代的改进，现已成为区域海洋环流、潮汐及风暴潮等河口、近岸海洋过程的重要数值模式之一。ROMS（regional ocean model system）是由美国罗格斯大学与其他机构联合开发的区域海洋数值模型。该模型高效易用，可以实现物理、生态和数据同化等多个模块的耦合。ROMS 通常用于模拟海洋环流、潮汐、海浪、和海洋泥沙等过程，并可与 WRF 大气模式和 SWAN 海洋模式结合，形成 COAWST 耦合模型。HAMSOM 模型由德国汉堡大学开发，其同样基于三维斜压原始方程构建，多用于边缘海及陆架海域的数值模拟。FVCOM 是由美国佐治亚大学陈长胜教授及美国麻省大学海洋科学和技术学院海洋生态模型实验室人员于 2000 年建立的非结构化网格海洋环流与生态模型。FVCOM 采用非结构化网格和有限体积法，使其既可以模拟浅海近岸区复杂的地形边界，又便于对原始动力学方程组进行离散以保证运算效率，因此，其在高分辨率和小尺度问题的计算中具有显著优势，较多运用于潮流和风暴潮预报。HYCOM 模型由 FNMOC（fleet numerical meteorology and oceanography center）、NRL（naval research laboratory）、NCEP（national centers for atmospheric prediction）联合开发，其开发基于 MICOM（Miami isopycnic coordinate ocean model），目前其不仅被应用于全球模式中，在区域及海盆模式下也有应用。以上四种海洋环流模型的对比介绍见表 6.2。

表 6.2 代表性海洋环流模型

模型名称	模型坐标及网格	优缺点
POM	水平：正交曲线网格 垂向：σ 坐标	混合层、温跃层等层化现象及水平方向梯度变化表达困难、烦琐
ROMS	水平：正交曲线网格 垂向：σ 坐标	高效、易用、易于耦合。在进行高分辨率或大尺度模拟时，需要大量计算资源
HAMSOM	水平：C 网格 垂向：z 坐标	采用层内积分方式，分层构建控制方程，使三维问题转化为二维，简化计算

续表6.2

模型名称	模型坐标及网格	优缺点
FVCOM	水平：无结构三角形网格 垂向：σ 坐标	复杂岸线、干湿边界处理方便
HYCOM	水平：正交曲线网格 垂向：混合坐标	可并行运算，具有灵活冷热启动开关，输出格式、要素丰富，垂向混合坐标更好地描述了层化海洋的垂直结构

风暴潮数值模拟始于20世纪中期，经过20多年的发展，得到了不断提升，形成了一系列的风暴潮数值模拟系统。早期的风暴潮模式系统多为二维模式，通过改进参数化风场模型，于1972年建立了第一代风暴潮数值模拟模型SPLASH（special program to list amplitudes of surges from hurricanes），随后在1992年进行了改进，即风暴潮漫滩数值预报模型（sea，lake and overland surges from hurricanes，SLOSH）。此外，英国建立了STWS（storm tide warning system），日本、澳大利亚、荷兰等沿海国家均建立了风暴潮预警系统。

随着计算机技术的不断发展，三维数值模式（如POM、FVCOM、ADCIRC等）逐渐被应用于风暴潮数值预报。ADCIRC模式是由美国的北卡罗来纳大学和圣母大学联合开发的，可应用于海洋、海岸、河口跨尺度区域的二维、三维水动力计算的数学模型。模型基于Boussinesq和静压近似，使用笛卡尔坐标或球坐标。ADCIRC-2DDI（two-dimensional，depth-integrated hydrodynamic）模式下通过求解垂直积分动量方程得到平均流速和潮汐，三维模式则基于广义拉伸垂直坐标系，利用标准圆柱投影，将球面控制方程转换为笛卡尔坐标中的等效方程组来求解，最终利用有限元方法进行计算。目前，ADCIRC经过发展已较为完善，且被大量地应用于近岸工程的海洋环境模拟分析，近年逐渐朝着风暴潮-潮汐-海浪耦合模式系统发展。随着波流耦合和波浪近岸增减水研究的深入，越来越多的研究人员将风暴潮中风浪过程对近岸增水和近岸流场的影响也考虑到风暴潮数值模拟中。

6.1.3 资料同化系统

资料同化（data assimilation，DA）被定义为一种资料分析融合技术，可以将观测资料和数值模式联合起来，为数值预报系统提供更多的信息，从而提高模型的模拟与预测精度。现代资料同化技术的发展与早期气象领域中使用的分析技术有关。通过一套标准的优化方法，资料同化可以将不同时空尺度、不同类型的观测数据融合到数值模型中，通过对模型背景场进行重初始化，使预测结果的误差降低。目前，根据其基础理论，可将资料同化方法大致分为两类：一类是基于统计估计理论的资料同化方法，如最优插值、卡尔曼滤波、卡尔曼光滑、集合卡尔曼滤波等；另一类是基于变分技术的资料同化方法，如3DVAR（three-dimensional variation）、4DVAR（four-dimensional variation）等（图6.3），其中代表性的是变分法和滤波法。

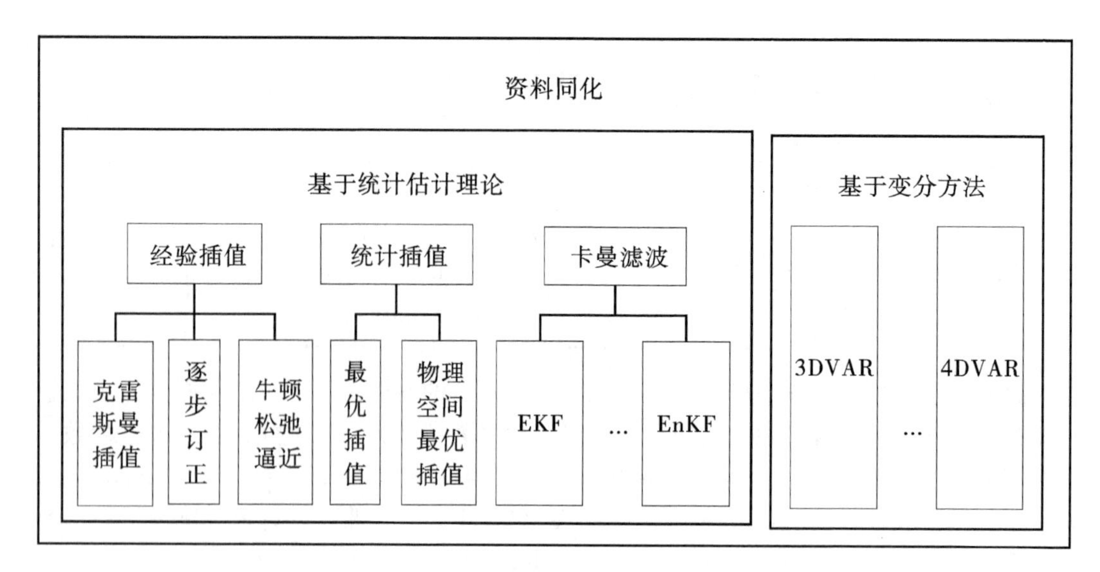

图 6.3　资料同化技术分类

对于海洋数值预测模式而言，初始场是模型状态计算的起点，其精准度对模型预测结果至关重要。而资料同化技术是将观测数据与数值模拟背景场进行融合，得到更准确的初始场，有助于提升模型的模拟与预测精度。

综上可知，资料同化技术可充分利用观测数据中的有效信息，从而提高海洋水文要素模拟与预测系统的性能，并对改进模式模拟能力和提高预测精度起到重要作用。

6.1.4　机器学习模型

机器学习模型通过运用计算机从大量数据中学习与挖掘数据内在规律而构建，机器学习不是某种具体的算法，而是多种算法的统称。对收集到的数据进行计算分析，并通过对计算方法的改进来提高完成特定任务的准确性。机器学习是将数据输入机器学习算法中，算法基于输入数据生成计算模型。用另一组测试数据输入计算模型，该模型则根据输入的数据生成相应的预测结果（图 6.4）。经过不断发展和完善后，机器学习已经被运用于各领域，包括海洋水文气象学、生物化学、海洋工程应用等。

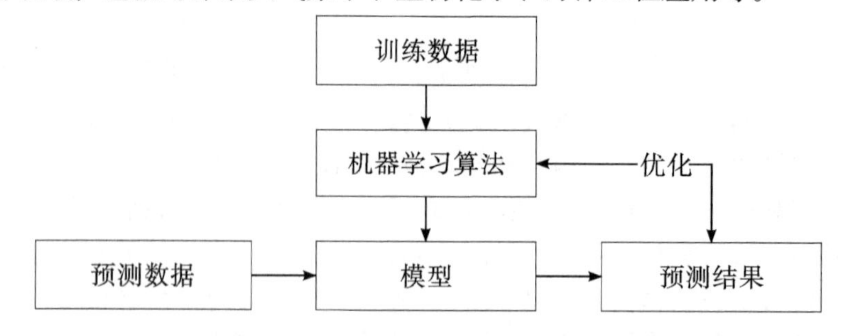

图 6.4　基于机器学习方法的海洋水文要素预测模型构建流程

机器学习的基本思路如下：将实际待解决的问题抽象为数学问题，通过求解数学问题来完成相应的任务或目标。将现实问题转换为数学问题是应用机器学习的关键，但并非所有问题都能进行有效转换。

机器学习的任务是从数据中挖掘其内部的规律，总结训练集中数据的变化规律，基于挖掘的内在规律，预测其未来变化趋势。在实际使用中还需利用验证集对模型进行验证，用于判断机器学习所识别的特征是否正确。由此可知，机器学习模型的关键是如何从数据中有效地学习。虽然机器学习包括数据和算法，但其核心部分是数据，因此，数据是影响机器学习模型有效性的关键因素之一，机器学习的能力只能达到训练数据所能提供的水平。可以使用相对简单的算法构建机器学习模型，但是若缺少高质量的数据，将使模型的有效性降低。

机器学习因其便捷高效的特性被广泛用于各个领域，海洋水文要素预测是其中之一。在波浪预测方面使用最为广泛的机器学习算法为人工神经网络算法（artificial neural network，ANN），ANN 能够有效预测包含模糊物理参数关系的自然现象，提取输入（过去和当前波浪数据）与输出（预测波浪数据）之间的非线性关系，并对多个变量进行预测。因为其可模仿人脑中神经元信息处理过程与机制，所以称之为人工神经网络。已有研究者利用人工神经网络对风浪进行了预测，研究中训练集数据不仅涵盖波浪的信息，还包括风的数据，预测结果表明，人工神经网络在风浪预测中具有巨大潜力与应用前景。

6.2 数据获取

6.2.1 实测资料

海洋水文气象数据来源涵盖天－空－陆－海四个层面的观测，如图6.5所示。

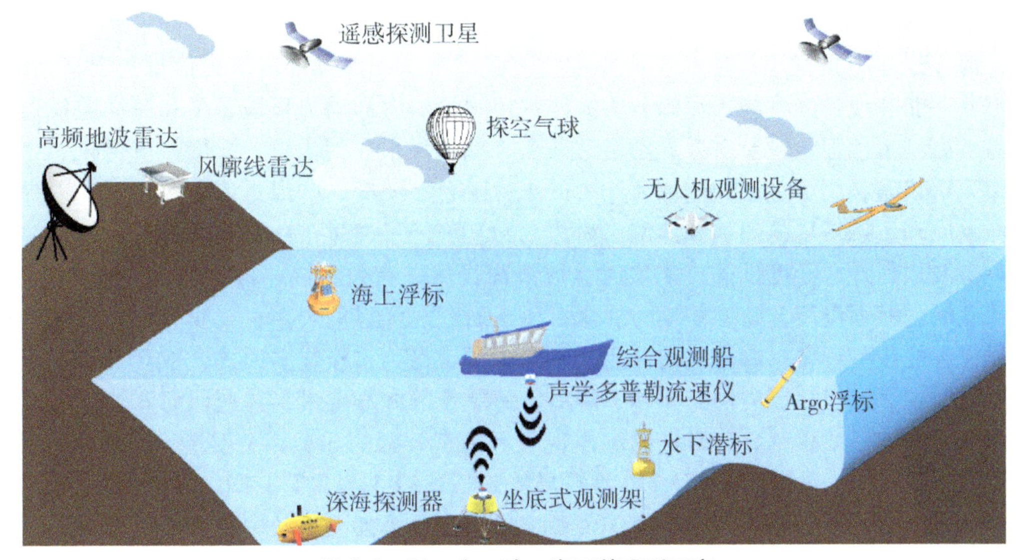

图6.5 天－空－陆－海四基观测示意

天基观测主要利用遥感卫星获取大气与海洋的观测数据，包括光学遥感、红外遥感、微波遥感和合成孔径雷达等。通过这些手段，可以获取海洋表面温度、海流、波浪、海面高度等信息。

空基观测主要利用高空气球或飞行器携带气象和水文传感器收集大气层数据，通过无线电探空仪、探空火箭和辐射探测器等设备，获取风速、风向和气压等数据，为气象预测预报、气候研究提供重要依据。

陆基观测包括岸基地波雷达站、岸基海洋观测站（点）、水文站、海洋气象站和潮位站等，观测要素包括海浪、海表流场、海表风场、潮汐、水温、盐度等。其中，岸基雷达站通过高频地波雷达、X 波段测波雷达等设备反演海浪、海表流场与海表风场。水文站利用流速仪、流量计、水位计等设备监测流速、水位、流量等要素。

海基观测可通过船载设备，如声呐、盐温深（conductivity，temperature，depth，CTD）仪器和浮标系统等，收集海洋气象和水文数据。锚系浮标、潜标和海床基等设施用于观测海洋环境动力要素，涉及气象和水文要素数据。海洋移动观测可覆盖更大的区域，包括水面或水下移动观测平台，如自主式水下潜器（autonomous underwater vehicle，AUV）、无人遥控潜器（remotely operated vehicle，ROV）、无人水面艇（unmanned surface vehicle，USV）、拖曳式观测平台和载人潜水器等。典型的有 Argo（array for real-time geostrophic oceanography）浮标，其可以在海洋中自由漂移，提供从海面到水下 2 000 m 水深范围内的海水温度、盐度和深度资料，跟踪其漂移轨迹，可获取海水的移动速度。

6.2.2 海洋遥感数据

海洋遥感数据分为卫星遥感数据和航空遥感数据，航空遥感数据可进一步细分为载人机航空遥感和无人机航空遥感。卫星遥感用于大范围海域的高频次动态监测，实时连续获取海洋水色、海面温度、高度、风场、海浪、海流、盐度、叶绿素浓度等要素信息。而航空遥感则适用于高精度监测重点区域，其特点是快速、灵活机动，且具备较高的空间分辨率。

海洋遥感卫星是通过搭载不同类型的传感器来探测海洋环境动力信息的卫星系统。根据其功能和任务的不同，可以分为海洋水色卫星、海洋动力环境卫星和海洋监视监测卫星。海洋水色卫星主要搭载光学遥感载荷，如海洋水色扫描仪、海岸带成像仪、中分辨率光谱仪等，用于观测和监测海洋中的水体颜色、浊度、叶绿素浓度等参数，以提供海洋水质和生态环境的评估和监测。海洋动力环境卫星通过搭载微波散射计、雷达高度计、微波辐射计、盐度计等，来实时获取海面高度、有效波高、海面风场、海洋锋面、中尺度涡、海面温度、盐度等动力要素，用于研究海洋运动规律、气候变化，以及进行海洋灾害的预测预警。海洋监视监测卫星的主要载荷为多极化多模式合成孔径雷达，用于实时监视海上目标、溢油、海冰、海岛、海岸带等海洋要素，并获取海洋浪场、风暴潮漫滩、内波等要素信息。常见的海洋观测卫星有美国的 Seasat-A 卫星、GEOSAT 系列卫星和 TOPEX/Poseidon 系列卫星，欧空局的 ENVISAT-1 卫星等，国内的海洋一号卫星、海洋二号卫星、风云系列卫星、海洋资源卫星、高分系列卫星及中法海洋卫星等。

6.2.3　再分析数据

再分析是利用资料同化等技术，将不同来源、不同类型、不同格式的观测资料与数值预报产品进行融合，重建长期历史数据，同时解决观测资料时空分布不均的问题。再分析资料是现代气候变化研究中重要的数据源之一，目前已在大气－海洋－陆地相互作用、气候监测和季节预报、气候变率和变化、全球水循环和能量平衡等诸多研究领域得到了广泛应用。常用于海洋模式驱动场的海洋再分析数据包括国际海洋大气综合数据集资料、美国国家环境预报中心/美国国家大气研究中心资料、欧洲中期天气预报中心资料，ECMWF资料等，经资料同化方法计算得到的海洋模式再分析数据包括海洋再分析数据集、OFES（ocean general circulation model for the earth simulator）资料等。

目前国外海洋科学数据主要来源包括美国国家海洋大气管理局、欧洲太空局、日本气象厅及美国夏威夷大学亚洲－太平洋数据研究中心等。国内海洋科学主要数据源有国家海洋信息中心、中国科学院海洋研究所、国家卫星海洋应用中心、中国极地研究中心、青岛海洋科学与技术试点国家实验室、自然资源部各海洋研究所、大连海洋大学以及中国海洋大学海洋数据中心等。国内外代表性海洋再分析数据源详见表6.3。

表6.3　国内外代表性海洋数据源

海外数据来源	网站网址	国内数据来源	网站网址
美国国家海洋大气管理局	http://www.noaa.gov/	自然资源部	http://www.mnr.gov.cn/
欧洲太空局	http://www.esa.int/ESA	中国科学院	http://www.cas.cn/
全球海陆数据库	https://www.gebco.net/	中国气象局	http://www.cma.gov.cn/
美国宇航局中分辨率成像光谱仪网	http://modis.gsfc.nasa.gov/data/	国家海洋信息中心	http://www.nmdis.org.cn/
海洋大气综合数据集	https://icoads.noaa.gov/	国家卫星海洋应用中心	http://www.nsoas.org.cn/
美国HYCOM海洋-大气预报研究中心	https://www.hycom.org/	自然资源部第一海洋研究所	http://www.fio.org.cn/
PSY4V3再分析数据	http://bulletin.mercator-ocean.fr/	自然资源部第三海洋研究所	http://www.tio.org.cn/
美国夏威夷大学亚洲－太平洋数据研究中心	http://apdrc.soest.hawaii.edu/	中国科学院海洋研究所	http://www.qdio.cas.cn/
韩国气象局	http://www.kma.go.kr/	中国极地研究中心	http://www.pric.org.cn/

续表 6.3

海外数据来源	网站网址	国内数据来源	网站网址
法国海洋开发研究所	https://wwz.ifremer.fr/	青岛海洋科学与技术试点国家实验室	http://www.qnlm.ac/
加拿大贝德福德海洋研究所	http://www.bio.gc.ca/	国家气象信息中心	https://www.nmic.cn/
印度地球科学部	https://moes.gov.in/	大连海洋大学海洋数据中心	http://odc.dlou.edu.cn/
南安普顿英国国家海洋学中心	http://noc.ac.uk/	中国海洋大学海洋数据中心	http://coadc.ouc.edu.cn/
德国亥姆霍兹极地海洋研究中心	https://www.helmholtz.de/	中国科学院南海海洋所	http://www.scsio.cas.cn/
澳大利亚海洋科学研究所	https://www.aims.gov.au/	国家气象信息中心	http://www.nmic.cn/
俄罗斯希尔绍夫海洋研究所	https://ocean.ru/en/	香港天文台	https://www.hko.gov.hk/
日本海洋科学技术中心	http://www.jamstec.go.jp/	台湾气象局	https://www.cwb.gov.tw/
AVISO 卫星高度计资料	https://www.aviso.altimetry.fr/en/home.html	国家海洋科学数据中心	http://mds.nmdis.org.cn/
NCEP/NCAR 再分析资料	https://www.esrl.noaa.gov/psd/data/gridded/data.ncep.reanalysis.html	中国 Argo 实时资料中心	http://www.argo.org.cn/

6.3 模型选择

机器学习预测模型主要包括数据、算法和算力三个要素，机器学习拥有丰富的算法，如逻辑回归（logistics regression）、支持向量机（SVM）、神经网络（neural network）、决策树（decision tree）等，其本质上是将数据模型化，并利用训练数据来寻找最优的模型参数，以便准确地表达数据和处理数据。在海洋水文要素预测中需要选择合适的算法，算法选择通常建立在算法本身性能基础上，如召回率（recall）、准确率（precision）等，但是，此方式仅考虑了算法本身的性能，忽略了预报业务对模型的其他要求，如计算和存储资源的消耗、业务风险的控制等，这可能导致选用的模型存在局限性。

模型的选择不仅是科学问题，而且是一门艺术。在模型构建的初期阶段，通常更倾向于选择一些易于实现，且能快速进行预测的模型。得到预测结果后，可以进一步根据预测结果和数据特点选择更为合适的模型，从而利用更为合适或复杂的模型获得更加准确的预测结果。即使根据模型对当前要素的预测准确度选择了某模型，适用性最佳的模型也不一定是准确率最高的模型，只有通过调整参数和长时间训练，才能得到性能较优的预测模型。因此，在构建过程中需要对模型的计算成本、可解释性和预测效果等进行综合考虑。在 Python 软件的机器学习库 scikit-learn 中可以根据样本数目、样本有无标记和机器学习的任务目标，对机器学习算法进行选择。

在机器学习模型构建过程中，经典理论或定理的应用可为模型选择提供理论支撑，并有助于更全面地评估模型的性能和特性，从而做出更合理的模型选择。代表性的理论包括可能近似正确（probably approximately correct，PAC）学习理论、没有免费午餐（no free lunch，NFL）定理、丑小鸭定理（ugly duckling theorem）、奥卡姆剃刀原理及归纳偏置。

机器学习是基于数理统计与大数据，利用计算机求解的一种方法，但在确定计算模型、训练数据规模和学习算法收敛性时，通常需依赖经验或者进行敏感性分析，此过程不仅耗费时间和计算资源，而且难以保证模型的有效性。因此，合理的理论框架有助于对问题的困难程度和计算模型的能力进行分析，为模型构建提供理论支撑，并指导机器学习模型和学习算法的设计。该理论框架即为计算学习理论，其是机器学习的理论基石。其中最基本的理论之一是由 Leslie 在 1980 年代提出的 PAC 学习理论，其是用于评估学习算法的准则。PAC 学习理论的核心思想是，若一个学习算法能够生成一个“近似正确”的假设，则认为该算法是成功的。

NFL 定理是由 Wolpert 和 Macerday 提出的，其证明对于基于迭代的最优化算法，不存在某种算法对所有问题（有限的搜系空间内）都有效。如果一个算法对某些问题有效，那么其在另外一些问题上将差于纯随机搜索算法，换言之，不能脱离具体问题来谈论算法的优劣，任何算法都有局限性，须具体问题具体分析。

丑小鸭定理是 1969 年由渡边慧提出的，其核心思想是“丑小鸭与白天鹅之间的区别和两只白天鹅之间的区别一样大”。因为世界上不存在相似性的客观标准，相似性的标准都是主观的。如果从体型大小或外貌角度来看，丑小鸭和白天鹅的区别大于两只白天鹅的区别；但是如果从基因的角度来看，丑小鸭与其父母的差别要小于其父母和其他白天鹅之间的差别。

在机器学习中，较多学习算法经常会对学习的问题做出相应假设，这些假设称为归纳偏置（inductive bias）。例如，在最近邻分类器中，通常假设在特征空间中，一个小的局部区域中大部分样本同属一类；在朴素贝叶斯分类器中，假设每个特征的条件概率是互相独立的。了解机器学习算法的归纳偏置对于选择和设计适当的算法至关重要。下面将详细介绍代表性的机器学习算法。

6.3.1 逻辑回归

逻辑回归（logistic regression）是一种基于概率的判别式模型，其通过多种正则化方法（如L0、L1、L2等）来控制模型的复杂度。相较于决策树与支持向量机，逻辑回归有较好的概率解释性，并且可以通过在线梯度下降算法实现模型的实时更新。逻辑回归的Sigmoid函数实现简单，广泛应用于工业中，分类时计算量小、速度快、存储资源低，而且可以直接输出样本，属于某一类别的概率分数。逻辑回归不受多重共线性的影响，可以通过L2正则化来解决此问题。但当特征空间较大时，逻辑回归的性能受到影响，容易欠拟合，准确度难以保证，其难以处理大量多类特征或变量，只能处理两分类问题，也不适合处理多分类问题或非线性特征，需要进行相应的转换。

6.3.2 线性回归

线性回归（liner regression）是一种回归算法，其基本思想是通过梯度下降法优化最小二乘法的误差函数来进行预测。线性回归易于实现，计算简单，但其局限性在于难以较好地拟合非线性数据。

6.3.3 朴素贝叶斯

朴素贝叶斯（naive Bayes）是一种生成式模型，其方法简单，通过计数实现分类。若加入条件独立性假设，朴素贝叶斯分类器的收敛速度将比判别模型（如逻辑回归）更快，因此，只需要相对较少的训练数据即可获得较好的预测效果。然而，条件独立性假设也限制了算法的性能，因为在实际问题中，特征之间往往是相互影响的。如果特征之间有较强的相关性，或者特征数量较多，那么朴素贝叶斯算法可能会失效或者效果不佳。朴素贝叶斯的优点包括对小规模数据的表现良好，适用于多分类任务及增量式训练。但是，朴素贝叶斯方法对输入数据的表达形式较为敏感。

6.3.4 最近邻算法

最近邻算法（k-nearest neighbor，k-NN）是一种用于分类和回归任务的机器学习算法，其原理是通过寻找训练数据集中与新数据点最接近的 k 个数据点（邻居），然后使用邻居点数据来预测新数据点的类别或数值，其主要流程如图6.6所示。

针对 k-NN 用于分类问题，通常采用的方法如下：首先，选择一个 k 值；然后，计算新数据点与训练数据集中每个点之间的距离；最后，选择 k 个最接近的点，通过这些点的类别多数投票来确定新数据点的类别。对于回归任务问题，k-NN 通过计算邻居点目标值的平均值或加权平均值来预测新数据点的目标值。其原因在于，回归任务需对目标变量进行连续预测，而非一个类别标签。因此，k-NN算法需利用邻居点的目标值估计新数据点的目标值，而不是根据邻居点的类别判断新数据点的类别。

最佳 k 值的选择需基于数据确定。一般而言，针对分类问题时，较大的 k 值能减少噪声的影响，但同时会使类别之间的界限变得模糊。寻找合适的 k 值可以通过各种启发式技术来实现，如交叉验证。然而，存在噪声和非相关性特征向量可能会使 k-NN 的准确性降低。

k-NN 的优点包括其简单性和易于实现，以及能够处理非线性数据并适用于小型数据集。此外，该算法是非参数化的，因此，不用对数据的基础分布做出假设，但其对于大型数据集的计算复杂度可能会变高，以及对 k 值的选择较为敏感，这将会对预测的准确性产生影响。此外，该算法可能对无关特征和嘈杂数据敏感，可能导致过度拟合或性能不佳。

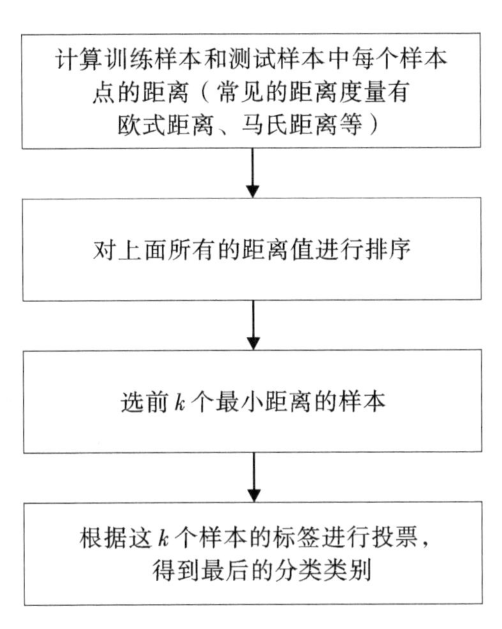

图 6.6 k-NN 最近邻算法流程

6.3.5 决策树

决策树（decision tree）是一种易于解释的算法，可处理特征间的相互关系，无须考虑异常值或数据的线性可分性，即是否可以用一条直线来分开两个类别，也无须考虑数据是否有异常值，即是否有一些离群点或者噪声。决策树只需根据设定阈值判断数据类别属性，并不需要计算距离或者相似度等复杂的指标。决策树可用一些简单的规则描述其分类过程，无须用复杂的数学公式或者统计模型。然而，决策树的局限性在于其不支持在线学习，需要在新样本输入时进行全面重建，容易过拟合，但此问题可通过集成方法解决，如自适应提升（adaptive boosting，AdaBoost）。此外，决策树训练速度快且可调，无须像支持向量机方法一样进行多参数调整，因此，其被应用广泛。

6.3.6 支持向量机

支持向量机（support vector machine，SVM）通过将原始数据映射到高维特征空间，并找到一个最优的超平面，将不同类别的数据样本尽可能地分开。SVM 具有较高的准确率，避免了模型过拟合，可以处理非线性问题和高维数据集。然而，SVM 需要消耗较多的内存空间，难以直观地解释分类超平面，且运行和调参较为烦琐。因此，SVM 算法适用于处理高维、非线性和小样本数据集。

6.4 数据选取

在新时代建设海洋强国的背景之下，海洋水文要素预测是获取海洋物理、生化状况信息的重要手段之一。为了满足获取准确、可靠的海洋现场观测数据（如温度、盐度、溶解氧、叶绿素、pH 等）的需求，数据选取的合理性和数据质量控制至关重要。海洋水文要素预测是海洋科学研究的重要部分。在海洋水文要素预测模型构建中，须考虑数据的有效性，并且进行数据质量控制。目前，海洋数据集质量问题主要是由仪器偏差、仪器故障、外界干扰、转码错误、通信错误或观测人员失误等造成的误差。数据质量问题直接影响研究结果的准确性，因此，在数据应用前，有必要进行数据的质量控制与评估。质量控制是数据驱动科学研究中的一个基础任务，经由一个良好的质量控制系统产生的高质量观测数据集对于推动海洋科学多学科交叉研究、模型评估、业务预报和灾害预警等具有非常重要的意义。数据标准化则是将数据统一为一致的格式和单位，以便于数据的比较和分析。数据标准化通常由数据管理机构的专业人员来完成，确保数据能够满足研究与应用的需求。

质量控制可以根据时效性分为实时质量控制和延时质量控制。实时质量控制是在获得观测数据后立即进行的快速检查，延迟时间通常较短；延时质量控制是采用标准化和严格的技术进一步评估数据质量，延迟时间长。目前，通过 Argo 浮标获取的温度和盐度数据均经过了实时和延时质量控制，并被广泛应用于海盆尺度的海洋科学研究中。

质量控制技术还可以根据质控方法分为自动化质量控制（图 6.7）和专家质量控制。自动化质量控制通过计算机程序自动检查每一条海洋观测数据，然后对可疑数据进行自动质量控制标记。自动化质量控制系统可以快速处理大量的数据，并使用先进的算法和技术来检测和纠正数据中的错误，其还可以将数据分为不同的质量等级，以便更好地了解数据的质量和可靠性。专家质量控制则是通过海洋学专家对数据进行进一步的目视审查。虽然专家质量控制技术需要更多的人力和时间成本，但其是质量控制环节中不可缺少的一部分，两种质量控制技术相辅相成，共同保障了观测数据的有效性。随着人工智能技术的快速发展，机器学习和深度学习方法也被逐渐应用于质量控制领域。

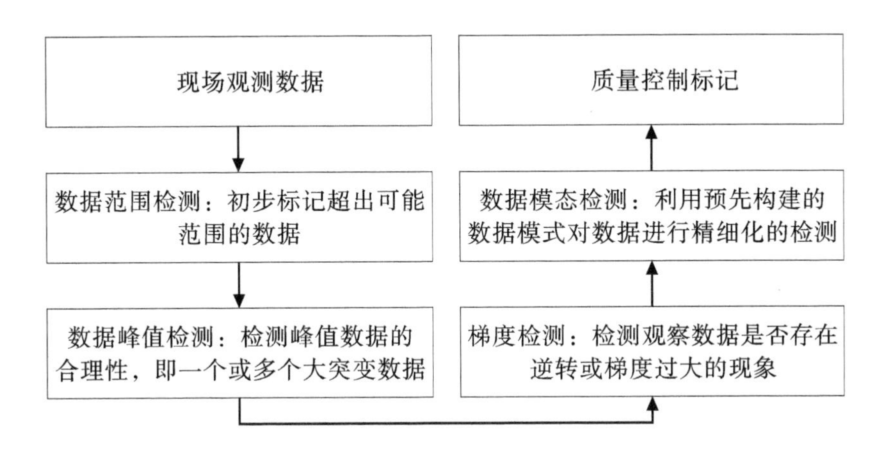

图6.7　数据自动化质控流程

6.5　数据清洗

数据清洗在海洋水文要素预测模型构建中具有至关重要的作用，主要原因在于海洋观测数据涉及多要素，数据来源于多种仪器设备，同时受到海洋环境复杂多变性的影响，导致观测数据可能存在噪声、异常值和缺失值等问题，进而影响预测结果的准确性和可靠性。因此，对原始数据进行清洗、处理和筛选，以消除这些影响因素，对于提高海洋水文要素预测的精确度具有重要意义。数据清洗包括去除重复数据、处理异常值、填补缺失值、数据转换、特征工程及划分数据集等环节。数据清洗旨在提高数据质量，降低噪声和异常值对模型预测结果的影响，从而提高预测模型的准确性和稳定性。通过对海洋水文要素数据进行有效的清洗，可为模型训练和结果评估提供更可靠的数据支撑。下面介绍常用的数据清洗方法。

6.5.1　缺失值处理

1. 直接删除法

此方法直接删除数据集中存在缺失值的样本或特征。删除缺失值的方法适用于数据集中缺失值占比较小的情况，同时缺失值的分布没有明显的规律性。该方法可能会舍去数据中的重要信息，缺失数据较多时，此方法不适用。

2. 插值填补法

插值填补法适用于数据集中缺失值的分布有显著的规律性，并且缺失值的数量占比较小的情况。插值方法在处理有序数据（如时间序列数据）时具有较好的性能。然而，通常需要较多的计算资源和时间，并且可能对数据的局部特征过拟合。常用的插值方法包括线性插值、拉格朗日插值、样条插值等。

（1）线性插值。通过已知的相邻两个数据点计算缺失数据点的值，假设数据点（x_1，y_1）和（x_2，y_2）之间存在一个未知的数据点（x_0，y_0），则可以通过线性插值计算 y_0 的值：

$$y_0 = \frac{x_2 - x_0}{x_2 - x_1}y_1 + \frac{x_0 - x_1}{x_2 - x_1}y_2 \tag{6.11}$$

式中，y_1 和 y_2 为已知数据点的值；y_0 为需要计算的未知数据点的纵坐标。

（2）拉格朗日插值。通过已知的若干个数据点计算缺失数据点的值，假设存在 $n+1$ 个已知数据点（x_0，y_0），（x_1，y_1），…，（x_n，y_n），则可以用拉格朗日插值多项式计算未知点的值。拉格朗日插值多项式的公式如下：

$$L(x) = \sum_{i=1}^{n} y_i \prod_{j\neq i}^{1\leqslant j\leqslant n} \frac{x - x_j}{x_i - x_j} \tag{6.12}$$

式中，x 为需要计算的未知点的横坐标；$L(x)$ 为计算出的纵坐标。

（3）样条插值。通过已知的若干个数据点拟合一个一次或多次函数，使函数曲线尽可能平滑，从而计算未知点的值。样条插值一般采用三次样条函数拟合数据，可以通过边界条件和插值条件得到三次样条函数的系数，从而计算未知点的值。

在选择插值方法时，需要根据数据特征和场景需求进行权衡。在海洋水文要素预测中，若缺失的海洋温度数据存在一定的规律性，则可使用插值法进行填补。比如，如果缺失的温度数据存在着一定的时间相关性，可以利用已有的温度数据进行插值，以填补缺失值。操作流程如图 6.8 所示。

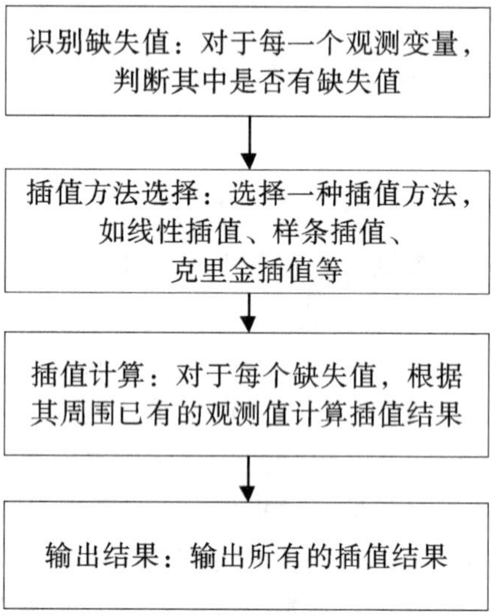

识别缺失值：对于每一个观测变量，判断其中是否有缺失值
↓
插值方法选择：选择一种插值方法，如线性插值、样条插值、克里金插值等
↓
插值计算：对于每个缺失值，根据其周围已有的观测值计算插值结果
↓
输出结果：输出所有的插值结果

图 6.8 插值法填补缺失值流程

3. 统计值填补法

使用样本均值、中位数或众数等样本统计量填补缺失值是一种简单、常用的处理方法，其适用于数据集中且缺失值较少的情况。常见的统计值填补方法如下：

（1）均值填补。使用变量的平均值替换缺失值，适用于连续型数据，但可能导致数据分布失真。

（2）中位数填补。使用变量的中位数替换缺失值，适用于连续型数据，对异常值不敏感。

（3）众数填补。使用变量的众数替换缺失值，适用于离散型数据。

（4）分组统计值填补。根据其他相关变量进行分组，然后使用每组内的统计值填补缺失值，适用于具有一定关联性的变量。

基于统计值的填补方法简单易行，计算速度快，但可能忽略数据的时序信息，导致预测准确性降低，其流程如图 6.9 所示。

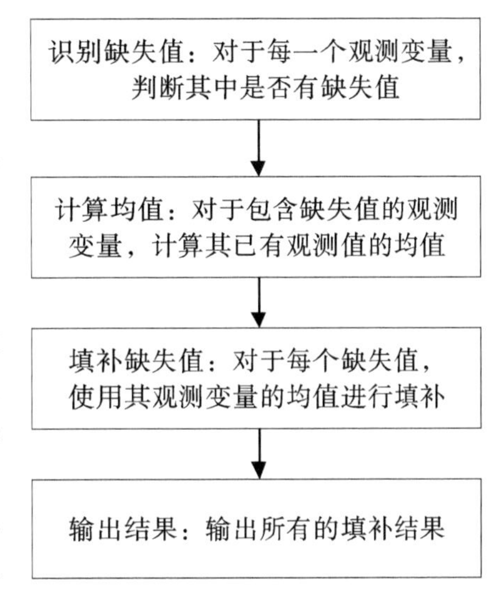

图 6.9　统计值填补流程

4. 基于机器学习的缺失值填补法

此类方法利用机器学习模型挖掘变量间的定量关系，进而对缺失值进行填补。常见的机器学习填补方法如下：

（1）k 近邻法填补。利用 k 个最相似样本的特征均值或中位数填补缺失值。k 近邻方法是一种基于数据相似性的缺失值处理方法，适用于数据集中缺失值的分布比较随机的情况。在海洋水文要素预测中，如果某些海洋区域的温度数据缺失，可以使用该区域邻近的温度数据进行插值。具体而言，可以计算该区域周围 k 个最相似样本的特征均值或中位数，并将其赋值给缺失值，其填补流程如图 6.10 所示。

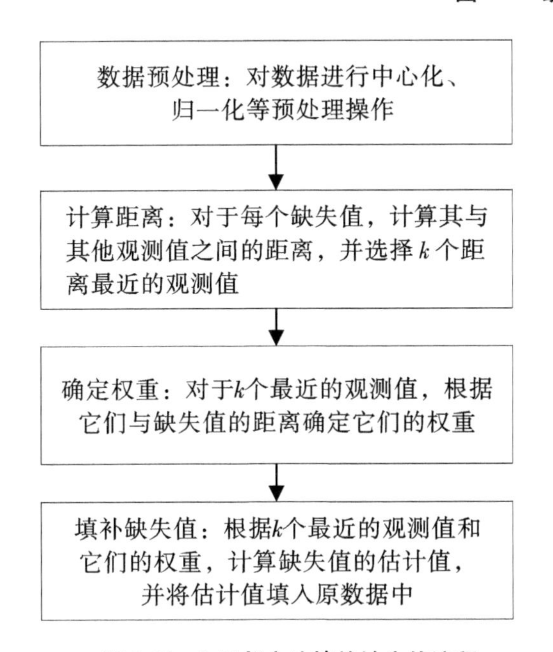

图 6.10　k 近邻方法填补缺失值流程

在 k 近邻方法中，关键步骤是距离计算和权重确定。常用的距离计算方法有欧氏距离、曼哈顿距离、切比雪夫距离等。权重的确定方式可以是基于距离的权重，也可以是基于样本相似度的权重。通常，距离越近，观测值权重越大；距离越远，观测值权重越小。在确定权重时，可以通过交叉验证等方法来选择最佳的 k 值和权重计算方法。

（2）矩阵分解法。矩阵分解法是一种适用于缺失值较多的方法，其通过对数据矩阵进行分解，得到缺失值的估计量。在海洋水文要素预测中，如果某种海洋水文要素数据缺失较多，可以使用矩阵分解法进行填补。常用的矩阵分解方法包括奇异值分解（singular value decomposition，SVD）和主成分分析（principal component analysis，

PCA）。首先，需要对数据进行预处理，如数据中心化、归一化等；然后，将数据矩阵进行分解，并使用分解后的低维矩阵来填补缺失值。具体而言，可将数据矩阵分解为 $\boldsymbol{U}$、$\boldsymbol{D}$ 和 $\boldsymbol{V}$ 三个矩阵，其中 $\boldsymbol{D}$ 为对角矩阵，表示特征值，$\boldsymbol{U}$ 和 $\boldsymbol{V}$ 分别为左奇异矩阵和右奇异矩阵，表示特征向量。通过矩阵分解后，可以使用低维矩阵 $\boldsymbol{U}'$、$\boldsymbol{D}'$ 和 $\boldsymbol{V}'$ 近似表示原数据矩阵，并填补缺失值。矩阵分解法填补缺失值的流程如图 6.11 所示。

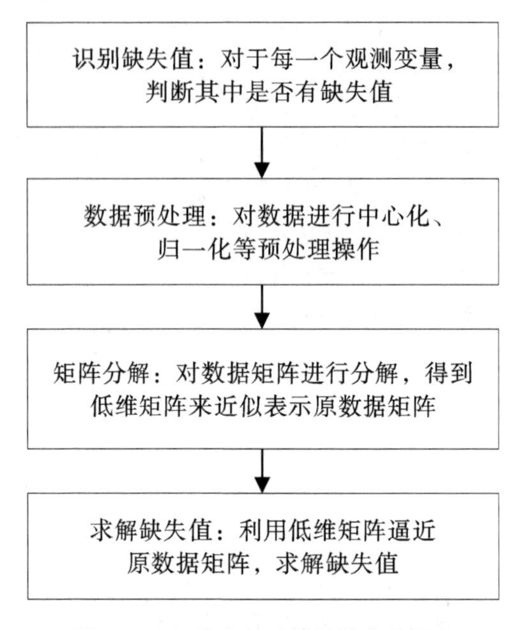

图 6.11　矩阵分解法填补缺失值的流程

此外，其他可用于缺失值填补的机器学习方法还包括随机森林、循环神经网络（recurrent neural networks，RNN）、期望最大化算法（expectation-maximization，EM）等。总之，针对不同的情形，可选择不同的方法填补海洋水文要素数据中的缺失值，选择时需考虑缺失值的分布、数量、规律性等因素的影响。

6.5.2　异常值处理

异常值是指与数据集中的大部分观测值明显偏离的数值，可能是由仪器误差、数据记录错误或其他异常情况导致的。处理异常值的目的在于保证数据质量、提高模型准确性、增强模型鲁棒性及提升模型泛化能力。通过识别和处理异常值，可以提高数据质量，为后续分析和预测提供更可靠的数据基础。此外，异常值处理有助于消除数据分布的扭曲，降低噪声对模型的影响，使模型能够更好地捕捉到数据中的真实规律。海洋水文气象数据中异常值处理方法包括离群值检测和处理、平滑技术和插值技术等。下面介绍常用方法的具体步骤和示例。

1. **离群值检测和处理**

离群值指与其他数据值显著不同的极端值，通常需要进行检测和处理。常用的离群值检测方法包括基于统计学的方法（如 Z-score 检测、箱线图检测等）和基于距离的方法（如 k 近邻检测、局部异常因子检测等）。检测到离群值后，通常采用以下方法进行处理删除离群值，将离群值从数据集中删除；或替换离群值，即用中位数、均值、众数等值替代离群值。

（1）基于统计学的离群值处理方法。

A. Z-score 检测。通过计算数据点和均值之间的标准偏差，判断数据点是否偏离正常值：

$$Z = \frac{x - \mu}{\sigma} \tag{6.13}$$

式中，x 为数据点；μ 为均值；σ 为标准偏差；Z 为标准分数。

通常情况下，若 Z 的值大于某个阈值，则可以将该点看作离群值，该方法假定数据服从正态分布。

B. 箱线图检测。通过绘制数据分布的箱线图，判断数据是否存在偏离正常范围的值。根据箱线图的绘制规则，超出箱线图顶部或底部的点即被视为离群值。箱线图通常由上边缘（upper whisker）、上四分位数（upper quartile）、中位数（median）、下四分位数（lower quartile）、下边缘（lower whisker）五个关键元素组成，在箱线图中，离群值是指远离箱体的异常值，通常被定义为上四分位数和下四分位数的 1.5 倍以上的数值。

（2）基于距离的离群值处理方法。k 近邻检测是通过计算数据点与其 k 个最近邻点之间的距离，判断数据点是否偏离正常值。一般情况下，若一个点距离其 k 个最近邻点的平均距离大于某个阈值，则将该点看作离群值。

局部异常因子检测是通过计算数据点周围邻域内的局部异常因子，判断数据点是否偏离正常值。局部异常因子（locality outlier factor，LOF）可以用来衡量一个点相对于其邻域内的点是否异常，其计算步骤如下：

第一步，定义数据集内 $p(x_1,\ y_1)$，$q(x_2,\ y_2)$ 两点间距离：

$$d(p,q) = \sqrt{(x_2 - x_1)^2 + (y_2 - y_1)^2} \tag{6.14}$$

第二步，对于每个数据点，计算其 k 个最近邻居。定义点的邻域 $D \setminus \{p\}$ 宽度为 k，对于点 $o \in D$，至少有 k 个点 $o' \in D \setminus \{p\}$，满足

$$d(p,\ o') \leqslant d(p,\ o) \tag{6.15}$$

至多有 $k-1$ 个点 $o' \in D \setminus \{p\}$，满足

$$d(p,\ o') \leqslant d(p,\ o) \tag{6.16}$$

第三步，计算每个数据点的可达距离（reachability distance），即该数据点到其 k 个最近邻居之间的最大距离，或者是该数据点到其邻域边界的距离：

$$RD_k(p,\ o) = \max(k(o),\ d(p,\ o)) \tag{6.17}$$

第四步，计算每个数据点的局部可达密度（local reachability density），即该数据点的邻域内所有数据点的可达距离之和的倒数，或者是该数据点在其邻域内的平均密度：

$$LRD_k(p) = \left[\frac{I}{k}\sum_{i=1}^{k} RD_k(p,o)\right]^{-1} \tag{6.18}$$

第五步，计算每个数据点的局部异常因子（local outlier factor），即该数据点到 k 个最近邻居中距离最远点的局部可达密度与其自身局部可达密度之比：

$$LOF(p) = \frac{\frac{1}{k}\sum_{i=1}^{k} LRD_k(o)}{LRD_k(p)} \tag{6.19}$$

式中，x 为待检测的数据点；$N_k(x)$ 为 x 的近邻；D 为数据集；w_{xy}表示数据点 x 和 y 之间的权重。若一个点的 LOF 值大于某个阈值，则可以将该点看作离群值。

2. **平滑技术**

平滑技术的基本思想是利用滑动平均或滤波器将噪声减小，从而得到更平稳的曲线。常用的平滑技术包括移动平均法和 Savitzky-Golay 滤波器等。

（1）移动平均法。移动平均法是一种常用的时间序列数据平滑方法。基本的移动平均法分为简单移动平均（simple moving average，SMA）、加权移动平均（weighted moving average，WMA）和指数加权移动平均（exponential weight moving average，EWMA）。

A. 简单移动平均。SMA 是在给定窗口大小 n 的情况下，对每个时间点 t，计算其前 n 个数据点的算术平均值。随着时间的推移，窗口向前滑动，计算新的平均值。简单移动平均可以有效地降低时间序列数据的波动性，使数据更加平滑，突显内在趋势，其计算公式为

$$SMA_t = (X_{t-n+1} + X_{t-n+2} + \cdots + X_t)/n \tag{6.20}$$

式中，SMA_t 是时间点的简单移动平均值；X_t 是时间点的原始数据；n 是移动平均窗口的大小，表示用于计算平均值的连续数据点的数量。

B. 加权移动平均。WMA 是移动平均法的一种变体，通过为不同时间的数据点分配不同权重计算得到平均值。与 SMA 相比，WMA 可以更好地反映数据的变化趋势，WMA 的基本公式为

$$WMA_t = \frac{w_1 X_{t-n+1} + w_2 X_{t-n+2} + \cdots + w_n X_t}{w_1 + w_2 + \cdots w_n} \tag{6.21}$$

式中，WMA_t 是时间 t 点的加权移动平均值；X_t 是时间点 t 的原始数据；n 是移动平均窗口的大小，表示用于计算平均值的连续数据点的数量；w_i 是第 i 个数据点的权重。

C. 指数加权移动平均。相比于 SMA 和 WMA，EWMA 对 t 时刻数据赋予更高权重，对 $t-1$ 时刻数据赋予较低权重，其公式为

$$EMA_t = \alpha(X_t - EMA_{t-1}) + EMA_{t-1} \tag{6.22}$$

式中，EMA_t 是时间点 t 的指数加权移动平均值；X_t 是时间点的原始数据；EMA_{t-1}是时间点 $t-1$ 的指数加权移动平均值；α 是平滑因子，取值范围为（0，1），用于控制近期数据的权重。

（2）Savitzky-Golay 滤波器。Savitzky-Golay 滤波器通过在给定窗口大小内对数据进行局部多项式拟合，平滑数据并保留数据的高阶矩信息。与其他平滑方法相比，Savitzky-Golay 滤波器能够较好地保留原始信号的形状和特征，同时降低噪声，其公式为

$$y_i = \sum_{j=-m}^{m} c_j x_{i+j} \tag{6.23}$$

式中，y_i 为平滑后的结果；x_i 为原始数据；c_j 为拟合多项式的系数；m 为拟合多项式的阶数。

3. **频域滤波**

频域滤波是指对数据进行傅里叶变换，将数据从时域转换到频域，然后根据需要的频率范围进行滤波，从而去除高频或低频噪声。常见的频域滤波方法包括带通滤波、高通滤波及低通滤波，其对比分析见表 6.4。

表6.4 常用的滤波方法

类型	用途	应用
带通滤波	在频域中去除固定频率范围的分量，实现保留中间频率分量的效果	对水面高程数据进行带通滤波，消除潮汐等外界干扰和噪声影响，以满足海浪观测要求
高通滤波	在频域中去除低于某个阈值的分量，保留高于该阈值的分量	提取海浪等高频信息，滤除潮位等低频分量或长周期项的影响
低通滤波	在频域中去除高于某个阈值的分量，保留低于该阈值的分量	提取潮位等低频信息，滤除波浪等高频信号的影响

以上是数据处理中常用的一些方法，针对具体问题需要选择合适的方法进行处理。在实际应用中，也可以将多种方法结合使用，以期达到更好的处理效果。

6.6 数据预处理

在海洋水文要素预测过程中，数据质量和准确性对预测结果至关重要。为确保数据的可靠性和可用性，数据预处理成为不可或缺的一环。在本节中，将重点介绍数据预处理的方法，主要包括标准化、归一化和正则化方法。

1. 标准化

标准化是一种线性变换方法，将数据变换为均值为0、标准差为1的正态分布。标准化的公式为

$$x' = \frac{x - \mu}{\sigma} \tag{6.24}$$

式中，x 是原始数据；μ 是均值；σ 是标准差；x'是标准化后的数据。

标准化的作用是将不同特征之间的尺度进行统一，避免某些特征对预测模型的影响过大，提高模型的性能和泛化能力。同时，标准化可以将数据变换为正态分布，更适合某些机器学习算法的应用。

2. 最小最大归一化

最大最小归一化是一种线性变换方法，将数据变换到［0，1］的范围内。最大最小归一化的公式为

$$x' = \frac{x - \min(x)}{\max(x) - \min(x)} \tag{6.25}$$

式中，x 是原始数据；$\min(x)$ 是最小值；$\max(x)$ 是最大值；x'是归一化后的数据。

最大最小归一化的作用是将不同特征的取值范围进行统一，避免某些特征对预测模型的影响过大。同时，最大最小归一化可以保留原始数据的分布信息，适合需要考虑数据相对大小关系的模型。

3. Z-score 归一化

Z-score 归一化（也称为 Z-score 标准化）是一种将数据转换为标准正态分布的方法，其目的是将数据转换为均值为0、标准差为1的分布。计算方法如下：首先，计算数据的平均值和标准差；然后，将每个数据减去平均值；最后，再除以标准差。Z-score 归一化可以使不同数据集在同一尺度下进行比较和分析，便于进行机器学习和数据挖掘等任务。

Z-score 归一化的作用和标准化类似，都是将不同特征之间的尺度进行统一，避免某些特征对预测模型的影响过大。其计算方法与标准化相同，但是目的不同。标准化可以使得数据符合一定的分布或规律，而 Z-score 归一化则是使数据符合标准正态分布。在实际应用中，可以根据具体任务的要求选择应用。

4. L1 正则化

L1 正则化是一种惩罚项方法，通过将特征绝对值之和加入目标函数，促使某些特征的权重为0，从而实现特征稀疏化的目的，L1 正则化的公式为

$$\text{minimze}J(\theta) + \lambda \sum_{i=1}^{n} |\theta_i| \tag{6.26}$$

式中，$J(\theta)$ 是目标函数；θ 是模型参数；λ 是正则化系数；n 是特征数。

L1 正则化的作用是可以筛选出对模型预测最为重要的特征，避免过多无用特征对模型性能的影响。由于 L1 正则化对权重的惩罚是基于绝对值，因此，会将某些特征的权重调整为0，实现特征的稀疏化。

5. L2 正则化

L2 正则化也是一种惩罚项方法，通过将特征的平方和加入目标函数，促使特征权重趋近于0，但不完全为0，从而实现特征的压缩和选择。L2 正则化的公式为

$$\text{minimze}J(\theta) + \lambda \sum_{i=1}^{n} \theta_i^2 \tag{6.27}$$

式中，θ、$J(\theta)$、λ、n 的含义与 L1 正则化相同。

L2 正则化是可以通过惩罚项调整特征权重的大小，使特征对模型的影响权重更加平衡，避免过度依赖某些特征。相比于 L1 正则化，L2 正则化会将特征的权重调整得更加平滑，避免出现权重为0的情况，因此，L2 正则化避免了特征稀疏化。

综上所述，标准化、最大最小归一化和 Z-score 归一化适用于不同尺度特征间的统一化处理，可提高模型的性能和泛化能力。L1 正则化和 L2 正则化适用于特征选择和压缩，可以筛选出对模型预测最为重要的特征，提高模型的稳定性和泛化能力。

6.7 特征提取

在海洋水文要素预测过程中，特征提取是模型构建的关键环节之一，旨在从原始数据中挖掘有助于提升预测精度的关键信息，为后续建模和预测提供有价值的输入。下面

介绍常用的特征提取方法及其实践流程。

1. **傅里叶变换**

傅里叶变换是将时域数据转换为频域数据的一种方法，可以用于检测和分析信号的周期性和频率成分。在海洋水文要素预测中，可以将海洋温度、盐度等水文参数时间序列进行傅里叶变换，提取其频率和幅度信息。傅里叶变换的公式如下：

$$F(\omega) = \int_{-\infty}^{\infty} f(t)\mathrm{e}^{-\mathrm{j}\omega t}\mathrm{d}t \tag{6.28}$$

式中，$f(t)$ 表示时域信号；$F(\omega)$ 表示频域信号。

2. **小波变换**

小波变换是一种多尺度分析的方法，可以将信号分解成不同频率的小波成分，提取信号中的瞬时变化和局部特征。在海洋水文要素预测中，可以对海洋温度、盐度等水文参数时间序列进行小波变换，提取其时间－频率信息。小波变换的公式如下：

$$W(a,\ b) = \int_{-\infty}^{\infty} f(t)\psi_{a,b}(t)\mathrm{d}t \tag{6.29}$$

式中，$f(t)$ 表示时域信号；$\psi_{a,b}(t)$ 表示小波基函数。

3. **自回归模型**

自回归模型是根据时间序列自身延迟值建立模型的方法，可以用于检测和分析时间序列的自相关性。在海洋水文要素预测中，可以使用自回归模型提取海洋温度、盐度等水文参数时间序列自相关性信息。自回归模型的公式如下：

$$x_t = \sum_{i=1}^{p} a_i x_{t-i} + e_t \tag{6.30}$$

式中，x_t 表示时间 t 的观测值；a_i 表示自回归系数；e_t 表示误差项。

4. **主成分分析**

主成分分析是一种降维和特征提取的方法，可以将原始数据转换至新的坐标系下，使每个坐标轴上的方差最大化。在海洋水文要素预测中，可以使用主成分分析对海洋温度、盐度场等数据进行降维和特征提取。设 n 个观测值的样本矩阵为 $\boldsymbol{X}_{n\times p}$，其中 n 表示样本个数，p 表示特征个数。主成分分析的步骤如下：

（1）对每一列进行标准化处理，使其均值为0，标准差为1。

（2）计算样本矩阵的协方差矩阵 $\boldsymbol{C} = \frac{1}{n-1}\boldsymbol{X}^{\mathrm{T}}\boldsymbol{X}$，其中 $\boldsymbol{X}^{\mathrm{T}}$ 表示样本矩阵转置。

（3）对协方差矩阵进行特征值分解，得到特征值和特征向量。

（4）将特征向量按照对应的特征值的大小排序，选取前 k 个特征向量构成新的基向量，其中 k 为降维后的维数。

（5）将样本矩阵投影到新的基向量上，得到降维后的样本矩阵 $\boldsymbol{Y}_{n\times k} = \boldsymbol{X}_{n\times p}\boldsymbol{V}_{p\times k}$，其中 $\boldsymbol{V}_{p\times k}$ 表示前 k 个特征向量构成的矩阵。

6.8 预测模型构建

6.8.1 模型结构

人工神经网络模型通常由输入层、隐藏层和输出层组成。输入层接收数据，并将其传递给隐藏层进行计算和转换。隐藏层之间可以为多层，最终将计算结果传递给输出层。神经网络中的每个节点（也称为神经元）接收输入并执行相关计算，然后将结果传递到下一个节点，权重是节点间连接的纽带，通过权重将层间信息进行传递与反馈。具有两个隐藏层的人工神经网络模型（1－2－1 结构）如图 6.12 所示。

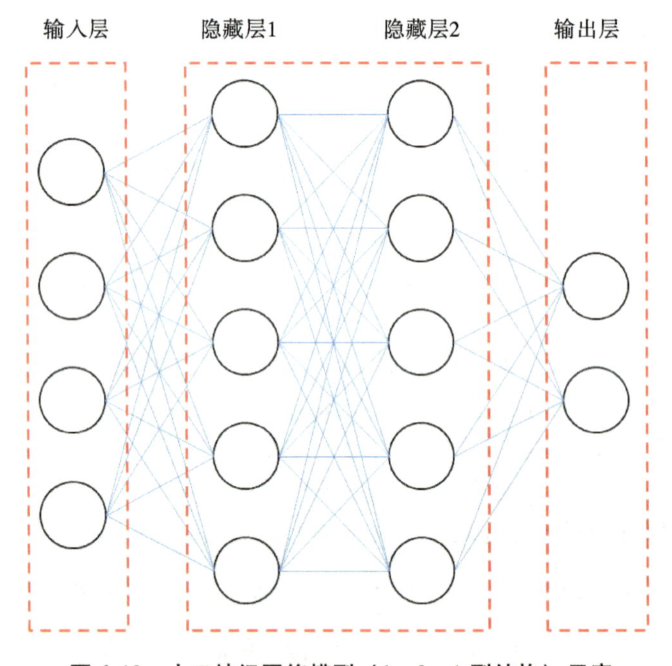

图 6.12 人工神经网络模型（1－2－1 型结构）示意

6.8.2 损失函数

损失函数用于衡量神经网络输出值与真实值间的偏差。训练神经网络的目标是最小化损失函数，使其能够预测出正确的结果。在不同的应用场景中，可以使用不同的损失函数，如均方误差（mean squared error，MSE）、交叉熵（cross-entropy）等。

假设预测某海洋区域的水温，可以根据历史数据建立一个回归模型，将均方误差作为损失函数进行训练。例如，可以收集每日的海洋水温数据作为样本，将日期作为特征，然后使用线性回归或者其他回归算法拟合数据。可使用以下公式计算均方误差损失：

$$MSE = \frac{1}{n}\sum_{i=1}^{n}(y_i - \hat{y}_i)^2 \tag{6.31}$$

式中，y_i 是第 i 天的真实水温值；$\hat{y}_i$ 是模型预测的水温值；n 是总天数。

交叉熵损失通常用于分类问题，特别是二分类问题。其可用于估算模型预测值和真实值之间的“距离”，以评估预测值是否正确。假设要将海洋区域的水温分为冷水区、温水区、热水区三个类别，可以使用交叉熵作为损失函数进行训练。交叉熵损失计算公式如下：

$$CE = -\frac{1}{n}\sum_{i=1}^{n}[y_i\log\hat{y}_i + (1 - y_i)\log(1 - \hat{y}_i)] \tag{6.32}$$

式中，y_i 是第 i 天的真实类别；$\hat{y}_i$ 是模型预测的属于第一个类别（冷水区）的概率；n 是天数总数。

对数损失也通常用于分类问题，特别是二分类问题，其类似于交叉熵损失，但在计算误差时使用对数函数。假设要预测某海洋区域水温是否超过某一特定温度，可以使用对数损失作为损失函数进行训练。

6.8.3　激活函数

激活函数用于神经元内部计算，其将输入信号转换为输出信号。激活函数可以增加神经网络的非线性特性，使网络能够拟合更加复杂的变化过程。常见的激活函数包括 Sigmoid 函数、ReLU 函数、LeakReLU 函数、tanh 函数、Softmax 函数等。

1. Sigmoid **函数**

以逻辑函数（logistic function）为例，这是一种常见的激活函数，这种函数图像称为逻辑曲线（logistic curve）。简单的逻辑函数可用下式表示：

$$S(x) = \frac{L}{1 + e^{-k(x-x_0)}} \tag{6.33}$$

式中，x_0 为曲线中点的 x 值；L 为曲线的最大值；k 为逻辑斯谛增长率或曲线的陡度。

Sigmoid 函数将任意实数映射到区间（0，1）内，函数的取值范围为（0，1）。当 x 增大时，$S(x)$ 的值逐渐接近1；当 x 减小时，$S(x)$ 的值逐渐接近0。在二分类任务中，Sigmoid 函数通常用于将模型的输出转化为概率值。

2. ReLU **函数**

ReLU（rectified linear unit）函数是一种常用的激活函数，其对输入值大于零的部分输出与输入值相同，对于输入值小于等于零的部分则输出 0。ReLU 函数的数学公式如下：

$$ReLU(x) = \max(0, x) \tag{6.34}$$

其中，x 表示输入值。

ReLU 函数将输入值小于等于 0 的部分都映射为 0，而对于大于 0 的部分则直接输出，函数的取值范围为 $[0, +\infty)$。因为 ReLU 函数计算简单、速度快，且能够增加模型的非线性表达能力，所以在神经网络中应用广泛。

3. LeakyReLU 函数

LeakyReLU 函数是一种对 ReLU 函数进行改进的激活函数，其对输入值小于零的部分进行一定的修正，公式如下：

$$LeakerReLU(x)=\begin{cases}x, & x>0\\ ax, & x\leqslant 0\end{cases} \tag{6.35}$$

式中，a 是一个小于 1 的常数，通常取 0.01。

与 ReLU 函数相比，LeakyReLU 函数对输入值小于等于 0 的部分进行修正，使神经网络在训练过程中不容易出现“神经元死亡”问题。此外，LeakyReLU 函数能够增加模型的非线性表达能力。

4. tanh 函数

tanh 函数是另一种常用的激活函数，其输出值在 -1 和 1 之间，可用于二分类任务，其数学公式如下：

$$\tanh(x)=\frac{e^{x}-e^{-x}}{e^{x}+e^{-x}} \tag{6.36}$$

tanh 函数将任意实数映射到（-1，1）区间内，函数的取值范围为（-1，1）。当 x 增大时，tanh(x）的值逐渐接近 1；当 x 减小时，tanh(x）的值逐渐接近 -1。tanh 函数通常用于将模型的输出转化为概率值，也可用于其他需要对输入进行归一化的场景。

5. Softmax 函数

Softmax 函数常用于多分类任务中，其将每个类别的得分归一化到［0，1］区间内，并且所有类别的概率之和为 1，其数学公式为：

$$Softmax(x_i)=\frac{e^{x_i}}{\sum_{j=1}^{n}e^{x_j}} \tag{6.37}$$

式中，x_i 表示输入向量 $\boldsymbol{x}$ 的第 i 个元素；k 表示向量 $\boldsymbol{x}$ 的维度；$\sum_{j=1}^{n}e^{x_j}$ 表示所有元素的指数和。

Softmax 函数将向量中的每个元素映射到区间内，并使所有元素的和为 1，可以用于多分类任务中，将模型的输出转化为概率分布。

6.8.4 优化算法

优化算法用于更新神经网络中的参数，从而最小化损失函数。其采用了不同的策略来调整权重和偏差，使神经网络能够更好地拟合训练数据。优化算法是神经网络中非常重要的一环，有助于在训练过程中更快地找到最优解。下面介绍三种常见的优化算法，分别为随机梯度下降算法、批量梯度下降算法和小批量梯度下降算法。

1. 随机梯度下降算法（stochastic gradient descent，SGD）

随机梯度下降算法在每次迭代时随机选择一个样本进行训练，计算该样本对每个参数的梯度并更新，重复此过程直至收敛。该算法收敛速度较快，但是难以保证得到全局最优解。随机梯度下降算法的步骤如下：

（1）损失函数。

$$J(\theta)=\frac{1}{2}[h_{\theta}(x^{(i)})-y^{(i)}]^{2} \tag{6.38}$$

式中，$h_{\theta}(x^{(i)})$ 表示模型对第 i 个样本的预测值；$y^{(i)}$ 表示第 i 个样本的实际值。

（2）计算梯度。

$$\frac{\partial J(\theta)}{\partial\theta_{j}}=[h_{\theta}(x^{(i)})-y^{(i)}]x_{j}^{(i)} \tag{6.39}$$

式中，$x_{j}^{(i)}$ 表示第 i 个样本中的第 j 个特征值。

（3）参数更新。

$$\theta_{j}:=\theta_{j}-\alpha\frac{\partial J(\theta)}{\partial\theta_{j}}=\theta_{j}-[(h_{\theta}(x^{(i)})-y^{(i)}]x_{j}^{(i)} \tag{6.40}$$

式中，α 表示学习率。

随机梯度下降算法适用于数据集较大，内存难以容纳所有样本的情况。该算法能够较快地达到某个局部最优解。需要注意的是，该算法虽然难以保证得到全局最优解，但其允许收敛速度的波动。

2. 批量梯度下降算法（batch gradient descent，BGD）

批量梯度下降算法使用整个数据集进行训练，计算每个参数的梯度并更新，并根据梯度调整模型参数，直至收敛。该算法收敛速度较慢，但其可以得到全局最优解。批量梯度下降算法的步骤如下：

（1）损失函数。

$$J(\theta)=\frac{1}{2m}\sum_{i=1}^{m}[h_{\theta}(x^{(i)})-y^{(i)}]^{2} \tag{6.41}$$

式中，$h_{\theta}(x^{(i)})$ 表示模型对第 i 个样本的预测值；$y^{(i)}$ 表示第 i 个样本的实际值。

（2）计算梯度。

$$\frac{\partial J(\theta)}{\partial\theta_{j}}=\frac{1}{m}\sum_{i=1}^{m}[h_{\theta}(x^{(i)}]-y^{(i)})x_{j}^{(i)} \tag{6.42}$$

式中，$x_{j}^{(i)}$ 表示第 i 个样本中的第 j 个特征值。

（3）参数更新。

$$\theta_{j}:=\theta_{j}-\alpha\frac{\partial J(\theta)}{\partial\theta_{j}}=\theta_{j}-\alpha\frac{1}{m}\sum_{i=1}^{m}[h_{\theta}(x^{(i)})-y^{(i)}]x_{j}^{(i)} \tag{6.43}$$

式中，α 表示学习率。

批量梯度下降算法适用于数据集较小，内存可以容纳所有样本的情况。该算法能够得到全局最优解。当学习速率调整得当时，算法的收敛性和稳定性较好。

3. 小批量梯度下降算法（mini-batch gradient descent，MBGD）

小批量梯度下降算法是介于批量梯度下降算法和随机梯度下降算法之间的一种梯度下降算法，其在每次迭代时随机选择一小批样本进行训练，计算该小批样本对每个参数的梯度并更新。该算法的收敛速度介于前两种算法之间。小批量梯度下降算法的步骤如下：

（1）损失函数。

$$J(\theta) = \frac{1}{2b}\sum_{i=1}^{b}[h_\theta(x^{(i)}) - y^{(i)}]^2 \tag{6.44}$$

式中，$h_\theta(x^{(i)})$ 表示模型对第 i 个样本的预测值；$y^{(i)}$ 表示第 i 个样本的实际值；b 表示小批量的大小。

（2）计算梯度。

$$\frac{\partial J(\theta)}{\partial \theta_j} = \frac{1}{b}\sum_{i=1}^{b}[h_\theta(x^{(i)}) - y^{(i)}]x_j^{(i)} \tag{6.45}$$

（3）参数更新。

$$\theta_j := \theta_j - \alpha\frac{\partial J(\theta)}{\partial \theta_j} = \theta_j - \alpha\frac{1}{b}\sum_{i=1}^{b}[h_\theta(x^{(i)}) - y^{(i)}]x_j^{(i)} \tag{6.46}$$

式中，α 表示学习率。

小批量梯度下降算法适用于数据集规模较大，内存容纳部分样本的情况。该算法可以通过优化矩阵库来加快运算速度。通过调整批量大小以平衡收敛速度和稳定性。需要注意的是，小批量梯度下降算法的收敛速度介于批量梯度下降和随机梯度下降之间。小批量梯度下降算法是批量梯度下降算法和随机梯度下降算法的一种折中方案，其综合了两种算法的优点。在实际应用中，小批量梯度下降算法通常是相对最优的选择。三种算法的对比见表6.5。

表6.5 三种梯度下降算法对比

算法	优点	局限性
随机梯度下降	可得到全局最优解	收敛速度慢，内存消耗大
批量梯度下降	收敛速度快，内存消耗小	不能保证得到全局最优解
小批量梯度下降	收敛速度介于前两种之间	需要调整小批量的大小

综上可知，批量梯度下降算法适用于样本量较小的情况，该算法需要在每一次迭代时对整个训练集进行计算，计算量较大，但结果相对较稳定，收敛速度较快；随机梯度下降算法适用于样本量较大的情况，其每次只计算一个样本的梯度，计算量较小，但结果比较不稳定，收敛速度较慢；小批量梯度下降算法因其可以兼顾计算速度和结果稳定性，适用于大多数情况。

6.8.5 交叉验证

交叉验证（cross-validation）是一种用于评估模型性能的方法。通过将数据集划分为训练集和测试集，并多次重复此过程，进而估计模型的准确性。在交叉验证过程中，数据集会被划分为 k 个不重叠的子集，每个子集被称为一个“折叠”（fold），然后执行 k 次模型训练和测试，每次使用其中 $k-1$ 个折叠作为训练数据，留下一个折叠作为测试数据。最终，将 k 个测试结果进行平均，得到模型的平均性能指标，如准确率、F1 分数等。下面介绍常见的交叉验证方法。

（1）简单交叉验证（simple cross-validation）。将数据集随机分为两部分，一部分用于训练模型，另一部分用于测试模型。该方法的局限性在于对数据分割的敏感性较高，即可能出现不同的分割方式对模型性能影响差异的情况。

（2）k 折交叉验证（k-fold cross-validation）。将数据集随机分为 k 个折叠，每次将其中一个折叠用作测试数据，其余折叠用作训练数据。该方法的优点是每个数据点都会被用于测试和训练，对数据的利用率较高。

（3）留一交叉验证（leave-one-out cross-validation）。此方法将数据集中的一个样本作为测试集，其余样本作为训练集，重复该过程 n 次（n 为数据集大小），得到 n 个模型性能指标的平均值。该方法的优点是可以最大限度地利用数据，但计算成本较高。

交叉验证是重要模型评估方法之一，在机器学习领域得到了广泛应用。其有助于更准确地评估模型的性能，并选择合适的超参数、算法和特征集。同时，交叉验证有助于检测模型的过拟合和欠拟合问题，并提高模型的泛化能力。

6.8.6　应用案例

基于机器学习方法构建海洋水文要素数据驱动模型的研究较多，为进一步提升对海洋水文要素的分析与预测能力，将机器学习方法与机理驱动模型相结合对海洋水文要素预测是一种发展趋势。例如，将随机森林（random forests，RF）与反向传播神经网络（back propagation neural network，BPNN）两种机器学习方法分别与 SWAN 数值模式相融合，建立级联波浪要素预测模型。以 SWAN 模式输出的有效波高和有效波周期作为机器学习模型的输入变量之一，以波浪实测数据作为目标输出。通过将物理模型与机器学习模型相结合的方式，优化物理模型预测结果，同时减少机器学习模型的训练成本。具体实现步骤如下：

（1）数据预处理。对 SWAN 模式输出数据和实测波浪数据进行插值处理，统一时段和分辨率。

（2）设置训练数据和预测数据。采用实测波浪数据中的前 70% 作为训练集，剩余 30% 作为验证集。

（3）数据归一化。对所有输入数据和输出数据进行归一化处理，消除指标之间的量纲影响。

（4）训练神经网络。设置迭代次数、训练目标、学习率、隐藏层层数、误差传播算法，并对输出数据进行反归一化处理。

（5）结果测试。保留训练得到的最优神经网络，用测试集进行测试，以相关系数和均方根误差作为评判指标，相关系数越接近于 1 且均方根误差越接近 0，表明模型预测效果越好。

（6）级联模型的评定。为进一步衡量机器学习模型和级联模型的预测精度，并对比数值模式 SWAN，选取相关系数、均方根误差（图 6.13）、分散指数和相对误差四种评价指标评定各模型的预测结果。

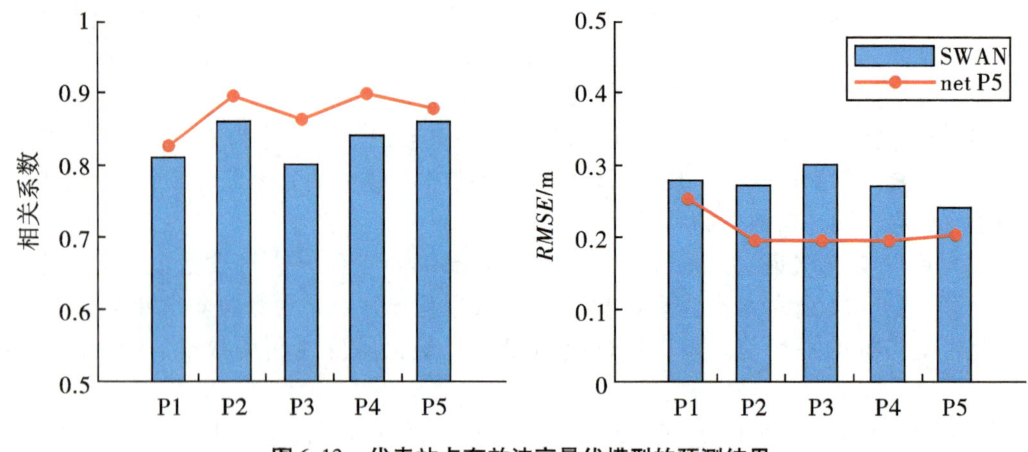

图 6.13 代表站点有效波高最优模型的预测结果

基于以上流程，利用组合所生成的各站点实时预测最优模型对其余站点进行交叉验证，探讨各个站点有效波高和有效波周期的最优预测模型对其他站点的适用性。对比SWAN 模式，采用级联预测模型得到的代表站点预测模型对其他站点有效波高预测结果均有所提升。

6.9 模型优化

海洋水文要素预测模型的优化涉及调整结构参数、损失函数参数、优化器参数、正则化参数及数据预处理参数。建模过程中可根据具体情况对参数进行调整，从而提高模型的准确性、稳定性、训练速度及收敛效果。综合运用这些方法有助于构建高效可靠的预测模型。

（1）模型结构参数。模型结构参数包括模型的输入层、隐藏层、输出层的神经元数量，以及不同层之间的连接方式等，以上参数可以通过调整模型的结构来提高模型的拟合和泛化能力。

（2）损失函数参数。损失函数是用来度量模型预测结果与真实值之间误差的函数，不同损失函数的相关参数不同，例如，均方误差损失函数的参数是平方项系数，交叉熵损失函数的参数是惩罚系数，等等，通过调整损失函数的参数可以改善模型的预测能力。

（3）优化器参数。优化器是用来更新模型参数的算法，常用的优化器包括随机梯度下降（stochastic gradient descent，SGD）、自适应矩估计（adaptive moment estimation，Adam）、均方根传播（root mean square propagation，RMSprop）等，每个优化器都有相应的调整参数，如学习率、动量系数等，通过调整优化器参数提高模型的训练速度和收敛效果。

（4）正则化参数。正则化是用来控制模型的复杂度和防止过拟合的技术，常用的正则化方法包括 L1 正则化、L2 正则化等，正则化过程中需要调整相应的参数，如正则化强度系数等，通过调整正则化参数有助于提高模型的泛化能力和稳定性。

6.10 预测评估

预测评估是指对预测模型进行验证和评估，以了解其预测能力和适用性，评估结果可以为进一步优化和改进预测模型提供指导和参考。在海洋水文要素预测中，评估预测模型的精度和可靠性有助于更好地理解海洋系统的动态变化规律，从而预测水文要素未来的变化，为海洋工程建设与海洋资源开发提供科学依据。评估模型的精度和可靠性是海洋水文要素预测的关键任务之一，常用的定量评估指标包括均方误差、均方根误差、平均绝对误差、相关系数和决定系数等。同时，还可以通过可视化分析、模型解释性分析、预测误差分析和专家评估等定性评估方法对预测模型进行验证和评估。精度和可靠性评估反映了模型预测值与观测值间的差异，以及模型对不同情况的适应能力。常用的定量评估方法见表6.6。

表6.6 模型定量评估方法

评估方法	优点	缺点
MSE/RMSE	对大误差给予了更高的惩罚，适合于回归模型	平方操作放大了异常值对评估结果的影响，不易与真实值的量纲进行比较
MAE	对异常值的影响相对较小，不易受数据集规模的影响	无法直接和真实值的量纲进行比较
R^2	表示模型预测值与真实值之间的相关性，不易受异常值的影响	在模型过拟合时，R^2的值会异常的高
Logarithmic Loss	用于评估分类模型的性能，不易受样本量的影响	对概率分布的计算比较敏感

1. 定量评估方法

（1）均方误差。均方误差是预测值与实际值之差的平方和的平均值。MSE 越小，表明预测结果越准确。均方误差的计算公式见式(6.31)。

（2）均方根误差。均方根误差是均方误差的平方根，通常用于比较不同模型的性能。均方根误差越小，表明模型的预测能力越强。

（3）平均绝对误差。平均绝对误差是预测值与实际值之差的绝对值的平均值。与均方误差和均方根误差相比，平均绝对误差对异常值更具有鲁棒性。

$$MAE = \frac{1}{n}\sum_{i=1}^{n} | y_{\mathrm{pred},i} - y_{\mathrm{true},i} | \tag{6.47}$$

式中，$y_{\text{pred},i}$为模型预测的第 i 个波浪要素值；$y_{\text{true},i}$为实际第 i 个波浪要素值。

（4）相关系数（correlation coefficient）。相关系数是用来描述两个变量之间线性关系的强度和方向的统计量。相关系数的值介于 -1 和 1 之间，绝对值越接近 1，表明两个变量之间的线性关系越强，其公式如下：

$$r = \frac{\sum_{i=1}^{n}(x_i - \bar{x})(y_i - \bar{y})}{\sqrt{\sum_{i=1}^{n}(x_i - \bar{x})^2}\sqrt{\sum_{i=1}^{n}(y_i - \bar{y})^2}} \tag{6.48}$$

式中，x_i 和 y_i 为第 i 个样本的特征值和目标值；$\bar{x}$和$\bar{y}$分别为特征值和目标值的均值。

（5）决定系数（R^2）。决定系数是评价模型拟合优度的指标，其反映了因变量的变异中有多少可以被自变量解释。R^2越接近 1，表明模型的拟合效果越好，R^2的计算公式为：

$$R^2 = 1 - \frac{\sum_{i=1}^{n}(y_{\text{pred},i} - y_{\text{true},i})^2}{\sum_{i=1}^{n}(y_{\text{true},i} - \bar{y})^2} \tag{6.49}$$

式中，$\bar{y}$为实际波浪要素的均值。

由表 6.6 可知，如果数据集中存在异常值，使用平均绝对误差可有效减少异常值对评估结果的影响；如果模型预测结果需要与真实值的量纲进行比较，那么应使用平均绝对误差等方法。此外，对于不同类型的问题和任务，需要选择合适的评估方法，如对于回归问题使用均方误差等方法，对于分类问题使用对数损失等方法。

2. 定性评估方法

定性评估方法可用于评估海洋水文要素机器学习预测模型的性能。定性评估方法可以为海洋水文要素机器学习预测提供重要的补充和支持，有助于更全面、准确地评估模型性能。其一般包括以下分析方法：

（1）可视化分析。通过对模型预测结果的可视化分析，判断模型是否能够提取水文要素的变化趋势和周期性。

（2）模型解释性分析。通过分析模型的重要特征和变量，了解模型的预测过程，验证模型是否符合物理规律和常识，例如，在波浪要素预测中，常用的特征包括风速、海流、水深等。

（3）专家评估。请领域专家对模型进行评估，判定模型是否符合专业范畴和实际需求。

综上所述，不同的机器学习模型泛化能力评估方法各有其特点和适用范围。在选择评估方法时，需要根据具体问题和任务的特点进行选择，综合考虑模型的精确性、鲁棒性、对异常值的敏感性及计算效率等因素。同时，对于同一个问题或任务，可以使用多种评估方法评估模型的泛化能力，以便全面地评估模型的性能和优缺点。

6.11　小结

为实现对海洋水文要素准确、及时的预测预报，本章重点介绍了构建机器学习预测模型中数据选取、数据质量控制、数据清洗、特征提取、模型优化和预测评估等关键技术和方法。通过对海洋数据进行质量控制和标准化处理，确保了数据的准确性和可靠性。同时，数据清洗进一步消除了数据中的噪声、异常值和缺失值等问题，为后续预测工作奠定了可信的数据基础。在此基础上，特征提取方法被应用于挖掘原始数据中有助于提升预测精度的关键信息，为后续建模和预测提供有效的输入。海洋水文要素预测模型的优化方法包括调整结构参数、损失函数参数、优化器参数、正则化参数及数据预处理参数，这些方法综合运用于模型优化，可提高模型的准确性、稳定性、训练速度及收敛效果。为充分了解模型的预测能力和适用性，本章还介绍了对模型预测结果进行定量和定性评估的方法，为进一步优化和改进预测模型性能提供指导和参考。

以上方法可为海洋水文要素预测模型构建提供重要的技术支撑，进而为海洋科学与工程中的智能决策提供科学依据和信息支持。这些技术和方法的应用将有助于更好地理解海洋系统动态变化过程及规律，从而为精准预测其未来的变化特征及趋势提供支撑，进一步推动海洋科学多学科交叉研究的发展。

思考题

（1）请简述资料同化的定义与分类。

（2）海洋水文要素预测对海洋资源开发和海洋生态环境保护有何意义?

（3）请简述如何对海洋水文要素预测模型进行有效的评估，评估过程中应关注哪些主要指标。

（4）在构建机器学习预测模型时需进行数据清洗，请简述数据清洗包含哪些内容。

（5）请简述数据预处理通常包括哪些方法。

第 7 章

海洋水文预测信息的应用

观测是对海洋水文现象的客观记录，但是无法提供未来时刻或时期海洋水文要素的变化信息，然而在实际应用场景中，如海岸营救、海洋石油溢漏应急响应、防灾减灾等，海洋水文预测信息尤为重要，可为海洋管理与治理、海洋资源开发与保护、海洋灾害防治等提供重要信息支撑，实现海洋水文信息的“四预”（预报、预警、预演、预案），有助于决策者或治理者提前了解与掌握海洋水文过程的变化规律，合理、及时地制定应对措施。因此，本章将海洋水文预测信息的应用场景进行总结与介绍。

7.1 海洋生态保护

人类活动强度的增加使污染物进入海洋环境的总量增加，且污染物种类增多，其对海洋环境的危害逐步增加，影响深远。常规的海洋污染物包括核废水、重金属、微塑料等。因海洋污染具有污染源广、持续时间长、扩散范围大的特点，其防治难度极大。为提升海洋在受到污染前预防的有效性和受到污染后响应的高效性，获取及时有效的海洋水文要素预测信息是关键环节之一，也是构建海洋污染防治体系的数据基础。历史上曾在不同海域发生过海洋污染事件，对海洋环境造成了极大影响。代表性海洋污染事件见表 7.1。

表 7.1　代表性海洋污染事件

时间	海洋污染事件概况	事发海域	原因
1979 年	多巴哥海岸石油泄漏	多巴哥海岸	船只碰撞
1991 年	“ABT 夏日”号石油泄漏	波斯湾	人为倾倒
2011 年	日本福岛核污水泄漏	日本福岛	地震灾害
2020 年	毛里求斯泄漏	毛里求斯	船只搁浅
2021 年	斯里兰卡沉船胶颗粒入海	科伦坡港	船只火灾

海洋中污染物输移是以水为载体。污染物在水体变化过程中发生一系列物理、化学、生物等过程，其存在形式、含量及在时空上的分布随水体理化特性及运动的变化而发生改变。例如，塑料垃圾进入海洋水体后，逐渐发生破碎或降解，在其不断转变过程中形成不同形态的微塑料。微塑料是指塑料颗粒的粒径小于 5 mm 的塑料碎片，其化学性质相对稳定，可在海洋环境中存在数百年，甚至更长。微塑料的破碎、降解过程随海洋水体运动的变化强弱发生变化（图 7.1）。因此，表征海洋水体变化规律的海洋水文要素预测信息对掌握微塑料的演变过程具有十分重要的意义。海洋重金属污染物的迁移与转化过程是指其在潮汐、波浪、海流的共同作用下，随海洋运动而发生的稀释与扩散过程。重金属污染物多是吸附于海洋中的细小颗粒物或生物，如泥沙颗粒、浮游植物、浮游动物、鱼类等。了解并掌握海洋水体运动的规律与趋势是探究海洋中重金属污染物归宿的基础，而基于海洋水文要素预测信息是分析重金属污染物的迁移与转化特性的关键之一。

图 7.1　海洋微塑料污染样本收集
（图源 https://www.sohu.com/a/423173002_267106）

7.2　海岸海洋营救

海洋是不同陆地板块间联系的天然通道，其构成的水域通道是货物运输与人员往来最经济的途径之一，然而，在极端天气条件或非正常客运条件下（如台风、偷渡等），常有海洋船舶侧翻事件的发生（表 7.2），船舶侧翻事件的应急处理因有效响应时间短、救援环境复杂、支援路途远等的限制，施救难度比在陆域大，且风险更高，因此，船舶侧翻区域实时的海洋水文预测信息对提高营救效率尤为关键。及时准确的海洋水文气象预测信息不仅可为空－海救援装备的路径优化提供重要数据支撑，而且可为救援部门提供事件发生区域未来时段的海洋环境动力场信息（如风场、流场、浪场、潮位等），有助于救援部队更加合理地开展营救部署与规划，其具体体现为海洋预测信息有助于救援机构或人员合理规划搜救路径，确定最佳的搜索区域和开展救援的时间。海洋环境动力场具有时空多变性，若救援前的规划不合理，搜救行动可能会遇到诸多困难和阻碍，使救援任务难以开展。若能提前获取及时准确的营救区域海洋环境动力场的预测信息，搜救人员可根据海流、风速、波高等变化规律与趋势，合理确定搜救范围和方向，避免盲目搜索导致时间和资源上的浪费。

表 7.2　全球海洋营救与消防事件统计

时间	事件	国别	人员伤亡/人
2001 年	里约热内卢海域，P-36 半潜采油平台爆炸	巴西	10
2010 年	渤海海域，“胜利作业三号”平台倾斜	意大利	2
2018 年	长江口以东海域，SANCHI 号油轮燃爆	中国	30
2023 年	马尔代夫海域，渔船“鲁蓬远渔 028”沉没	中国	39 人

此外，基于及时准确的海洋环境动力预测信息，救援人员可以更好地根据救援任务准备需要的设备资源，如船只、直升机和救生艇等，避免不必要的损失与资源浪费。海洋水文预测信息还可以为救援人员及时调整救援方案提供信息支撑，提前采取安全措施及预案。例如，当通过预测系统获悉救援区域将出现异常海洋动力现象时，救援部门可以提前采取相应的措施，如关闭港口或撤离沿海地区，可最大限度地保护民众的生命与财产安全。

7.3 溢油应急响应

海洋石油勘探开发中的溢油事故直接影响海洋生态环境，有效开展海洋溢油应急响应工作是维护国家海洋环境权益，保障社会公众利益的关键途径。海洋溢油事件具有影响范围广、扩散速度快、持续时间长等特点，因此，海洋溢油事件的应急响应与处理难度相当大（表7.3、图7.2）。

表7.3　溢油事故分级表

事故等级	海洋石油勘探开发溢油事故溢油量/t
特别重大溢油事故	>1 000
重大溢油事故	500 ～ 1 000
较大溢油事故	100 ～ 500
一般溢油事故	0.1 ～ 100

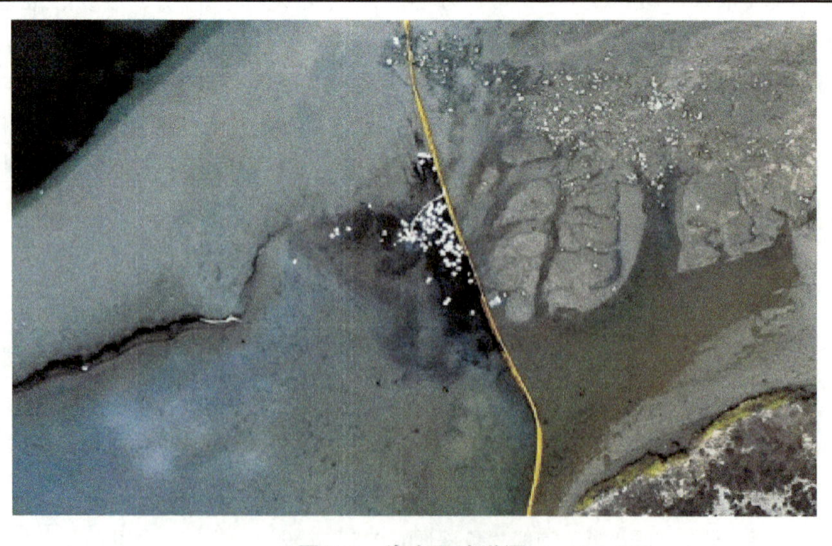

图7.2　海上石油溢漏

（图源 http://m.news.cctv.com/2021/10/07/ARTIJByY0IOgVO1bOroLdtte211007.shtml）

海洋溢油应急响应是为控制、清除、监视、监测海洋石油勘探开发过程中发生溢油事故时所采取的行动与措施。海洋溢油事件应急响应的过程一般可分为接到溢油警报、判定响应级别、启动应急方案、开展应急救援行动、评估救援效果、终止应急行动等环节。海洋水文预测信息可为海洋溢油应急响应与处理提供重要信息支撑，主要体现在以下方面：

（1）基于构建的海洋水文预测模型，不仅可在海洋溢油事件发生前有针对性地开展溢油应急处置全过程的模拟与演练，而且可在海洋溢油事件发生时，及时获取事故海域的海洋水文要素场信息，提供实时的事故海域多要素水文气象信息，为应急响应行动提供重要信息支撑。此外，在海洋溢油时间处理后，海洋水文预测模型可持续为相关区域提供海洋环境动力预测信息，并根据营救反馈效果对海洋水文预测模型进行优化，提升海洋水文预测模型的效率与精准度，更好地为海洋溢油应急响应提供信息支撑。

（2）由于海洋水文预测模型结构具有可调整性，可根据实际需要构建不同时空分辨率的海洋水文要素预测模型及多尺度动力耦合模型，进而输出不同时空分辨率的海洋水文要素场信息，营救部门在开展海洋溢油应急响应工作的不同阶段，可根据实际需求，选用不同时空尺度的海洋水文预测信息，作为营救方案制订、修改与优化的重要参考。

7.4　通航安全保障

海洋水文信息预测是以海洋数据资源利用为标准，在港口航道通航综合能力方面可发挥重要作用，有助于完善应急响应水平，促进港口航道的可持续发展，满足通航安全保障和应急响应需求。例如，基于潮汐、风速、流场、浪场等海洋水文要素预测信息，优化船舶－海洋体系的评估规范与信息利用率。通过构建观测－预测相融合的海洋水文要素智能信息系统，为船舶的安全航线及进出港时间安排提供水文气象信息保障。不同天气状况下，海洋水文预测信息的具体支撑作用与应用情形如下。

1．常态天气情形

在常态天气条件下，潮位、风速、潮流、波浪等信息对船舶的正常航线至关重要。以珠江口航道为例，受人类活动，尤其是采砂的影响，珠江口航道水深在短期内发生剧烈变化，进而影响航道的稳定性，威胁船舶的通航安全。苏伊士运河连接红海与地中海，是贯通欧亚非三大洲的重要国际海运航道。2021 年 3 月 23 日，一艘“长赐”号重型货船在苏伊士运河新航道搁浅，造成航道拥堵（图 7.3），“长赐”号搁浅 6 天，导致埃及政府运河管理部门、被堵的船只及等待货物的零售商等遭受了巨额的经济损失。因此，及时准确的海洋水文要素信息不仅可为船舶的正常航行提供重要信息支撑，而且可为世界货物的流通与经济正常运行提供必要的保障。

图 7.3　埃及苏伊士运河货轮搁浅

（图片来源 https://baijiahao.baidu.com/s?id=1727438578225679994&wfr=spider&for=pc）

2. **极端天气情形**

在极端天气条件下，海洋水文要素场较常态天气条件更为复杂多变。以台风天气系统为例，虽然台风具有偶发性，但其在移动过程中携带了巨大的能量，通过海气界面的相互作用，直接导致大范围海洋环境动力场（风场、流场、浪场）的骤变，进而致使在海面航行的船舶的稳定性受到影响甚至威胁。

台风作为热带风暴系统，其引发海洋水文要素场异常变化，包括风场、流场和浪场。当台风形成并加强时，海洋表面由于受到强烈风力作用，风速激增，导致海面波高骤增，波浪的强度和不规则性增加，进而对船舶航行安全造成严重威胁。台风中心附近的海流受到风力驱动，通常表现为局地强烈流动的特征，台风期受风应力强迫的局地强扰动可引起表层海水和深层海水间的垂直交换，影响水温、盐度和海底沉积物分布。此外，台风带来的强降水和能见度的降低进一步增加了航海难度，改变海水的盐度和密度，进而影响海流结构。对于航行船舶而言，台风期海洋动力过程异变迫使其调整航线（图 7.4），通常在此期间需寻找避风港口，以降低损失和保障船员安全。海洋水文要素的精准预测可以帮助船舶在航行过程中更好地避开危险区域，保证海上交通安全。例如，南海地区存在大量的珊瑚礁和浅滩，若船只驶入这些海域，则可能发生严重的事故。精准的海洋水文要素预测可以预知此类危险区域的位置和范围，从而帮助船只避开该区域，以保障海上交通的安全。台风过后，海气界面大量的动量与能量交换，使海洋生态系统可能受到长期的影响，包括改变浮游生物的分布、鱼类栖息地和迁移路线的变动，这些都将对渔业资源和海洋生物多样性产生影响。因此，台风对海洋环境和海上活动的影响是多维的，对海洋环境的监测和对台风路径与强度的预测研究对于海洋环境保护和海上航行安全具有重要意义。

图7.4　恶劣海况条件下海上航行船舶
（图像来源 https://new.qq.com/rain/a/20210310a0dxpz00）

7.5　气象预警与防灾减灾

在全球气候变暖的背景下，极端灾害性天气事件广发、频发、并发，其造成的人员与财产损失巨大。海洋水文气象预测信息的及时性与准确性是减小海洋灾害损失的有效途径之一。早预警、早行动是应对海洋气象灾害的有效措施。因此，海洋水文预测信息尤为关键，实时精细化的风场、流场、浪场等水文要素预测信息可为海洋灾害防治策略的实施提供重要的环境背景信息，有利于提升防灾减灾应急响应行动的有效性。

海洋水文预测系统可利用大量的海洋环境数据，包括海温、海流、海冰、波浪等，这些数据是海洋气象预报系统构建与优化的基础。例如，在台风登陆前，若能准确地预测台风的移动路径和强度，则可以及时采取相应措施保护人民群众的生命财产安全。同时，海洋环境预测数据可以帮助气象预报员更加准确地预测台风的移动路径和强度，从而提高气象预报的准确性。此外，海洋要素的变化还可用于预测自然灾害的发生及其发展趋势，例如，在海啸发生前，海水一般会出现异常的变化，若能及时地掌握这些异常变化，则可以提前向公众发布相关预警信息，有助于灾前采取相应的防灾措施与策略，从而减少人员伤亡和财产损失。

综上可知，海洋水文预测信息在海洋气象预报和防灾减灾等方面发挥着重要的作用。海洋水文要素预测可以提高气象预报的准确性，促进海洋渔牧业的发展，同时也可以提高对自然灾害的预警能力，进而降低灾害的损失，提高灾后救援的效率。随着科技的不断发展和应用，海洋水文要素预测技术未来将会在气象预报和防灾减灾方面发挥更加重要的作用。

7.6 海洋国防安全

海洋水文预测信息对国防具有重要的战略价值，是维护海上安全和国家主权的重要信息保障，是保护国家疆土以及海上经济利益的必然需求。首先，海洋水文预测信息有助于决策者评估和规划海上军事行动，确定最佳的航线、编队部署和军事行动时间。其次，降雨、风暴、潮汐等水文预测信息直接影响到军事行动的可行性和合理性。通过海洋水文预测模型对未来时刻海洋环境动力场的预测，指挥机构可预知未来的天气和海况变化情况，进而为选择适合的时间窗口及计划制订提供参考。

海洋环境变化对潜艇的航行、掩护和声呐探测等具有重要影响。以声呐为例，水下环境作为一个复杂多变的声波传播通道，折射、散射效应及海面和海底的不平整等都会对声音的传播造成一定的影响。具体而言，海流变化所导致的海面粗糙会改变海面反射和散射特性，引起声波传播时信号幅度和相位剧烈起伏；海况恶劣情况下，海洋表面所产生的气泡共振散射还会引起海水声速、密度的改变，对高频声传播造成巨大的损失。此外，海面降水会导致空气湿度的变化，进而造成声呐设备的腐蚀。因此，为了充分发挥声呐在探测水下目标的能力，及时准确的海洋水文预报信息发挥着关键作用，这有助于规避海洋环境对水声装备的影响。

此外，海岸防御通常需要监测海域内船只活动、港口运营和海岸线变化等信息。准确的海洋水文要素预测信息有助于及时对可能出现的海洋灾害和安全风险进行预警，防止海上安全事件的发生。

海洋预测对于军事侦察和情报收集也至关重要。随着现代军事技术的迅速发展，侦察和情报收集能力增强。水文环境预报数据可帮助相关设备利用声呐特性，有利于提供水下地形和障碍物的信息，如海底地形、潜在的海底障碍物等。海洋水文信息对于军事侦察和情报收集活动中水下目标的识别和定位至关重要。水文要素预测信息还可以帮助决策者选择合适的侦察路径和传感器配置，以有效地发现和识别水下目标。

综上可知，海洋水文要素预测对于国防安全具有重要的意义。准确的海洋水文要素预测信息可为国防安全提供重要的信息支撑和保障，确保军事行动的顺利开展。同时，其也可以在海岸防御、军事侦察和情报收集等方面提供必要的帮助和支持。因此，加强海洋水文预测技术研发和能力提升，有助于提高海上安全保障水平，是国防建设的重要组成部分。

7.7　海洋渔业养殖

海洋水文预测通过分析历史数据、实时监测和模拟计算等手段，对未来时刻（时期）可能发生的海洋环境动力场变化情况进行分析与预测，从而提高海洋养殖的成功率和产出，具体体现在以下方面：

（1）海洋水文预测系统可以及时获取海洋环境动力场（流速）的变化信息，如流速、盐度、水温、潮汐、气象等数据。由于这些海洋水文环境要素直接影响着养殖物种的生长、繁殖和饲料生产，因此，其直接影响海洋生态养殖效益。例如，海水的流速与流向是养殖区域的规划中需考虑的重要方面之一，若养殖网箱被海流冲毁，将导致养殖物逃逸或死亡。水温也是养殖过程中需考虑的重要因素之一，养殖生物的生存水温在一定的范围内，当水温适宜时，养殖生物的新陈代谢、消化吸收等生理功能正常，能够充分利用饲料，促进生长发育，提高产量和质量。然而，不同养殖生物有不同的繁殖温度范围，温度过高或过低都会影响繁殖效果，如造成夭折、不孕或产卵数量减少等现象，进而造成养殖损失。

（2）海洋水文预测系统可提前获取监测海洋生态环境变化的信息。水产养殖业在养殖期需开展连续水质监测，确保养殖水域中各项参数符合所需的水质标准，基于预知的海洋水文信息进而采取措施来减少污染物质的输入，以保护水生生物的健康和生长。此外，盐度也是水产养殖的一项重要环境因子，高盐度水域会对淡水鱼产生负面影响，而海水鱼则需要相对高盐度的水域才能生长，因此，若水中盐度不符合养殖鱼类的需求，则可能会影响其生长和健康。盐度也会影响水中的溶解氧含量，随着盐度的升高，水中的溶解氧含量降低，如果溶解氧含量过低，就可能导致水生生物的窒息和死亡。

（3）海洋生态养殖业依赖于稳定的水文条件以维护生物健康和生产效率，但极端天气如风暴、海啸和台风可对养殖环境造成剧烈冲击。这些天气事件通过搅动水层，改变营养物质分布和水中化学成分，对养殖产生直接影响。强风和波动会使悬浮物质增多，降低水的透明度，抑制光合作用，进而影响养殖区的生物生产力。此外，风暴还可能损坏养殖基础设施（图7.5），如养殖网箱、养殖平台等，造成生态和经济损失。因此，为应对极端天气对养殖业的影响与破坏，需要采取积极措施，如提高设施耐候性、调整养殖策略以适应气候变化，并利用先进的海洋水文预测系统来监控环境变数，以规避灾害风险。这些系统可实时监控水位、流向、降雨量等数据，并对这些数据进行综合分析，为养殖业者或相关部门提供预警信息，使其有足够充裕的时间采取有效的应对措施，如调整养殖网箱位置、加固防护措施或临时转移养殖资源，以最小化极端天气对养殖业的负面影响，进而减小经济损失，保障人员与设备的安全。

图 7.5　青岛“深蓝一号”示范区
（图源：https://www.thepaper.cn/newsDetail_forward_15603743）

7.8　海岸与海洋工程建设

在海岸与海洋工程建设过程中，复杂多变的自然环境对工程与结构物的设计、施工、运维与管理造成较大的影响，及时准确的海洋水文信息有助于为工程全生命周期建设的顺利开展及运维管理提供重要的信息支撑。

从工程设计角度而言，海洋水文观测与预测信息是海洋工程设计阶段的重要基础数据。例如，海水温度和盐度对于海洋结构物的材料选择、防腐措施和抗腐蚀设计具有重要影响。海洋工程结构内外的温度变化会导致结构物表面产生不同的作用力，若该作用力超出结构本身所能承受的力量，则会发生结构物变形，从而产生危险性。潮汐和波高对于设计海洋结构物的尺寸、荷载和抗风浪能力至关重要，表 7.4 为《海港总体设计规范》（JTS 165—2013）中规定的液化天然气船舶作业条件标准。因此，水文要素的预测信息有助于设计阶段做出合理的设计决策。

表 7.4　液化天然气船舶作业条件标准

作业阶段	风速/($m \cdot s^{-1}$)	横浪波高/m	顺浪波高/m	能见度/m	横流流速/($m \cdot s^{-1}$)	顺流流速/($m \cdot s^{-1}$)
进出港航行	≤20	≤2.0	≤3.0	≥2 000	<1.5	≤2.5
靠泊操作	≤15	≤1.2	≤1.5	≥1 000	<0.5	<1.0
装卸作业	≤15	≤1.2	≤1.5	—	<1.0	<2.0
系泊	≤20	≤1.5	≤2.0	—	≤1.0	<2.0

从施工计划角度而言，海洋水文预测信息有助于施工单位确定海岸与海洋工程建设的时间表、任务序列和资源安排等。潮汐、海浪等要素的预测可以方便施工团队充分利用潮汐、波浪的变化规律，合理安排船只、设备和人员等的调度，以利用适宜的水文条件，减少施工期间的困难和风险，提高施工效率，保障海岸与海洋工程建设的如期推进。

从运维与管理角度而言，海洋水文预测信息可以对工程建设中潜在风险事件进行预警预判，如洪水、强风暴等。通过及时获得相关水文气象信息，运维机构可以提前采取相应的应对措施，以确保工程设施的正常运行和延长工程与结构物的使用寿命。此外，海洋水文预测信息还可以帮助优化维护计划，确保在不同水文条件下进行合适的工程维护工作。

从海洋资源管理角度而言，海洋水文预测信息可以协助管理机构监控和评估海洋资源开发造成的环境影响，如海洋矿产资源开采、海洋生物资源的利用等。准确的流速、水温和盐度等数据有助于制定有效的管理与应对措施，避免对海洋生态系统造成过度的干扰与破坏。例如，在规划海底矿物开采时，潮汐和海流预测有助于确定最佳开采时机，以最小化悬浮物对海水透明度的影响和避免底层生物栖息地的破坏。此外，海洋水文数据对于渔业管理也至关重要，可通过对水温和盐度的监控来预测渔场的位置和渔期的变化，优化渔业资源的分配和保护。对于海洋环保组织或机构而言，海洋水文预测信息可指导其在进行海岸线和海域规划时对生态保护的考虑，如建立海洋保护区和恢复受损的海洋生态系统。因此，海洋水文要素信息的精准预测对于维护海洋生态平衡、促进可持续利用海洋资源和保护海洋生物多样性等方面具有不可替代的作用。

7.9 小结

尽管未来时刻的海洋水文要素场为未知信息场，但是基于对水文循环及水动力过程的理解与掌握，并结合多源异构的观测资料与新型的数据融合技术（如资料同化、机器学习等），可提升对海洋水文要素场预测信息的获取能力，有助于构建“流域－河口－海岸－近海（岛礁）－大洋”跨尺度的水文要素预测系统，可为海洋污染物的输移与扩散、海洋营救与消防、海洋溢油应急响应、通航安全保障以及气象预警和防灾减灾等提供重要的信息支撑，有助于提升海洋防灾减灾的“四预”（预报、预警、预演、预案）应对能力，具有重要的实际应用价值。

思考题

（1）请简述海洋水文要素预测信息有哪些实际应用场景。
（2）请阐述海洋水文预测信息对海洋渔业养殖的重要性。

参考文献

[1] 艾南山. 侵蚀流域系统的信息熵 [J]. 水土保持学报, 1987, 1 (2): 1-8.
[2] 艾南山, 岳天祥. 再论流域系统的信息熵 [J]. 水土保持学报, 1988, 2 (4): 1-9.
[3] 柏颖. 西太平洋暖池海温准半年振荡的年际变化及其可能机制研究 [D]. 南京: 南京信息工程大学, 2016.
[4] 鲍振鑫. 水文频率分析适线法参数估计研究 [D]. 南京: 南京水利科学研究院, 2010.
[5] 布金伟. 星载 GNSS-R 技术反演海面降雨强度及风速和浪高方法研究 [D]. 徐州: 中国矿业大学, 2022.
[6] 蔡江东. 重标极差分析法预测径流量问题探究 [J]. 人民黄河, 2012, 34 (7): 25-27.
[7] 曹潇. 风玫瑰图在电网气象信息系统中的应用研究 [J]. 风能, 2010, 10 (10): 44-45.
[8] 常沙. 复杂气象海洋环境人工构建方法研究 [D]. 长沙: 国防科技大学, 2019.
[9] 陈汗. 基于网络流量的攻击特征分析与检测方法研究 [D]. 大庆: 东北石油大学, 2023.
[10] 陈嘉映. 供热系统结构与调控灵活性分析模型与应用研究 [D]. 杭州: 浙江大学, 2022.
[11] 陈楼衡. 海洋标量与矢量数据场的可视化技术研究 [D]. 杭州: 浙江工业大学, 2018.
[12] 陈天昕. 基于机器学习算法和深度学习算法的高炉炉温预测研究 [D]. 南昌: 江西财经大学, 2023.
[13] 陈颖. 熵概念的历史演变 [J]. 物理通报, 2009 (4): 49-52.
[14] 陈宇. 实时海洋水质数据的三维可视化平台设计与实现 [D]. 杭州: 浙江工业大学, 2018.
[15] 陈语. 分汊河口横向环流及其格局转化研究 [D]. 上海: 华东师范大学, 2020.
[16] 陈元杰, 程鹏. 中国东部海域潮汐余流特征及其动力分析 [J]. 海洋通报, 2021, 40 (4): 396-409.
[17] 陈玥. 秦皇岛海域海流的时空特征及影响因素 [D]. 上海: 上海海洋大学, 2019.
[18] 陈振坤, 贾积身, 原晨冉, 等. 多元非线性回归模型在气候变暖方面的应用——以加拿大地区为例 [J]. 河南科技学院学报 (自然科学版), 2020, 48 (3): 60-67.
[19] 陈子燊, 路剑飞, 于吉涛. 基于非对称 Archimedean Copula 的三变量风浪重现水平

分析［J］. 海洋通报，2017，36（6）：631－637.
［20］池典赐，崔永生，张光，等. 珠江河口及其近海陆架对台风“暹芭”的响应［J］. 海洋工程，2024（2）：1－19.
［21］储璟骏，杨新，高艳. 使用 GPU 编程的光线投射体绘制算法［J］. 计算机辅助设计与图形学学报，2007，19（2）：257－262.
［22］储南洋. 人类活动影响下珠江口伶仃洋滩槽演变研究［D］. 珠海：中山大学，2020.
［23］崔艳荣. 卷积神经网络在渤海海冰卫星遥感中的应用［D］. 上海：上海海洋大学，2020.
［24］崔义新. 基于交叉熵的随机赋权网络［D］. 保定：河北大学，2017.
［25］崔忠燕，杨鹏，李杰，等. 基于 NETCDF 的数据交换平台研究［J］. 微型机与应用，2011，30（20）：6－8.
［26］崔佐凯. 云环境下的隐私保护 kNN 分类查询机制研究［D］. 兰州：兰州理工大学，2023.
［27］戴可欣. 基于移动平均线的量化交易优化策略研究［D］. 北京：中央民族大学，2022.
［28］单扬洋. 气象矢量场数据可视化技术研究［D］. 杭州：浙江工业大学，2019.
［29］单忠伟. 海流测量技术综述［J］. 声学与电子工程，2011（1）：1－5.
［30］党超群，齐占辉，李明兵，等. 基于近岸 GPS RTK 技术的潮位和波浪提取算法研究［J］. 电子设计工程，2016，24（2）：6－8.
［31］邓冰，佟凯，张学宏，等. 渤、黄海海冰预报方法研究［J］. 海洋预报，2004，21（3）：15－21.
［32］翟一. 我国交通与经济增长关系研究［D］. 武汉：武汉大学，2013.
［33］丁莹莹. 基于 SAR 图像的海面风和海浪的反演算法研究［D］. 舟山：浙江海洋大学，2021.
［34］董力，陆中，周伽. 基于遗传算法的混合威布尔分布参数最小二乘估计［J］. 南京航空航天大学学报，2019，51（5）：711－718.
［35］樊丛维. 中国科技兴海视域下海洋强国战略研究［D］. 长春：吉林大学，2021.
［36］范茂廷. 高分辨率区域海气浪耦合模式在南海地区台风过境模拟中的应用［D］. 长沙：国防科技大学，2021.
［37］方国洪. 潮汐和潮流的分析和预报［M］. 北京：海洋出版社，1986.
［38］方国洪. 基于 Fourier 变换的潮汐低通滤波器 Ⅰ. 连续过程的滤波［J］. 黄渤海海洋，1987（2）：1－9.
［39］方今，刘京城. 基于向量自回归模型的高频地波雷达海流异常值的识别算法研究［J］. 海洋技术学报，2021，40（4）：30－36.
［40］方莹. 深圳大鹏湾波浪数值预报研究［D］. 北京：清华大学，2015.
［41］冯灵清，刘艳红，刘宇晶. 流形学习及其算法分析［J］. 计算机时代，2017（4）：1－4.
［42］冯士筰. 海洋科学导论［M］. 北京：高等教育出版社，1999.

[43] 冯硕. 基于海洋平台的海流观测系统设计与关键部件研究 [D]. 大连：大连理工大学，2019.
[44] 冯有良. 基于风向的建筑工程设防风速预测研究 [D]. 青岛：中国海洋大学，2010.
[45] 符淙斌，王强. 气候突变的定义和检测方法 [J]. 大气科学，1992，16 (4)：482 - 493.
[46] 傅志宏. 海洋污染的来源及治理研究 [J]. 当代化工研究，2020 (22)：85 - 86.
[47] 戈立婷，宋松柏. 基于统计推断的 GEV 分布水文频率计算充分样本长度研究 [J]. 水利学报，2022，53 (8)：1004 - 1016.
[48] 龚伟，杨大文. 水文变量高维非线性相关分析与水文模型结构不确定性评估 [J]. 水力发电学报，2013，32 (5)：13 - 20.
[49] 郭德龙，周永权. 进化策略在极大似然法参数估计中的应用 [J]. 计算机工程与科学，2007，29 (10)：38 - 40.
[50] 郭生练，闫宝伟，肖义，等. Copula 函数在多变量水文分析计算中的应用及研究进展 [J]. 水文，2008 (3)：1 - 7.
[51] 郭生练，刘章君，熊立华. 设计洪水计算方法研究进展与评价 [J]. 水利学报，2016，47 (3)：302 - 314.
[52] 郝光华，赵杰臣，李春花，等. 2017 年夏季北极中央航道海冰观测特征及海冰密集度遥感产品评估 [J]. 海洋学报，2018，40 (11)：54 - 63.
[53] 何清，李宁，罗文娟，等. 大数据下的机器学习算法综述 [J]. 模式识别与人工智能，2014，27 (4)：327 - 336.
[54] 何书元. 应用时间序列分析 [M]. 北京：北京大学出版社，2003.
[55] 何文然，黄振生. 响应变量随机缺失的相依函数型单指标模型的 k 近邻估计 [J]. 重庆工商大学学报 (自然科学版)，2023，40 (6)：105 - 110.
[56] 侯圣甜. 基于流形学习的运动目标跟踪建模 [D]. 青岛：中国石油大学 (华东)，2014.
[57] 黄瑞新. 大洋环流：风生与热盐过程 [M]. 北京：高等教育出版社，2012.
[58] 黄武枫，郑含博，杜齐，等. 基于 Nakagami 分布的风速概率分布拟合研究 [J]. 电测与仪表，2024 (2)：76 - 82.
[59] 黄武枫. 风电场风速概率分布及其拟合模型研究 [D]. 南宁：广西大学，2021.
[60] 黄洋. 基于自信息测度的特征选择方法研究 [D]. 锦州：渤海大学，2019.
[61] 黄羽庭. 上川岛外一浮标站的海流矢量时间序列的旋转谱分析 [J]. 热带海洋，1985，4 (3)：14 - 20.
[62] 黄祖珂. 潮汐原理与计算 [M]. 青岛：中国海洋大学出版社，2005.
[63] 吉绪新. 数据驱动模型与机理模型耦合的水质预警预测研究 [D]. 广州：华南理工大学，2021.
[64] 季青. 基于卫星测高技术的北极海冰厚度时空变化研究 [D]. 武汉：武汉大学，2015.
[65] 姜波. 基于传统经验模型和机器学习模型的水色遥感反演对比研究 [D]. 烟台：

中国科学院大学（中国科学院烟台海岸带研究所），2021.
[66] 蒋富俊. 基于长短期记忆神经网络的海冰范围预测 [J]. 中国水运，2019，19(3)：126-127.
[67] 金光炎. 水文频率分析述评 [J]. 水科学进展，1999，10 (3)：319-327.
[68] 金权. 基于机器学习算法对海浪波高的预测及优化研究 [D]. 青岛：自然资源部第一海洋研究所，2019.
[69] 金秀章，李京. 基于互信息 PSO-LSSVM 的 SO_2 浓度预测 [J]. 计量学报，2021，42 (5)：675-680.
[70] 阚光远，洪阳，梁珂. 基于耦合机器学习模型的洪水预报研究 [J]. 中国农村水利水电，2018 (10)：165-169.
[71] 柯宝贵，许军，杨磊，等. Jason-2 近海海面高的最优高斯低通滤波半径选择 [J]. 武汉大学学报（信息科学版），2018，43 (9)：1309-1314.
[72] 柯健. 海水-大气跨介质环境中 LED 可见光传输特性研究 [D]. 西安：西安理工大学，2023.
[73] 孔祥铭，董艳艳，李薇，等. 最大熵方法在香溪河流域径流分析中的应用 [J]. 水电能源科学，2016，34 (2)：17-20.
[74] 寇露彦. 基于改进 RBF 神经网络的气候数据预测研究 [D]. 绵阳：西南科技大学，2022.
[75] 雷冠军，王文川，殷峻暹，等. P-Ⅲ型曲线参数估计方法研究综述 [J]. 人民黄河，2017，39 (10)：1-7.
[76] 黎清霞，李佩怡，何艳虎，等. 澜沧江流域中下游主要水文气象要素变化相关性分析 [J]. 灌溉排水学报，2018，37 (9)：100-107.
[77] 李冰洁，庞小平，季青. 北极海冰密度变化分析及其对海冰厚度估算的影响 [J]. 极地研究，2019，31 (3)：258-266.
[78] 李航. 统计学习方法 [M]. 北京：清华大学出版社，2012.
[79] 李恒阳，赛俊聪，梁俊宇，等. 风能资源评估数值模拟方法 [J]. 云南电力技术，2014，42 (6)：19-21.
[80] 李璐瑶. 基于时空动态层次图卷积网络的交通流量预测 [D]. 重庆：重庆交通大学，2023.
[81] 李茂捷. 基于强化学习和元学习的机械臂抓取方法研究 [D]. 南京：南京邮电大学，2022.
[82] 李敏，王辉，金啟华. 中国近海海面风场预报方法综述 [J]. 海洋预报，2009，26 (3)：114-120.
[83] 李明壮. 基于决策树的数据挖掘算法研究与应用 [D]. 青岛：中国石油大学，2008.
[84] 李培志. 支持向量机模型的优化及其应用研究 [D]. 大连：东北财经大学，2019.
[85] 李青侠，张靖，郭伟，等. 微波辐射计遥感海洋盐度的研究进展 [J]. 海洋技术，2007 (3)：58-63.
[86] 李若华，唐子文，谢东风. 强潮作用下钱塘江河口潮余流特征研究 [J]. 人民长

江，2021，52（5）：8－12.
[87] 李伟. Copula 函数在多变量洪水联合分布中的应用研究［D］. 武汉：华中科技大学，2014.
[88] 李晓婷，郑沛楠，王建丰，等. 常用海洋数据资料简介［J］. 海洋预报，2010，27（5）：81－89.
[89] 李永平，于润玲，郑运霞. 一个中国沿岸台风风暴潮数值预报系统的建立与应用［J］. 气象学报，2009，67（5）：884－891.
[90] 李壮. 面向小样本数值表数据的自动机器学习优化方法研究［D］. 北京：北京科技大学，2022.
[91] 梁家康，刘汪洋. 基于热力图的公共自行车站点时间与用户类型分析［J］. 计算机时代，2021（1）：29－32.
[92] 梁伟强，王永红. 半遮蔽型海滩剖面长期时空演化过程的经验正交函数分析［J］. 海洋与湖沼，2021，52（4）：834－845.
[93] 梁忠民，张华. 一种修改的双权函数法［J］. 河海大学学报（自然科学版），2001，29（6）：20－23.
[94] 林刚. 南中国海风场和海浪场统计分析及其应用［D］. 大连：大连理工大学，2018.
[95] 林莉. 基于 SAR 复数据的海浪谱反演方法研究［D］. 青岛：中国海洋大学，2014.
[96] 林明森，张有广，袁欣哲. 海洋遥感卫星发展历程与趋势展望［J］. 海洋学报，2015，37（1）：1－10.
[97] 林燕芬，王茜，伏晴艳，等. 上海市臭氧污染时空分布及影响因素［J］. 中国环境监测，2017，33（4）：60－67.
[98] 林作梁，朱学明，鲍献文，等. 基于 FVCOM 的泉州湾海域三维潮汐与潮流数值模拟［J］. 海洋学报（中文版），2013，35（1）：15－24.
[99] 刘宝然，王京国. "11·12" 海上大营救［J］. 山东劳动，1998（5）：30－31.
[100] 刘春霞，赵中阔，毕雪岩，等. 海洋环流与海浪模式的发展及其应用［J］. 气象科技进展，2017，7（4）：12－22.
[101] 刘光文. 皮尔逊Ⅲ型分布参数估计（续完）［J］. 水文，1990（5）：1－14.
[102] 刘光文. 皮尔逊Ⅲ型分布参数估计［J］. 水文，1990（4）：1－15.
[103] 刘宏苏. 星载 GNSS－R 监测台风变化过程的研究［D］. 南京：南京信息工程大学，2021.
[104] 刘华文. 基于信息熵的特征选择算法研究［D］. 长春：吉林大学，2010.
[105] 刘强，冯兴亚. 基于支持向量机方法的波浪预测分析［C］//海洋工程学会. 第二十届中国海洋（岸）工程学术讨论会论文集（下）. 南京：河海大学出版社，2022：12－17.
[106] 刘泉宏，张韧，汪杨骏，等. 深度学习方法在北极海冰预报中的应用［J］. 大气科学学报，2022，45（1）：14－21.
[107] 刘尚东. 基于机器学习耦合模型的渭河流域径流预测研究［D］. 西安：长安大学，2022.

[108] 刘文俊，孔毅，赵现斌，等. 基于交叉谱法的C波段机载SAR海浪反演［J］. 解放军理工大学学报（自然科学版），2014，15（4）：380－385.
[109] 刘彦祥. ADCP技术发展及其应用综述［J］. 海洋测绘，2016，36（2）：45－49.
[110] 刘艳丽，梁国华，周惠成. 水文模型不确定性分析的多准则似然判据GLUE方法［J］. 四川大学学报（工程科学版），2009，41（4）：89－96.
[111] 刘有元. “洋流，密度流，补偿流”概念探析［J］. 地理教育，1999（5）：1.
[112] 龙志勇. 基于并行化的决策树算法优化及其应用研究［D］. 杭州：浙江大学，2016.
[113] 卢晓亭，濮兴啸，王丹，等. 利用绝对盐度参数的海水盐度新计算方法［J］. 舰船科学技术，2012，34（3）：126－129.
[114] 罗招莲. 秦皇岛海域潮汐潮流数值模拟研究［D］. 秦皇岛：河北科技师范学院，2021.
[115] 骆黎明，白伟华，孙越强，等. 基于树模型机器学习方法的GNSS－R海面风速反演［J］. 空间科学学报，2020，40（4）：595－601.
[116] 吕文斌，秦笠伟，洪敏慎. 浅析海洋数据成果质量问题与清洗方法［J］. 数字技术与应用，2019，37（8）：222－223.
[117] 马海波，赵东亮，祝薄丽. 几种水文频率曲线参数估计方法的比较［J］. 人民黄河，2016，38（3）：9－11.
[118] 马继瑞. 海流矢量时间序列旋转谱估计及其应用实例［J］. 海洋学报（中文版），1986，8（6）：671－677.
[119] 马秀峰. 计算水文频率参数的权函数法［J］. 水文，1984（3）：1－8.
[120] 马玉婷，蔡华阳，杨昊，等. 珠江磨刀门河口水位分布演变特征及其对人类活动的响应［J］. 热带海洋学报，2022，41（2）：52－64.
[121] 马兆越. 珠江口悬浮物浓度遥感估算及影响因素分析［D］. 南京：南京信息工程大学，2022.
[122] 马峥. 基于信息熵的科技学术期刊评价方法研究［D］. 南京：南京大学，2020.
[123] 毛汉礼，任允武，万国铭. 应用T－S关系定量地分析浅海水团的初步研究［J］. 海洋与湖沼，1964，6（1）：1－22.
[124] 梅浩. 基于船基图像分析的北极夏季海冰分布的时空变化研究［D］. 大连：大连理工大学，2020.
[125] 孟彩侠，王平义，张晓伟，等. 三种拟合评价法计算水文频率的比较［J］. 南水北调与水利科技，2015，13（6）：1036－1039.
[126] 孟德宇，徐晨，徐宗本. 基于Isomap的流形结构重建方法［J］. 计算机学报，2010，33（3）：545－555.
[127] 孟丁丁，陈晓东，季顺迎. 基于循环神经网络的海冰弯曲强度预测分析［J］. 力学与实践，2022，44（3）：580－589.
[128] 孟翊星. 近50年新疆地区降水变化及天气分型［D］. 南京：南京大学，2017.
[129] 孟子流，李腾龙. 机器学习技术发展的综述与展望［J］. 集成电路应用，2020，37（10）：56－57.

[130] 钮智旺，于宾. 北部湾单站海流旋转谱分析 [J]. 热带海洋，1991，10 (4)：74 -78.

[131] 农吉夫. 基于主成分分析和支持向量机的区域降水预测应用研究 [J]. 广西民族大学学报（自然科学版），2009，15 (2)：89 -93.

[132] 潘广维. 基于高频地波雷达观测的近岸海表流时空特征分析及预测研究 [D]. 珠海：中山大学，2021.

[133] 潘志洋. 探讨大数据时代机器学习的应用及发展 [J]. 电子元器件与信息技术，2022，6 (4)：66 -69.

[134] 彭咏石. 珠江口浮游植物粒径遥感反演及时空特征研究 [D]. 南昌：东华理工大学，2021.

[135] 蒲坚. 海冰密集度和范围产品在边缘区的精度评估 [D]. 武汉：武汉大学，2018.

[136] 齐霁. 基于留一交叉验证的拟合优度比较研究 [D]. 济南：山东大学，2022.

[137] 钱永甫，王谦谦，朱伯承. 海底地形对南海海流、海面高度和海温影响的数值试验 [J]. 热带气象学报，1999 (4)：289 -296.

[138] 乔俐媛. 罗源湾潮流场和温度场的三维数值模拟 [D]. 太原：太原理工大学，2021.

[139] 邱大洪. 工程水文学 [M]. 北京：人民交通出版社，2011.

[140] 邱锡鹏. 神经网络与深度学习 [M]. 北京：机械工业出版社，2020.

[141] 邱耀炜，沈蔚，纪茜. 随机森林模型在遥感水深反演中的应用 [J]. 海洋技术学报，2019，38 (5)：98 -103.

[142] 任磊，杨凡，杨凌娜，等. 基于高频地波雷达观测的粤港澳大湾区春季海表流特征研究 [J]. 北京大学学报（自然科学版），2022，58 (5)：839 -849.

[143] 任长娥，袁超，孙彦丽，等. 宽度学习系统研究进展 [J]. 计算机应用研究，2021，38 (8)，2258 -2267.

[144] 桑燕芳，王中根，刘昌明. 水文时间序列分析方法研究进展 [J]. 地理科学进展，2013，32 (1)：20 -30.

[145] 沈晖华，时健，徐佳丽，等. 基于 Stacking 集成机器学习的波浪预报 [J]. 河海大学学报（自然科学版），2020，48 (4)：354 -358.

[146] 施建成，熊川，蒋玲梅. 雪水当量主被动微波遥感研究进展 [J]. 中国科学：地球科学，2016，46 (4)：529 -543.

[147] 石景元，路川藤. 潮汐调和分析与应用研究 [J]. 海洋技术学报，2019，38 (6)：46 -50.

[148] 宋松柏，康艳，荆萍. 水文频率曲线参数优化估计研究 [J]. 西北农林科技大学学报（自然科学版），2008，211 (4)：193 -198.

[149] 宋松柏. Copulas 函数及其在水文中的应用 [M]. 北京：科学出版社，2012.

[150] 宋艳朋. 潮汐调和分析预报与基准面计算软件实现及南海应用研究 [D]. 青岛：山东科技大学，2017.

[151] 苏程佳，陈莎，陈晓宏. 基于随机森林模型的咸潮预报 [J]. 热带地理，2018，38 (3)：432 -439.

[152] 苏佗琳. 基于图卷积网络的协同过滤推荐方法研究与应用 [D]. 北京：北京建筑大学，2023.
[153] 苏盈盈，马飞，刘兴华，等. 基于 LLE 算法和 SVM 的旋转机械故障诊断 [J]. 重庆电力高等专科学校学报，2013，18 (6)：63 - 66.
[154] 孙波，王新志，陈发源，等. 利用 SG 平滑滤波优化 GNSS - R 潮位反演 [J]. 南京信息工程大学学报（自然科学版），2023，16 (2)：270 - 278.
[155] 孙博雯. 中尺度涡旋三维结构与经向热输送研究 [D]. 青岛：中国科学院大学（中国科学院海洋研究所），2019.
[156] 孙成龙. 基于声学压力波潮测量技术研究 [D]. 天津：国家海洋技术中心，2015.
[157] 孙然好，潘保田，王义祥. 祁连山北麓地貌信息熵与山体演化阶段分析 [J]. 干旱区地理，2006，29 (1)：88 - 93.
[158] 孙学霞. 基于遥感技术的凉山州森林火险预测方法研究 [D]. 北京：应急管理部国家自然灾害防治研究院，2023.
[159] 谭富德. 海岸站压力式潮位监测系统 [D]. 青岛：中国海洋大学，2015.
[160] 谭哲韬，张斌，吴晓芬，等. 海洋观测数据质量控制技术研究现状及展望 [J]. 中国科学：地球科学，2022，52 (3)：418 - 437.
[161] 陶山山，董胜，吕红民. 海洋工程设计波高的区间估计方法初探 [J]. 中国造船，2012，53 (S2)：279 - 284.
[162] 佟宏伟. 海洋环境对声呐系统的影响研究 [J]. 科技创新与应用，2018 (30)：56 - 57.
[163] 万道静. 南海海表盐度的分布特征 [D]. 青岛：中国海洋大学，2014.
[164] 万猛. 象山港余流特征及其影响因素研究 [D]. 杭州：浙江大学，2015.
[165] 王斌，赵建. 济南南部山地玉符河流域地貌信息熵研究 [J]. 科协论坛（下半月），2008 (6)：69 - 70.
[166] 王传崑，芦苇. 海洋资源分析方法及储量评估 [M]. 北京：海洋出版社，2009.
[167] 王丹. 随机梯度下降算法研究 [D]. 西安：西安建筑科技大学，2020.
[168] 王丹阳. 基于信息熵的神经网络结构优化研究 [D]. 上海：华东理工大学，2021.
[169] 王贺远. 海流监测系统方案设计与研究 [D]. 大连：大连理工大学，2020.
[170] 王辉，刘娜，李本霞，等. 海洋可预报性和集合预报研究综述 [J]. 地球科学进展，2014，29 (11)：1212 - 1225.
[171] 王辉，刘娜，逄仁波，等. 全球海洋预报与科学大数据 [J]. 科学通报，2015，60 (Z1)：479 - 484.
[172] 王建丰，王玉，王刚. 基于 FVCOM 数值模拟和观察资料的长江冲淡水转向机制分析 [J]. 地球科学进展，2012，27 (2)：194 - 201.
[173] 王珏. 机器学习及其应用 [M]. 北京：清华大学出版社有限公司，2006.
[174] 王钧，欧国强，杨顺，等. 地貌信息熵在地震后泥石流危险性评价中的应用 [J]. 山地学报，2013，31 (1)：83 - 91.

[175] 王立杨，桑金，乔守文，等. 渤海沿岸4个验潮站潮汐特征分析 [J]. 海洋湖沼通报，2020 (4)：23-29.

[176] 王敏. 西南地区干旱时空动态演化及其对生态系统水分利用效率的影响 [D]. 重庆：西南大学，2023.

[177] 王佩文. 基于粗糙集与LDA的不完备数据处理方法研究 [D]. 西安：西安科技大学，2020.

[178] 王述强，王丹. 基于大数据、云平台和微服务的水文综合平台建设 [J]. 水利信息化，2021，4 (5)：31-34.

[179] 王思又. 海洋水文数据可视化平台设计与实现 [D]. 青岛：山东科技大学，2020.

[180] 王涛，何怡刚，宁暑光，等. 基于CvM算法的Nakagami衰落信道统计特性检验 [J]. 计算机工程，2022，48 (5)：178-184.

[181] 王伟健，姚展予，贾烁，等. 随机森林算法在人工增雨效果统计检验中的应用研究 [J]. 气象与环境科学，2018，41 (2)：111-117.

[182] 王雪妮，蔡文君，李沛鸿，等. 基于R软件的Bayesian MCMC法水文频率线型选择不确定性研究 [J]. 水电能源科学，2021，39 (11)：31-34.

[183] 王颖. 中国海洋地理 [M]. 北京：科学出版社，1996.

[184] 王云，周楠，赵学均，等. 基于风玫瑰图的诸暨城西工业区评价 [J]. 中低纬山地气象，2019，43 (5)：54-58.

[185] 魏凤英. 现代气候统计诊断与预测技术 [M]. 北京：气象出版社，1999.

[186] 魏凤英. 现代气候统计诊断与预测技术 [M]. 2版. 北京：气象出版社，2007.

[187] 魏泽勋，郑全安，杨永增，等. 中国物理海洋学研究70年：发展历程、学术成就概览 [J]. 海洋学报，2019，41 (10)：23-64.

[188] 文圣常. 海浪原理 [M]. 济南：山东人民出版社，1962.

[189] 吴超羽. 珠江三角洲千年尺度演变的动态平衡及其唯象判据探讨 [J]. 海洋学报，2018，40 (7)：22-37.

[190] 吴创收，黄世昌，罗向欣. 三门湾海域悬沙输运特征及其影响机制 [J]. 水运工程，2021 (7)：7-13.

[191] 吴国栋. 水文气象要素的非参数趋势分析和预测研究 [D]. 呼和浩特：内蒙古农业大学，2021.

[192] 吴坤明. 大清河流域暴雨洪水变化特性研究 [D]. 天津：天津大学，2008.

[193] 吴琼，滕云田，王晓美. 绝对重力测量异常值的局部异常因子检测算法 [J]. 中国惯性技术学报，2019，27 (4)：533-537.

[194] 吴正国，尹为民，侯新国，等. 高等数字信号处理 [M]. 北京：机械工业出版社，2009.

[195] 武苏辉，邹斌，石立坚，等. 基于Bootstrap算法的FY-3/MWRI北极海冰密集度反演 [J]. 遥感学报，2023，27 (4)：973-985.

[196] 肖鹏，种劲松. 基于拟线性变换的海浪方向谱反演方法研究 [J]. 科学技术与工程，2011，11 (17)：3899-3902.

[197] 谢鹏飞，宋弢，徐丹亚，等. 基于深度学习的中尺度涡检测技术及其在声场中的应用 [J]. 海洋信息，2020，35 (1)：18-26.
[198] 辛学毅. 盐度的最新定义和标准 [J]. 海洋科技资料，1980 (5)：24-32.
[199] 徐京萍，赵建华. 遥感技术在海域使用动态监测中的应用 [J]. 卫星应用，2016 (6)：35-39.
[200] 徐善跃. 非接触海浪潮位测量技术的研究 [D]. 天津：天津大学，2007.
[201] 徐晓岭，顾蓓青，王蓉华. 两参数拉普拉斯 BS 疲劳寿命分布的统计分析 [J]. 浙江大学学报（理学版），2020，47 (6)：691-704.
[202] 许富祥. 海浪预报知识讲座 第八讲 海浪预报技术及预报方法 (1) [J]. 海洋预报，2003 (1)：73-80.
[203] 许富祥. 海浪预报知识讲座 第九讲 海浪预报技术及预报方法 (2) [J]. 海洋预报，2003 (2)：79-83.
[204] 许富祥. 海浪预报知识讲座 第十二讲 海浪预报技术及预报方法 (5) ——海浪数值预报（Ⅰ）[J]. 海洋预报，2010，27 (1)：83-85.
[205] 许富祥. 海浪预报知识讲座 第十三讲 海浪预报技术及预报方法 (6) ——海浪数值预报（Ⅱ）[J]. 海洋预报，2010，27 (3)：80-91.
[206] 许富祥. 海浪预报知识讲座 第十四讲 海浪预报技术及预报方法 (7) ——海浪数值预报（Ⅲ）[J]. 海洋预报，2010，27 (5)：90-100.
[207] 许富祥. 海浪预报知识讲座 [J]. 海洋预报，2003 (3)：83-84.
[208] 许立兵，王安喜，汪纯阳，等. 基于机器学习的海洋环境预报订正方法研究 [J]. 海洋通报，2020，39 (6)：695-704.
[209] 闫宝伟，潘增，薛野，等. 论水文计算中的相关性分析方法 [J]. 水利学报，2017，48 (9)：1039-1046.
[210] 闫志楠，赵易. 基于切比雪夫节点的重心拉格朗日插值 [J]. 杭州师范大学学报（自然科学版），2023，22 (6)：628-636.
[211] 杨得厚. 水下滑翔机在西北太平洋混合层与涡旋研究中的应用 [D]. 厦门：自然资源部第三海洋研究所，2022.
[212] 杨帆，王鹏，张宁超，等. 一种基于小波变换的改进滤波算法及其在光谱去噪方面的应用 [J]. 国外电子测量技术，2020，39 (8)：98-104.
[213] 杨锋. 基于高低潮数据的潮汐调和分析方法研究及应用 [D]. 南京：南京师范大学，2016.
[214] 叶亚琦，梁忠民，赵卫民. 水文频率分析中修改双权函数法的研究与应用 [J]. 水力发电，2007，33 (2)：22-25.
[215] 叶郁. 盐水湿地"生物-生态"景观修复设计与生态工法研究 [D]. 天津：天津大学，2013.
[216] 殷晓斌，刘玉光，王振占，等. 红外和微波辐射计反演海表面温度的比较 [J]. 海洋通报，2007 (5)：3-10.
[217] 尹鹏. 基于深度学习的海冰面积预测研究 [D]. 青岛：青岛大学，2020.
[218] 尹瑞琛. 基于改进 SVM 的过程多类型故障诊断算法研究 [D]. 沈阳：沈阳化工

大学，2022.
[219] 于海姣，温小虎，冯起，等. 基于支持向量机（SVM）的祁连山典型小流域日降水－径流模拟研究［J］. 水资源与水工程学报，2015，26（2）：26－31.
[220] 余光杰. 引入注意力机制的图神经网络短时交通流预测研究［D］. 兰州：兰州理工大学，2023.
[221] 余立冬. 基于元素加权的L1范数主成分分析［D］. 昆明：云南财经大学，2023.
[222] 余宙文，刘玉光，蒋松年. 用最大熵方法估计海流旋转谱［J］. 海洋学报（中文版），1987，9（5）：544－549.
[223] 禹小康. 海洋声速场构建与海底基准网平差方法研究［D］. 西安：长安大学，2021.
[224] 袁立成. 基于XML的海洋环境信息数据格式转换［D］. 青岛：中国海洋大学，2009.
[225] 张驰庚. Spearman秩相关系数的Python程序设计及应用——图书阅读与隐性知识习得能力相关性实证分析［J］. 现代信息科技，2023，7（21）：195－198.
[226] 张飞飞. 基于时空数据模型的海洋气象预测模型研究［D］. 大连：大连理工大学，2020.
[227] 张凤烨，魏泽勋，王新怡，等. 潮汐调和分析方法的探讨［J］. 海洋科学，2011，35（6）：68－75.
[228] 张海燕. 加利福尼亚附近海洋过程的独特性及其对PDO短周期的可能影响［D］. 南京：南京信息工程大学，2021.
[229] 张健，张志华，逄铭新. 采用GNSS动态定位获取近海高精度潮位［J］. 山东国土资源，2013，29（8）：10－13.
[230] 张静，孙省利，林建国，等. 深圳湾海域环境容量及污染总量控制研究——Ⅰ. 潮汐、潮流数值模拟［J］. 海洋通报，2010，29（1）：22－28.
[231] 张静. 基于改进 *K*-means 聚类和WKNN算法的WiFi室内定位方法研究［D］. 呼和浩特：内蒙古大学，2022.
[232] 张盟，杨玉婷，孙鑫，等. 基于深度卷积网络的海洋涡旋检测模型［J］. 南京航空航天大学学报，2020，52（5）：708－713.
[233] 张娜. 渤海海冰预报及三维数值模拟研究［D］. 天津：天津大学，2012.
[234] 张清波. 矢量场可视化技术研究及其在海洋数据处理上的应用［D］. 青岛：中国海洋大学，2002.
[235] 张诗梦. 基于GNSS电离层TEC同化建模研究［D］. 南昌：南昌大学，2023.
[236] 张伟. 三维标量场等值面提取关键技术研究［D］. 长沙：国防科技大学，2017.
[237] 张玮炜. 基于熵权的工程项目投资风险分析方法研究［D］. 天津：河北工业大学，2006.
[238] 张先起，梁川. 基于熵权的模糊物元模型在水质综合评价中的应用［J］. 水利学报，2005，36（9）：1057－1061.
[239] 张相庭. 工程抗风设计计算手册［M］. 北京：中国建筑工业出版社，1998.
[240] 张晓阳. 珠江三角洲城水关系演进特征、机制及规划干预研究［D］. 广州：华南

理工大学，2021.
[241] 张雪薇，韩震，郭鑫. 深度学习在海洋信息探测中的应用：现状与展望 [J]. 海洋科学，2022，46 (2)：145 - 155.
[242] 张一，周立. 基于 NARX 回归神经网络的岸基 GNSS - IR 有效波高反演模型分析 [J]. 测绘通报，2022 (2)：90 - 94.
[243] 张占海，吴辉碇. 渤海潮汐和潮流数值计算 [J]. 海洋预报，1994，11 (1)：48 - 54.
[244] 张转. 梯度预处理的随机梯度下降算法研究 [D]. 西安：西安电子科技大学，2021.
[245] 赵伟，杨永增，于卫东，等. 长期极值统计理论及其在海洋环境参数统计分析中的应用 [J]. 海洋科学进展，2003，21 (4)：471 - 476.
[246] 赵卫东，王淑琴，田剑，等. 基于势能信息熵的黄土小流域地貌演化特征 [J]. 干旱区地理，2023，46 (1)：65 - 75.
[247] 赵晓东，王亮，沈永明. 基于 GIS 和 FVCOM 数值模型的近海岸水动力计算——以渤海为例 [J]. 地理科学进展，2011，30 (9)：1152 - 1158.
[248] 赵艳玲，张铭，司广宇. 海洋环流模式研究回顾与展望 [J]. 解放军理工大学学报 (自然科学版)，2006，7 (3)：281 - 290.
[249] 赵泽淘，张涛，王辉，等. 温度对工程建设的影响与控制 [J]. 工程与建设，2020，34 (4)：597 - 598.
[250] 郑冬梅，张书颖，周志强，等. 逐步回归分析在渤海海冰等级预报中的应用 [J]. 海洋预报，2015，32 (2)：57 - 61.
[251] 郑贵洲，李春燕. 巴拉望岛附近海域叶绿素 a 浓度反演经验算法 [J]. 测绘科学，2022，47 (5)：168 - 176.
[252] 郑力嘉，宋冰. 决策树分类算法的预剪枝与优化 [J]. 自动化仪表，2023，44 (5)：56 - 62.
[253] 郑沛楠，吴德星，陈学恩，等. 基于 HYCOM 的风生大洋环流模拟及季节变化分析 [J]. 中国海洋大学学报 (自然科学版)，2009，39 (1)：7 - 12.
[254] 中国人民解放军海军司令部海道测量部. 实用潮汐学 [M]. 北京：中国电力出版社，1959.
[255] 中华人民共和国交通运输部. 海港总体设计规范 [S]. 北京：人民交通出版社，2013.
[256] 中华人民共和国科学技术委员会海洋组海洋综合调查办公室. 全国海洋综合调查报告 第二册 1958. 9—1960. 6 [M]. 北京：海洋出版社，1964.
[257] 钟欢欢. 基于气候变化的水库汛期分期调度研究 [D]. 南宁：广西大学，2016.
[258] 周楚天，刘攀. 基于深度神经网络的水文频率分析 [J]. 水文，2022，42 (6)：1 - 6.
[259] 周传鑫，孙奕，汪德刚，等. 联邦学习研究综述 [J]. 网络与信息安全学报，2021，7 (5)：77 - 92.
[260] 周东慧. 基于深度学习的井筒多相流动态预测研究 [D]. 荆州：长江大

学，2023.

[261] 周飞燕，金林鹏，董军. 卷积神经网络研究综述 [J]. 计算机学报，2017，40 (6)：1229－1251.

[262] 周倩，章海波，李远，等. 海岸环境中微塑料污染及其生态效应研究进展 [J]. 科学通报，2015，60 (33)：3210－3220.

[263] 周庆伟，白杨，封哲，等. 海流测量技术发展及应用 [J]. 海洋测绘，2018，38 (3)：73－77.

[264] 周伟隆，陈往溪，肖巍. 粤东海面冷空气强风的统计分析与预报 [J]. 广东气象，2005 (4)：20－22.

[265] 周须文，史印山，井元元，等. 基于逐旬滚动主成分回归分析的渤海海冰预测方法研究 [J]. 海洋预报，2015，32 (6)：74－79.

[266] 周媛媛，周林，关皓，等. 中国东部海域冬季风场与海浪场的关联特征分析 [J]. 海洋科学进展，2020，38 (1)：60－69.

[267] 朱洪海. 智能走航式海洋监测系统 [D]. 青岛：中国海洋大学，2009.

[268] 朱雅莉. 安徽省沿江地区气象条件变化统计分析及其对水稻生产的影响 [D]. 合肥：安徽农业大学，2012.

[269] ABDI H. The Kendall rank correlation coefficient [J]. Encyclopedia of measurement and statistics，2007，2：508－510.

[270] ALTMAN N S. An introduction to kernel and nearest-neighbor nonparametric regression [J]. The American statistician，1992，46 (3)：175－185.

[271] ANTÃO E M，SOARES C G. Approximation of the joint probability density of wave steepness and height with a bivariate gamma distribution [J]. Ocean engineering，2016，126：402－410.

[272] ATHANASSOULIS G A，SKARSOULIS E K，BELIBASSAKIS K A. Bivariate distributions with given marginals with an application to wave climate description [J]. Applied ocean research，1994，16 (1)：1－17.

[273] BAJIRAO T S，ELBELTAGI A，KUMAR M，et al. Applicability of machine learning techniques for multi-time step ahead runoff forecasting [J]. Acta geophysica，2022，70 (2)：757－776.

[274] BATTJES A J，STIVE M J F. Calibration and verification of a dissipation model for random breaking waves [J]. Journal of geophysical research：oceans，1985，90 (C5)：9159－9167.

[275] BISHOP C M，NASRABADI N M. Pattern recognition and machine learning [M]. Berlin：Springer，2006.

[276] BLECK R. An oceanic general circulation model framed in hybrid isopycnic-cartesian coordinates [J]. Ocean modelling，2002，4 (1)：55－58.

[277] BLOOMFIELD P. Fourier analysis of time series：an introduction [M]. Hoboken：John Wiley & Sons，2004.

[278] BLUMBERG A F，MELLOR G L. A description of a three-dimensional coastal ocean

circulation model [J]. AGU coastal and estuarine sciences, 1987, 4: 1 - 16.

[279] BOCHKOVSKIY A, WANG C Y, LIAO H Y M. Yolov4: optimal speed and accuracy of object detectiont [J/OL]. arXiv: computer vision and pattern recognition, 2020. DOI: 10. 48550/arXiv. 2004. 10934.

[280] BOUTTIER F, COURTIER P. Data assimilation concepts and methods [M] //Meteorological training course lecture series. ECMWF, 2002.

[281] BOYER T, LEVITUS S. Quality control and processing of historical temperature, salinity and oxygen data [J]. Noaa technical report nesdis, 1994: 1253 - 1254.

[282] BREIMAN L. Random forests [J]. Machine learning, 2001, 45: 5 - 32.

[283] BREUNIG M M, KRIEGEL H P, NG R T, et al. LOF: identifying density-based local outliers [C] //Proceedings of the 2000 ACM SIGMOD International Conference on Management of Data, 2000: 93 - 104.

[284] BRUNA J, ZAREMBA W, SZLAM A, et al. Spectral networks and locally connected networks on graphs [J/OL]. arXiv, 2013. https: //arxiv. org/pdf/1312. 6203.

[285] BRYAN K. A numerical method for the study of the circulation of the world ocean [J]. Journal of computational physics, 1997, 135 (2): 154 - 169.

[286] CAMUS P, COFIÑO A S, MENDEZ F J, et al. Multivariate wave climate using self - organizing maps [J]. Journal of atmospheric & oceanic technology, 2011, 28 (11): 1554 - 1568.

[287] CARTWRIGHT D E. Tides: a scientific history [M]. Cambridge: Cambridge University Press, 2000.

[288] CATTELL R B. The scree test for the number of factors [J]. Multivariate behavioral research, 1966, 1 (2): 245 - 276.

[289] CHANG C C, LIN C J. LIBSVM: a library for support vector machines [J]. ACM transactions on intelligent systems and technology, 2011, 2 (3): 1 - 27.

[290] CHANGBIN L, LYUL L J, SAHONG L. Analyzing wave height and direction using the rayleigh distribution function [J]. Journal of coastal research, 2021, 114 (SI): 534 - 538.

[291] CHASSIGNET E P, HURLBURT H E, SMEDSTAD O M, et al. Ocean prediction with the hybrid coordinate ocean model (HYCOM) [J]. Springer netherlands, 2006: 413 - 426.

[292] CHEBANA F, OUARDA T B M J, DUONG T C. Testing for multivariate trends in hydrologic frequency analysis [J]. Journal of hydrology, 2013, 486: 519 - 530.

[293] CHEN C L P, LIU Z L. Broad learning system: a new learning paradigm and system without going deep [C] //2017 32nd Youth Academic Annual Conference of Chinese Association of Automation (YAC). IEEE, 2017: 1271 - 1276.

[294] CHEN C L P, LIU Z. L. Broad learning system: an effective and efficient incremental learning system without the need for deep architecture [J]. IEEE transactions on neural networks & learning systems, 2018, 29 (1): 10 - 24.

[295] CHEN C S, BEARDSLEY R C, COWLES G. Finite-volume coastal ocean [J]. Oceanography, 2006, 19 (1): 1-3.

[296] CHEN C S, GAO G P, QI J H, et al. A new high-resolution unstructured grid finite volume Arctic Ocean model (AO-FVCOM): an application for tidal studies [J]. Journal of geophysical research atmospheres, 2009, 114 (C8): 3-5.

[297] CHEN D L, LIU F., ZHANG Z Q, et al. Significant wave height prediction based on wavelet graph neural network [C] //2021 IEEE 4th International Conference on Big Data and Artificial Intelligence (BDAI). IEEE, 2021: 80-85.

[298] CHEN J, LIU Y. Locally linear embedding: a survey [J]. Artificial intelligence review, 2011, 36: 29-48.

[299] CHO K, MERRIENBOER B V, BAHDANAU D, et al. On the properties of neural machine translation: encoder-decoder approaches [C] //Proceedings of SSST-8, Eighth Workshop on Syntax, Semantics and Structure in Statistical Translation, 2014: 103-111.

[300] COLT J. Aquacultural production systems [J]. Journal of animal science, 1991, 69 (10): 4183-4192.

[301] CÓZAR A, ECHEVARRÍA F, CONZÁLEZ-GORDILLO J I, et al. Plastic debris in the open ocean [J]. Proceedings of the National Academy of Sciences of the United States of America, 2014, 111 (28): 10239-10243.

[302] CUMMINGS J A. Ocean data quality control [J]. Operational oceanography in the 21st Century, 2011: 91-121.

[303] DAVISON M L, SIRECI S G. Multidimensional scaling [M]. New York: Academic Press, 2000.

[304] DEFFERRARD M, BRESSON X, VANDERGHEYNST P. Convolutional neural networks on graphs with fast localized spectral filtering [J]. Advances in neural information processing systems, 2016, 29: 3-7.

[305] DEMIRHAN H. dLagM: an R package for distributed lag models and ARDL bounds testing [J]. PloS one, 2020, 15 (2): e0228812.

[306] DEO M C, JHA A, CHAPHEKAR A S, et al. Neural networks for wave forecasting [J]. Ocean engineering, 2001, 28 (7): 891-896.

[307] DEO M C, NAIDU C S. Real time wave forecasting using neural networks. [J]. Ocean engineering, 1999, 26 (3): 191-203.

[308] DUO Z J, WANG W K, WANG H Z. Oceanic mesoscale eddy detection method based on deep learning [J]. Remote sensing, 2019, 11 (16): 6-14.

[309] DURACK P J. Ocean salinity and the global water cycle [J]. Oceanography, 2015, 28 (1): 20-31.

[310] EILBERT R, CHRISTENSEN R. Performance of the entropy minimax hydrological forecasts for California, water years 1948—1977 [J]. Journal of climate applied meteorology, 1983, 22 (9): 1654-1657.

[311] ENGEN G, JOHNSEN H J. SAR-ocean wave inversion using image cross spectra [J]. IEEE transactions on geoscience and remote sensing, 1995, 33 (4): 1047 - 1056.

[312] FALK H. Inequalities of J. W. Gibbs [J]. American journal of physics, 1970, 38 (7): 858 - 869.

[313] FALNES J, KURNIAWAN A. Ocean Waves and oscillating systems: linear interactions including wave-energy extraction [M]. Cambridge: Cambridge University Press, 2020.

[314] FAVRE A C, EL ADLOUNI S, PERREAULT L. Multivariate hydrological frequency analysis using copulas [J]. Water resources research, 2004, 40 (1): 1 - 12.

[315] FERREIRA J A, SOARES C G. Modelling the long-term distribution of significant wave height with the beta and gamma models [J]. Ocean engineering, 1999, 26 (8): 713 - 725.

[316] FLICK R E, GUZA R T, INMAN D L. Elevation and velocity measurements of laboratory shoaling waves [J]. Journal of geophysical research: oceans, 1981, 86 (C5): 4149 - 4160.

[317] FOKEN T, GÖOCKEDE M, MAUDER M, et al. Post-field data quality control [M]. Dordrecht: Springer Netherlands, 2004.

[318] FU L L. Observations and models of inertial waves in the deep ocean [J]. Reviews of geophysics, 1981, 19 (1): 141 - 170.

[319] GERS F A, SCHMIDHUBER J. Recurrent nets that time and count [C] //Proceedings of the IEEE - INNS - ENNS International Joint Conference on Neural Networks, 2000: 189 - 194.

[320] GIRSHICK R, DONAHUE J, DARRELL T, et al. Rich feature hierarchies for accurate object detection and semantic segmentation [C] //Proceedings of the IEEE Conference on Computer Vision and Pattern Recognition, 2014: 580 - 587.

[321] GIRSHICK R. Fast R-CNN [C] //Proceedings of the IEEE International Conference On Computer Vision, 2015: 1440 - 1448.

[322] GLOROT X, BORDES A, BENGIO Y. Deep sparse rectifier neural networks [C] // Proceedings of the Fourteenth International Conference on Artificial Intelligence and Statistics. JMLR Workshop and Conference Proceedings, 2011: 315 - 323.

[323] GODA Y. How much do we know about wave breaking in the nearshore waters [C] Proc. 4th Int. Conf. Asian and Pacific Conf. (APAC 2007), 2007: 65 - 86.

[324] GONI G J, SPRINTALL J, BRINGAS F, et al. More than 50 years of successful continuous temperature section measurements by the global expendable bathythermograph network, its integrability, societal benefits, and future [J]. Frontiers in marine science, 2019, 6: 452.

[325] GREENWOOD J A, LANDWEHR J M, MATALAS N C, et al. Probability weighted moments: definition and relation to parameters of several distributions expressable in

inverse form [J]. Water resources research, 1979, 15 (5): 1049 - 1054.

[326] GRONELL A, WIJFFELS S E. A semiautomated approach for quality controlling large historical ocean temperature archives [J]. Journal of atmospheric & oceanic technology, 2010, 25 (6): 990 - 1003.

[327] GROUP W T. The WAM model—a third generation ocean wave prediction model [J]. Journal of physical oceanography, 1988, 18 (12): 1775 - 1810.

[328] Gu L J, He X G, Zhang M L, et al. Advances in the technologies for marine salinity measurement [J]. Journal of marine science and engineering, 2022, 10 (12): 105684.

[329] GUEMAS V, BLANCHARD-WRIGGLESWORTH E, CHEVALLIER M, et al. A review on Arctic sea-ice predictability and prediction on seasonal to decadal time-scales [J]. Quarterly journal of the royal meteorological society, 2016, 142 (695): 546 - 561.

[330] HAAN C T. Statistical methods in hydrology [M]. Iowa: Iowa State University Press, 1977.

[331] HASSELMANN K, BARNETT T P, BOUWS E, et al. Measurements of wind-wave growth and swell decay during the joint North Sea Wave Project (JONSWAP) [J]. Ergänzung zur deut. hydrographischen zeitschrift reihe A (8), 1973, 12: 1 - 95.

[332] HASSELMANN K, HASSELMANN S. On the nonlinear mapping of an ocean wave spectrum into a synthetic aperture radar image spectrum and its inversion [J]. Journal of geophysical research: oceans, 1991, 96 (C6): 10713 - 10729.

[333] HE K M, ZHANG X Y, REN S Q, et al. Deep residual learning for image recognition [C] //Proceedings of the IEEE Conference on Computer Vision and Pattern recognition, 2016: 770 - 778.

[334] HEATON J. Ian Goodfellow, Yoshua Bengio, and Aaron Courville: deep learning [J]. Genetic programming and evolvable machines, 2018, 19 (1): 305 - 307.

[335] HOLTHUIJSEN L H. Waves in oceanic and coastal waters [M]. Cambridge: Cambridge University Press, 2010.

[336] HOLTHUIJSEN L H. Waves in oceanic and coastal waters [M]. Cambridge: Cambridge University Press, 2010.

[337] HOPFIELD J. Neural networks and physical systems with emergent collective computational abilities [J]. Proceedings of the National Academy of Sciences, 1982, 79 (8): 2554 - 2558.

[338] HOSKING J R M. L-moments: analysis and estimation of distributions using linear combinations of order statistics [J]. Journal of the royal statistical society series B (methodological), 1990, 52 (1): 105 - 124.

[339] HOSSAIN M N, RAHMAN M, HOQUE A. Statistical distribution of wave heights attenuation by entrained air bubbles in the surf zone [J]. Ocean engineering, 2022, 250: 110911.

[340] HU H L, WANG L, ZHANG D B, et al. Rolling decomposition method in fusion with echo state network for wind speed forecasting [J]. Renewable energy, 2023, 216: 119101.

[341] HUTCHINGS J K, HEIL P, LECOMTE O, et al. Comparing methods of measuring sea-ice density in the East Antarctic [J]. Annals of glaciology, 2015, 56 (69): 77 -82.

[342] HVAS M, FOLKEDAL O, OPPEDAL F. Fish welfare in offshore salmon aquaculture [J]. Reviews in aquaculture, 2021, 13 (2): 836 -852.

[343] JAIN A K. Data clustering: 50 years beyond *K*-means [J]. Pattern recognition letters, 2010, 31 (8): 651 -666.

[344] JAMES S C, ZHANG Y S, ODONNCHA F. A machine-learning framework to forecast wave conditions [J]. Coastal engineering, 2018, 137: 1 -10.

[345] JI Q, LI B J, PANG S P, et al. Arctic Sea ice density observation and its impact on sea ice thickness retrieval from CryoSat-2 [J]. Cold regions science and technology, 2021, 181: 103177.

[346] JIANG L, ZHAO X, WANG L. Long-range correlations of global sea surface temperature [J]. PloS one, 2016, 11 (4): e0153774.

[347] KACHIASHVILI K J, MELIKDZHANJAN D I. Estimators of the parameters of beta distribution [J]. Sankhya B, 2019, 81 (2): 350 -373.

[348] KARMPADAKIS I, SWAN C. A new crest height distribution for nonlinear and breaking waves in varying water depths [J]. Ocean engineering, 2022, 266 (P4): 112972.

[349] KE B, ZHENG H C, CHEN L, et al. Multi - object tracking by joint detection and identification learning [J]. Neural processing letters, 2019, 50: 283 -296.

[350] KIM S, HONG S, JOH M, et al. Deeprain: convlstm network for precipitation Prediction using multichannel radar data [J/OL]. arXiv: Learning, 2017. http://arxiv.org/pdf/1711.02316.

[351] KIMURA A. Joint distribution of the wave heights and periods of random sea waves [J]. Coastal engineering in Japan, 1981, 24 (1): 77 -92.

[352] KIPF T N, WELLING M. Semi-supervised classification with graph convolutional networks [J/OL]. ArXiv, 2016. https://arxiv.org/pdf/1609.02907.

[353] KOMAR P D. Beach processes and sedimentation [M]. New York: Prentice Hall, 1998: 231.

[354] KONEČNÝ J, MCMAHAN H B, YU F X, et al. Federated learning: strategies for improving communication efficiency [J/OL]. ArXiv, 2016: 2258 - 2260. https://doi.org/10.48550/arXiv.1610.05492.

[355] KONEČNÝ J, MCMAHAN B, RAMAGE D. Federated optimization: distributed optimization beyond the datacenter [J]. ArXiv, 2015: 1 -3. DOI:10.48550/arXiv.1511.03575.

[356] KONG B, WANG X, BAI J J, et al. Learning tree-structured representation for 3D coronary artery segmentation [J]. Computerized medical imaging and graphics, 2019, 80: 3-5.

[357] KOSMIDIS I, KARLIS D. Model-based clustering using Copulas with applications [J]. Statistics and computing, 2016, 26: 1079-1099.

[358] LANDWEHR J M, MATALAS N C, WALLIS J R. Probability weighted moments compared with some traditional techniques in estimating Gumbel parameters and quantiles [J]. Water resources research, 1979, 15 (5): 1055-1064.

[359] LAVIDAS G, VENUGOPAL V. Application of numerical wave models at european coastlines: a review [J]. Renewable and sustainable energy reviews, 2018, 92 (C): 489-500.

[360] LI Y X, LIU G L. Risk analysis of marine environmental elements based on Kendall return period [J]. Journal of marine science and engineering, 2020, 8 (6): 393.

[361] LIN G F, CHEN L H. Identification of homogeneous regions for regional frequency analysis using the self-organizing map [J]. Journal of hydrology, 2006, 324 (1): 1-9.

[362] LIU H B, CHEN W, SUDJIANTO A. Relative entropy based method for probabilistic sensitivity analysis in engineering design [J]. Journal of mechanical design, 2005, 128 (2): 326-336.

[363] LIU W, ANGUELOV D, ERHAN D, et al. SSD: Single shot multibox detector [C] //Computer Vision-ECCV 2016: 14th European Conference. Springer International Publishing, 2016: 21-37.

[364] LIU X D, ZHANG L, WANG J G, et al. A unified multi-step wind speed forecasting framework based on numerical weather prediction grids and wind farm monitoring data [J]. Renewable energy, 2023, 211: 948-963.

[365] LIU Y G, WEISBERG R H, MOOERS C N K. Performance evaluation of the self-organizing map for feature extraction [J]. Journal of geophysical research: oceans, 2006, 111 (C5): 2-8.

[366] LIU Y G, WEISBERG R H, HE R Y. Sea Surface temperature patterns on the West Florida Shelf using growing hierarchical self-organizing maps [J]. Journal of atmospheric and oceanic technology, 2006, 23 (2): 325-338.

[367] LIU Y G, WEISBERG R H, VIGNUDELLI S, et al. Patterns of the loop current system and regions of sea surface height variability in the Eastern Gulf of Mexico revealed by the self-organizing maps [J]. Journal of geophysical research: oceans, 2016, 121 (4): 2349-2361.

[368] LLOYD S. Least squares quantization in PCM [J]. IEEE transactions on information theory, 1982, 28 (2): 129-137.

[369] LONGUET-HIGGINS M S. On the joint distribution of the periods and amplitudes of sea waves [J]. Journal of geophysical research, 1975, 80 (18): 2688-2694.

[370] LONGUET-HIGGINS M S. On the statistical distribution of the heights of sea waves

[J]. Journal of marine research, 1952, 11 (3): 245 -266.

[371] LONGUET-HIGGINS M S. On the transport of mass by time-varying ocean currents [J]. Deep sea research and oceanographic abstracts, 1969, 16 (5): 431 -447.

[372] LORENSEN W E. Marching cubes: a high resolution 3D surface construction algorithm [J]. Computer graphics, 1987, 21 (1): 7 -12.

[373] LUCAS C, SOARES C G. Bivariate distributions of significant wave height and mean wave period of combined sea states [J]. Ocean engineering, 2015, 106: 341 -353.

[374] MA Y, SCLAVOUNOS P D, CROSS-WHITER J, et al. Wave forecast and its application to the optimal control of offshore floating wind turbine for load mitigation [J]. Renewable energy, 2018, 128: 163 -176.

[375] MAAS A L, HANNUN A Y, NG A Y. Rectifier nonlinearities improve neural network acoustic models [C] //Proc. ICML, 2013, 30 (1): 3.

[376] MALEKMOHAMADI I, BAZARGAN-LARI M R, KERACHIAN R, et al. Evaluating the efficacy of SVMs, BNs, ANNs and ANFIS in wave height prediction [J]. Ocean engineering, 2011, 38 (2): 487 -497.

[377] MANDAL S, RAO S, RAJU D H. Ocean wave parameters estimation using backpropagation neural networks [J]. Marine structures, 2005, 18 (3): 301 -318.

[378] MANN H B. Nonparametric tests against trend [J]. Journal of the econometric society, 1945, 13 (3): 245 -259.

[379] MASSART D L, SMEYERS-VERBEKE J, CAPRON X, et al. Visual presentation of data by means of box plots [J]. Lc-Gc Europe, 2005, 18 (4): 215 -218.

[380] MASSEY J F J. The Kolmogorov-Smirnov test for goodness of fit [J]. Journal of the American Statistical Association, 1951, 46 (253): 68 -78.

[381] MCCLESKEY R B, CRAVOTTA C A, MILLER M P, et al. Salinity and total dissolved solids measurements for natural waters: an overview and a new salinity method based on specific conductance and water type [J]. Applied geochemistry, 2023, 154: 105684.

[382] M'COWAN J. On the highest wave of permanent type [J]. Proceedings of the edinburgh mathematical society, 1893, 38 (233): 351 -358.

[383] MELLOR G L. Users guide for a three dimensional, primitive equation, numerical ocean model [D]. Princeton: Princeton University, 1998.

[384] METZGER E J, HURLBURT H E, XU X, et al. Simulated and observed circulation in the Indonesian Seas: 1/12° global HYCOM and the INSTANT observations [J]. Dynamics of atmospheres and oceans, 2010, 50 (2): 275 -300.

[385] MIZUKI C, KUZUHA Y. Frequency analysis of hydrological data for urban floods—review of traditional methods and recent developments, especially an introduction of Japanese proper methods [J]. Water, 2023, 15 (13): 2490.

[386] MOLEN J, GERRITS J, SWART H. Modelling the morphodynamics of a tidal shelf sea [J]. Continental shelf research, 2004, 24 (4): 483 -507.

[387] MONTGOMERY D C, PECK E A, VINING G G. Introduction to linear regression analysis [M]. Hoboken: John Wiley & Sons, 2021.

[388] NAWRI N, PETERSEN G N, BJORNSSON H, et al. The wind energy potential of iceland [J]. Renewable energy, 2014, 69: 290 - 299.

[389] NG Y, HASAN A, ELKHALIL K, et al. Generative archimedean Copulas [C] // Uncertainty in Artificial Intelligence. PMLR, 2021: 643 - 653.

[390] NIWA Y, HIBIYA T. Numerical study of the spatial distribution of the M2 internal tide in the Pacific Ocean [J]. Journal of geophysical research: oceans, 2001, 106 (C10): 22441 - 22449.

[391] NKIAKA E, NAWAZ N R, LOVETT J C. Using self-organizing maps to infill missing data in hydro-meteorological time series from the Logone catchment, Lake Chad basin [J]. Environmental monitoring and assessment, 2016, 188 (7): 1 - 12.

[392] NORTH G R, BELL T L, CAHALAN R F, et al. Sampling errors in the estimation of empirical orthogonal functions [J]. Monthly weather review, 1982, 110 (7): 699 - 706.

[393] O'CARROLL A G, ARMSTRONG E M, BEGGS H M. Observational needs of sea surface temperature [J]. Frontiers in marine science, 2019, 6: 420.

[394] OCHI M K. On long-term statistics for ocean and coastal waves [J]. Coastal engineering, 1978, 2: 59 - 75.

[395] PASILIAO E L. Joint distribution function of significant wave height and average zero-crossing period [D]. Gainesville: University of Florida, 1995.

[396] PEARSON K. On the general theory of skew correlation and non-linear regression [M]. London: Dulau and Company, 1905.

[397] PERCIVAL D B, WALDEN A T. Spectral analysis for physical applications [M]. Cambridge: Cambridge University Press, 1993.

[398] PERES D J, IUPPA C, CAVALLARO L, et al. Significant wave height record extension by neural networks and reanalysis wind data [J]. Ocean modelling, 2015, 94: 128 - 140.

[399] PETTITT A N. A non-parametric approach to the change-point problem [J]. Journal of the royal statistical society: series C, 1979, 28 (2): 126 - 135.

[400] PIERSON J W, MOSKOWITZ L. A proposed spectral form for fully developed wind seas based on the similarity theory of S. A. Kitaigorodskii [J]. Journal of geophysical research, 1964, 69 (24): 5181 - 5190.

[401] PLUNTKE T, PAVLIK D, BERNHOFER C. Reducing uncertainty in hydrological modelling in a data sparse region [J]. Environmental earth sciences, 2015, 72 (12): 4801 - 4816.

[402] POLYAKOV I V, RIPPETH T P, FER I. Weakening of cold halocline layer exposes sea ice to oceanic heat in the eastern Arctic Ocean [J]. Journal of climate, 2020, 33 (18): 8107 - 8123.

[403] PUSTOGVAR A, KULYAKHTIN A. Sea ice density measurements. Methods and uncertainties [J]. Cold regions science and technology, 2016, 131: 46 - 52.

[404] QUINLAN J R. C4. 5: programs for machine learning [M]. Amsterdam: Elsevier, 2014.

[405] QUINLAN J R. Induction of decision trees [J]. Machine learning, 1986, 1: 81 - 106.

[406] REDMON J, DIVVALA S, GIRSHICK R, et al. You only look once: unified, real-time object detection [C] //Proceedings of the IEEE Conference On Computer Vision and Pattern Recognition, 2016: 779 - 788.

[407] REDMON J, FARHADI A. YOLO9000: better, faster, stronger [C] //Proceedings of the IEEE Conference On Computer Vision and Pattern Recognition, 2017: 7263 - 7271.

[408] REDMON J, FARHADI A. Yolov3: an incremental improvement [J/OL]. arXiv: computer vision and pattern recognition, 2018. DOI: 10. 48550/arXiv. 1804. 02767.

[409] REN L, PAN G, YANG L, et al. Assessment of ocean circulation characteristics off the west coast of Ireland using HF radar [J]. Remote sensing, 2023, 15 (22): 5395.

[410] REN S Q, HE K M, GIRSHICK R, et al. Faster R - CNN: towards real-time object detection with region proposal networks [J]. IEEE transactions on pattern analysis & machine intelligence, 2017, 39 (6): 1137 - 1149.

[411] REUSCH D B, ALLEY R B, HEWITSON B C. North Atlantic climate variability from a self - organizing map perspective [J]. Journal of geophysical research: atmospheres, 2007, 112 (D2): 2 - 6.

[412] REUSCH D B, HEWITSON B C, ALLEY R B. Towards ice-core-based synoptic reconstructions of West Antarctic climate with artificial neural networks [J]. International journal of climatology, 2005, 25 (5): 587 - 592.

[413] RIZAL S, SETLAWAN I, ISKANDAR T, et al. Currents simulation in the Malacca Straits by using three-dimensional numerical model [J]. Sains Malaysiana, 2010, 39 (4): 519 - 524.

[414] ROEMMICH D, ALFORD M H, CLAUSTRE H, et al. On the future of Argo: a global, full-depth, multi-disciplinary array [J]. Frontiers in marine science, 2019, 6: 439.

[415] ROSENBLATT F. A probabilistic model for information storage and organization in the brain [J]. Psychological review, 1958, 65 (6): 386 - 408.

[416] ROWEIS S T, SAUL L K. Nonlinear dimensionality reduction by locally linear embedding [J]. Science, 2000, 290 (5500): 2323 - 2326.

[417] RUBINSTEIN R Y. Optimization of computer simulation models with rare events [J]. European journal of operational research, 1997, 99 (1): 89 - 112.

[418] RUSBY J S M. Measurements of the refractive index of sea water relative to copenhagen

standard sea water [J]. Deep sea research and oceanographic abstracts, 1967, 14 (4): 427 -439.

[419] SAGAWA T, YAMASHITA Y, OKUMURA T, et al. Satellite derived bathymetry using machine learning and multi-temporal satellite images [J]. Remote sensing, 2019, 11 (10): 2 -9.

[420] SCARSELLI F, GORI M, TSOI A C, et al. The graph neural network model [J]. IEEE transactions on neural networks, 2009, 20 (1): 61 -80.

[421] SCHAFFER A L, DOBBINS T A, PEARSON S A. Interrupted time series analysis using autoregressive integrated moving average (ARIMA) models: a guide for evaluating large-scale health interventions [J]. BMC medical research methodology, 2021, 21: 1 -12.

[422] SCHWARZ G E. Estimating the dimension of a model [J]. The annals of statistics, 1978, 6 (2): 461 -464.

[423] SERRAS P, IBARRA-BERASYEGI G, SAENZ J, et al. Combining random forests and physics-based models to forecast the electricity generated by ocean waves: a case study of the Mutriku wave farm [J]. Ocean engineering, 2019, 189: 16314.

[424] SHAFER C M, DOSWELL C A. Using Kernel density estimation to identify, rank, and classify severe weather outbreak events [J]. Electronic journal of severe storms meteorology, 2011, 6 (2): 1 -28.

[425] SHANNON C E. A mathematical theory of communication [J]. The bell system technical journal, 1948, 27 (3): 379 -423.

[426] SHCHEPETKIN A F, MCWILLLIAMS J C. The regional oceanic modeling system (ROMS): a split-explicit, free-surface, topography-following-coordinate oceanic model [J]. Ocean modelling, 2005, 9 (4): 347 -404.

[427] SHI N, XU J Y, WURSTER S W, et al. GNN-surrogate: a hierarchical and adaptive graph neural network for parameter space exploration of unstructured-mesh ocean simulations [J]. IEEE transactions on visualization and computer graphics, 2022, 28 (6): 2301 -2313.

[428] SHI X J, GAO Z H, LAUSEN L, et al. Deep learning for precipitation nowcasting: a benchmark and a new model [J]. Advances in neural information processing systems, 2017, 30: 3 -6.

[429] SHIBABAW N, BERHANE T, KEBEDE T, et al. Spatio-temporal rainfall distribution and Markov chain analogue year stochastic daily rainfall model in Ethiopia [J]. Journal of resources and ecology, 2022, 13 (2): 210 -219.

[430] SHIMODAIRA H. An approximately unbiased test of phylogenetic tree selection [J]. Systematic biology, 2002, 51 (3): 492 -508.

[431] SHRODER J F. Treatise on geomorphology [M]. Pittsburgh: Academic Press, 2013.

[432] SKLAR A. Fonctions de repartition a n dimensions et leurs marges [M]. Publ. inst.

statist. univ. paris, 1959, 8 (3): 229 - 231.

[433] SMITA P, RAO D A. An improved cyclonic wind distribution for computation of storm surges [J]. Natural hazards, 2018, 92 (1): 93 - 112.

[434] SOLIDORO C, BANDELJ V, BARBIERI P, et al. Understanding dynamic of biogeochemical properties in the Northern Adriatic Sea by using self-organizing maps and *k*-means clustering [J]. Journal of geophysical research: oceans, 2007, 112 (C7): 2 - 5.

[435] SOTO-NAVARRO J, LORENTE P, ALVAREZ F E, et al. Surface circulation at the strait of G ibraltar: a combined HF radar and high resolution model study [J]. Journal of geophysical research: oceans, 2016, 121 (3): 2016 - 2034.

[436] SOUKISSIAN T H. Probabilistic modelling of significant wave height using the extended generalized inverse Gaussian distribution [J]. Ocean engineering, 2021, 230: 109061.

[437] STOKES G G. On the theory of oscillatory waves [J]. Trans. Camb. Philos. Soc., 1847, 8: 441 - 455.

[438] SUGIURA N, HOSODA S. Machine learning technique using the signature method for automated quality control of Argo profiles [J]. Earth and space science, 2020, 7 (9): e2019EA001019.

[439] SUMMERFELT R C. Water quality considerations for aquaculture [D]. Ames: Iowa State University, 2000.

[440] SVENDSEN I A. Introduction to nearshore hydrodynamics [M]. Singapore: World Scientific Publishing Company, 2005.

[441] TADESSE M, WAHL T, CID A. Data-driven modeling of global storm surges [J]. Frontiers in marine science, 2020, 7: 4 - 6.

[442] TAVARES-DIAS M. Growth and antiparasitic effects of the sodium chloride (salt) in the freshwater fish aquaculture [J]. Aquaculture research, 2022, 53 (3): 715 - 734.

[443] TENENBAUM J B, SILVA V, LANGFORD J C. A global geometric framework for nonlinear dimensionality reduction [J]. Science, 2000, 290 (5500): 2319 - 2323.

[444] THADATHIL P, GHOSH A K, SARUPRIA J S, et al. An interactive graphical system for XBT data quality control and visualization [J]. Computers & geosciences, 2001, 27 (7): 867 - 876.

[445] THURSTON R V, RUSSO R C, VINOGRADOV G. Ammonia toxicity to fishes. Effect of pH on the toxicity of the unionized ammonia species [J]. Environmental science technology, 1981, 15 (7): 837 - 840.

[446] TOLMAN H L. The Numerical model WAVEWATCH: a third generation model for hindcasting of wind waves on tides in shelf seas [D]. Delft: Delft University of Technology, 1989.

[447] TSAI C P, LIN C, SHEN J N. Neural Network for wave forecasting among multi-stations [J]. Ocean engineering, 2002, 29 (13): 1683 - 1695.

[448] TSAI W P, HUANG S P, CHENG S T, et al. A data-mining framework for exploring the multi-relation between fish species and water quality through self-organizing map [J]. Science of the total environment, 2017, 579: 474 - 483.

[449] TSAY R S. Analysis of financial time series [M]. Hoboken: John Wiley & Sons, 2005.

[450] TSUI I F, WU C R. Variability analysis of Kuroshio intrusion through Luzon Strait using growing hierarchical self-organizing map [J]. Ocean dynamics, 2012, 62 (8): 1187 - 1194.

[451] VALIANT L G. A Theory of the learnable [J]. Communications of the ACM, 1984, 27 (11): 1134 - 1142.

[452] VELICKOVIC P, CUCURULL G, CASANOVA A, et al. Graph attention networks [J/OL]. arXiv, 2017. https://arxiv.org/abs/1710.10903.

[453] VERHULST P F. Notice Sur la loi que la population suit dans son accroissement [J]. Correspondence mathematique et physique, 1838 (10): 113 - 129.

[454] WANG J Z, HU J M, MA K L. Wind speed probability distribution estimation and wind energy assessment [J]. Renewable and sustainable energy reviews, 2016, 60: 881 - 899.

[455] WANG X, ZHANG S Q, LIN X P, et al. Characteristics of 3-dimensional structure and heat budget of mesoscale eddies in the South Atlantic Ocean [J]. Journal of geophysical research: oceans, 2021, 126 (5): e2020JC016922.

[456] WEI L, GUAN L, QU L Q, et al. Prediction of sea surface temperature in the China Seas based on long short-term memory neural networks [J]. Remote sensing, 2020, 12 (17): 3 - 8

[457] WEINAN H, SHENG D. Joint distribution of significant wave height and zero-up-crossing wave period using mixture Copula method [J]. Ocean engineering, 2021, 219: 108305.

[458] WOLPERT D H, MACREADY W G. No free lunch theorems for search [R]. Technical Report SFI-TR-95-02-010, Santa Fe Institute, 1995.

[459] WU M N, STEFANAKOS C, GAO Z. Multi-step-ahead forecasting of wave conditions based on a physics - based machine learning (PBML) model for marine operations [J]. Journal of marine science and engineering, 2020, 8 (12): 3 - 12.

[460] YANG X L, SONG Z X, KING I, et al. A survey on deep semi-supervised learning [J]. IEEE transactions on knowledge and data engineering, 2022, 35 (1): 1 - 20.

[461] YAO Y W, GIANNISKS G B. Blind carrier frequency offset estimation in SISO, MIMO, and multiuser OFDM systems [J]. IEEE transactions on communications, 2005, 53 (1): 173 - 183.

[462] YASER D, MASOUD S, VAHID C. Probability distribution of wind speed and wave height in Nowshahr Port using the data acquired from wave scan buoy [J]. Ocean engineering, 2022, 252: 111234.

[463] ZHANG J L, ROTHROCK D A. Modeling global sea ice with a thickness and enthalpy distribution model in generalized curvilinear coordinates [J]. Monthly weather review, 2003, 131 (5): 845 -861.

[464] ZHANG K, GENG X P, YAN X H. Prediction of 3D ocean temperature by multilayer convolutional LSTM [J]. IEEE geoscience and remote sensing letters, 2020, 17 (8): 1303 -1307.

[465] ZHANG L, SINGH V P, ASCE F. Bivariate flood frequency analysis using the Copula method [J]. Journal of hydrologic engineering, 2006, 11 (2): 150 -164.

[466] ZHANG L, SINGH V P. Asymmetric Copulas: high dimension [C] //Copulas and their applications in water resources engineering. Cambridge: Cambridge University Press, 2019: 172 -241.

[467] ZHANG Q, WANG H, DONG J Y, et al. Prediction of sea surface temperature using long short-term memory [J]. IEEE geoscience and remote sensing letters, 2017, 14 (10): 1745 -1749.

[468] ZHANG Y H, DU Y. Seasonal variability of salinity budget and water exchange in the Northern Indian Ocean from HYCOM assimilation [J]. Chinese journal of oceanology and limnology, 2012, 30 (6): 1082 -1092.

[469] ZHAO M, DENG X, WANG J. Description of the joint probability of significant wave height and mean wave period [J]. Journal of marine science and engineering, 2022, 10 (12): 1971.

[470] ZHAO X, SU H Y, STEIN A, et al. Comparison between AMSR-E ASI sea-ice concentration product, MODIS and pseudo-ship observations of the Antarctic sea-ice edge [J]. Annals of glaciology, 2015, 56 (69): 45 -52.

[471] ZHAO Y X, UDELL M. Missing value imputation for mixed data via Gaussian Copula [C]. Proceedings of the 26th ACM SIGKDD International Conference on Knowledge Discovery & Data Mining, 2020: 636 -646.

[472] ZHENG C W, LI C Y, PAN J, et al. An overview of global ocean wind energy resource evaluations [J]. Renewable and sustainable energy reviews, 2016, 53: 1240 -1251.

[473] ZHENG H H, WANG X C, REN Z F, et al. Application of unstructured grid finite-volume coastal ocean model (FVCOM) to the Yangtze River hypoxic zone [J]. International journal of numerical methods for heat and fluid flow, 2016, 26 (8): 2410 -2418.

[474] ZVYAGINA T, ZVYAGIN P. Hydrostatic weighing method in application to model ice density measurements [C] //Proceedings of the International Conference on Port and Ocean Engineering Under Arctic Conditions, 2019.